ELEMENTARY METAL PHYSICS

新訂 初級金属学

北田 正弘 著

内田老鶴圃

本書の全部あるいは一部を断わりなく転載または
複写(コピー)することは，著作権および出版権の
侵害となる場合がありますのでご注意下さい．

まえがき

　金属は人類の文明を中心になって支えている材料である．現在の高度な科学技術社会でも，基幹となっているのは金属材料である．たとえば，プラスチックを製造するためには金属製の機械装置が使われるが，逆にプラスチックの装置では金属を製造できない．金属を自在に利用することによって，多くの工業製品が生まれ，それらがさらに高い水準の工業製品を生み出している．そして，結晶，電子，磁気，熱，光などの物質の科学を発展させた．これらの基礎知識が半導体，セラミックスなどにも波及している．現代の情報産業を支える半導体も金属の製造装置や金属電極および配線などがなくしては成り立たない．したがって，金属学を学ぶことは，物質・材料・デバイス・機械装置全般の世界を知る基礎を学ぶことでもある．

　物質や材料を学ぶ際に，実用的な側面だけに偏るとその本質がわからないので，基本を学ぶことが必要である．物質や材料で扱う現象や物理因子には，それぞれに意味づけがあり，それを物理的意味（フィジカルミーニング：physical meaning）と呼んでいる．物理的意味を知れば，現象の本質的な理解ができる．本質的理解が進めば，創造力の発揮や新しい挑戦，異なる分野あるいは学際的な境界領域でフロンティアになる仕事ができるようになる．一方，多くの研究によって，物質および材料の現象は数式化され，整理できるようになった．これは非常に便利なことである．しかし，物質および材料には数式では理解できない組織学などもある．このような分野を知ることによって，学問への感性が高まり，広く，かつ深い知識が備わり，さまざまな分野へ対応できるようになる．そのきっかけとなるよう，本書では，できる限り言葉と図で物理的意味を解説し，読者の創造力が刺激されるように努めた．

　西洋近代科学の成果を導入したわが国では，近代化を急ぐあまり，技術の表面だけを学び，利用することによって経済的に大きな成果を挙げてきた．しかし，経済効率一辺倒の方法論は先進国の人々から尊敬されることはない．新しい原理・現象・効果，物質・材料などの発見や発明を先進諸国に向けて発信し，彼らの科学・経済活動の種を提供することが重要である．そのためにも，本質である物理的意味を身に付けることが欠かせない．

　本書では金属に関する基礎現象について，物理的意味の解説を中心に，初心者が理解できるように，できるだけやさしく述べた．したがって，金属だけではなく，広く物質・材料の分野を学びたい人達の入門教科書としても有用と考える．旧版は四半世紀前に出版されたが，この間，約2万5000部印刷され，他分野も含む多くの読者に

よって利用された．著書を通して多くの読者の学習を手助けできたことは，著者として非常に嬉しい．金属に関する学問の基本は四半世紀前とほとんど変化はないが，新材料，ナノ技術，各種デバイスあるいはシステム面の進歩があり，これらを考慮して旧版内容の取捨選択をし，その後の材料分野の発展などを新たに付け加えて新版とした．

旧版の特徴のひとつは，金属の生体への有用性と毒性，社会と金属，安全性，リサイクルなどを教科書の内容として含めたことである．現在では，これらの分野はそれぞれ重要な分野として独立し，大きく育っている．将来の学問のあり方，技術の社会的方向に関して，著者の目が確かであった証拠であり，新版でも将来を展望する視点での教科書づくりができたと思う．

新版の執筆に当たっては，旧版の執筆に力添えをして戴いた原田豊太郎氏に意見を伺い，読者からの反響も参考にした．旧版は(株)アグネより発行し，その後(株)アグネ承風社に引き継いで戴いた．新版の発行にあたっては諸事情を勘案し，(株)内田老鶴圃にお願いすることにした．新版の発行を快くお引き受け戴き編集等にご努力くださった内田悟氏を始めとする内田老鶴圃の諸氏に厚く感謝する．また，旧版時に貴重な金属組織写真をご提供くださった方々に御礼を述べる．さらに，日常の執筆活動を支えてくれた妻の紀恵子に感謝したい．

本書が金属に限らず，材料を扱う多くの方々の学びの書として選ばれ，紐解かれることを願っている．

2006年2月

北田　正弘

目　次

まえがき …………………………………………………………………… i

第 1 章　歴史のなかの金属 …………………………………………… 1
1.1　金属との出会い ………………………………………………… 1
　　（1）　私たちの身体の中で　*1*
　　（2）　原子生活の中から　*1*
　　（3）　石ころを金属に　*2*
1.2　金属技術への発展 ……………………………………………… 4
1.3　青銅器から鉄器へ ……………………………………………… 5
1.4　錬金術から学問へ ……………………………………………… 7
1.5　新金属の発見と周期律表 ……………………………………… 9
1.6　鋼の時代から未来へ …………………………………………… 11
1.7　人間性の時代 …………………………………………………… 12

第 2 章　金属結晶 ……………………………………………………… 13
2.1　結晶の由来 ……………………………………………………… 13
2.2　結晶研究の歴史 ………………………………………………… 14
2.3　原子の引き合う力 ……………………………………………… 17
2.4　原子の並び方 …………………………………………………… 19
　　（1）　面心立方格子　*19*
　　（2）　稠密六方格子　*22*
　　（3）　体心立方格子　*23*
　　（4）　単位格子中の原子の数とすき間　*23*
2.5　実在の金属結晶 ………………………………………………… 25
　　（1）　結晶の仲間入り　*25*
　　（2）　実在の金属の中身　*26*
2.6　結晶の面と方向 ………………………………………………… 28
　　（1）　結晶面の表し方　*28*
　　（2）　結晶中の方向　*29*

第3章　金属結晶中の点欠陥 31
3.1　点欠陥とは 31
（1）　空孔　*31*
（2）　格子間原子　*32*
（3）　置換型原子　*33*
（4）　点欠陥による格子のひずみ　*33*
3.2　点欠陥の混入経路 34
（1）　結晶化過程での混入　*35*
（2）　はじき出しによる空孔の形成　*37*
（3）　熱平衡状態で入る空孔　*38*

第4章　金属の拡散 41
4.1　拡散とは 41
（1）　結晶中を原子が動く方法　*43*
（2）　空孔を使った拡散　*44*
（3）　格子間拡散　*44*
（4）　混合型拡散　*45*
（5）　自己拡散と不純物拡散　*45*
4.2　相互拡散 47
4.3　拡散を起こす力 50
（1）　原子の熱振動　*50*
（2）　"ゆらぎ"現象　*50*
（3）　活性化エネルギ　*52*
（4）　金属による活性化エネルギの違い　*54*
（5）　拡散の速さを決める因子　*55*
4.4　濃度差の影響 56
（1）　薄いところへなぜ拡散するか　*56*
（2）　原子の流れる量と濃度の関係　*59*
（3）　逆拡散　*60*
4.5　アモルファス中の拡散 60
4.6　拡散の応用 61

第5章　金属の転位 62
5.1　金属の変形 62

（1）　変形とは　*62*
　　　（2）　弾性変形と塑性変形　*63*
　5.2　金属はなぜ変形できるのか ……………………………………………*63*
　　　（1）　変形と結晶構造　*63*
　　　（2）　金属結晶のすべり現象　*65*
　5.3　転位の発見 ………………………………………………………………*67*
　5.4　転位の種類とバーガース・ベクトル …………………………………*70*
　　　（1）　刃状転位とらせん転位　*70*
　　　（2）　バーガース・ベクトル　*72*
　　　（3）　転位の正負と反応　*74*
　　　（4）　転位線の終端　*75*
　5.5　転位の確認と観察 ………………………………………………………*77*
　　　（1）　エッチピット法とデコレーション法　*77*
　　　（2）　電子顕微鏡による観察　*79*
　5.6　転位の起源と増殖 ………………………………………………………*80*
　　　（1）　転位の起源　*80*
　　　（2）　転位の増殖　*82*
　5.7　拡散に及ぼす影響 ………………………………………………………*85*

第6章　金属の変形と加工硬化　**87**
　6.1　応力-ひずみ曲線 …………………………………………………………**87**
　6.2　加工硬化の機構 …………………………………………………………**88**
　6.3　転位と不純物原子 ………………………………………………………**91**
　6.4　金属が変形しやすい理由 ………………………………………………**92**

第7章　金属の破壊　**94**
　7.1　金属の破壊とは …………………………………………………………**94**
　7.2　塑性変形を伴わない破壊 ………………………………………………**94**
　　　（1）　へき開による破壊　*94*
　　　（2）　不純物原子の集合による破壊　*97*
　　　（3）　析出物周囲での破壊　*99*
　7.3　転位を考えた破壊 ………………………………………………………**99**
　　　（1）　同符号の刃状転位の合体　*99*
　　　（2）　異符号の刃状転位の合体　*101*
　　　（3）　粒界・析出物周辺での転位の合体　*102*

（4）内在する空洞と転位　　*103*
　　　（5）疲労破壊　　*103*
　　　（6）クリープ破壊　　*105*
　　　（7）応力腐食割れ　　*105*

第8章　焼なまし・回復と再結晶　　**107**

8.1　"なまし"の発見　　*107*
8.2　焼なましを起こす力　　*107*
　　　（1）焼なましによる硬さの変化　　*107*
　　　（2）焼なましを起こす力　　*108*
8.3　回復　　*109*
　　　（1）格子間原子の消滅　　*109*
　　　（2）空孔の消滅　　*110*
　　　（3）転位の再配列　　*111*
　　　（4）転位の消滅　　*112*
　　　（5）回復によるエネルギの放出　　*113*
8.4　再結晶と結晶成長　　*113*
　　　（1）再結晶核の発生　　*114*
　　　（2）結晶粒成長　　*115*
8.5　回復・再結晶に及ぼす因子　　*117*
　　　（1）加工度の影響　　*117*
　　　（2）不純物の影響　　*118*
　　　（3）析出物の影響　　*119*
8.6　焼なましの応用　　*120*

第9章　金属の変態と状態図　　**122**

9.1　状態図の基礎事項　　*122*
　　　（1）状態図の必要性　　*122*
　　　（2）物質の状態と変態　　*122*
　　　（3）相　　*123*
　　　（4）成分　　*124*
　　　（5）系　　*124*
　　　（6）金属組織　　*125*
9.2　一成分系状態図　　*126*
　　　（1）状態図の表し方　　*126*

　　　　（2）　変態はなぜ起こるか　*128*
　9.3　変態の過程 …………………………………………………*132*
　　　　（1）　凝固過程　*132*
　　　　（2）　同素変態の過程　*134*
　9.4　二成分系状態図 ……………………………………………*136*
　　　　（1）　二成分系状態図の表し方　*136*
　　　　（2）　二元系での凝固過程　*139*
　　　　（3）　二元系での固相分離　*141*
　　　　（4）　固溶量を左右する因子　*142*
　9.5　二元系状態図のいろいろ …………………………………*143*
　　　　（1）　共晶系合金　*143*
　　　　（2）　同素変態がある場合　*146*
　　　　（3）　金属間化合物のある場合　*148*
　9.6　実用状態図・Fe-C系 ……………………………………*149*

第10章　析出と時効 ……………………………………**152**

　10.1　析出と時効硬化の発見 ……………………………………*152*
　10.2　析出の機構 …………………………………………………*152*
　　　　（1）　状態図と析出の関係　*153*
　　　　（2）　析出と時効の関係　*154*
　　　　（3）　溶体化処理と時効　*154*
　　　　（4）　G. P. ゾーン　*156*
　10.3　析出物の形 …………………………………………………*157*
　10.4　析出硬化 ……………………………………………………*158*
　　　　（1）　析出物の硬さと結晶格子のひずみ　*158*
　　　　（2）　析出物の大きさと分布　*162*
　10.5　析出に伴うエネルギ変化 …………………………………*166*
　　　　（1）　原子の集合　*166*
　　　　（2）　析出に伴う発熱　*167*
　　　　（3）　臨界核とエネルギ変化　*167*
　　　　（4）　析出速度　*170*
　10.6　析出に及ぼす欠陥の影響 …………………………………*171*
　　　　（1）　不純物原子　*171*
　　　　（2）　転位　*171*
　　　　（3）　結晶粒界　*172*

第11章　電子の振舞い ……175

- 11.1　電子論の歴史 ……175
- 11.2　電子の挙動 ……176
  - （1）プランクの量子論　*176*
  - （2）ボーアの原子模型　*177*
  - （3）波動を考えた電子　*179*
  - （4）原子の安定性　*184*
- 11.3　金属結晶中の電子 ……189
  - （1）金属原子を近づけたときの変化　*189*
  - （2）電子の雲　*191*
  - （3）自由電子の数　*193*
  - （4）不純物および格子欠陥の影響　*194*
- 11.4　金属の電気伝導 ……196
  - （1）電子の移動　*196*
  - （2）電子の移動量を決める因子　*197*
  - （3）電気抵抗：電子の移動を妨げる因子　*198*
  - （4）熱伝導　*204*
- 11.5　金属の色と電子の励起 ……204
  - （1）金属の色　*204*
  - （2）電子の放出　*206*

第12章　金属の機能 ……208

- 12.1　物理量と変換機能 ……208
- 12.2　輸送機能 ……209
- 12.3　発光・放射機能 ……210
  - （1）発熱・発光・電子ビーム　*210*
  - （2）X線放射　*211*
  - （3）放射線　*212*
- 12.4　磁気機能 ……213
  - （1）原子の中の局在電子の役割　*214*
  - （2）結晶の磁気　*214*
  - （3）磁化の強さ　*215*
- 12.5　イオンの機能 ……215

（10.7　析出の応用 ……174）

12.6　機械機能 ··· 216
　　　（1）弾性材料　*216*
　　　（2）形状記憶合金　*217*
　　　（3）音響材料　*218*
　　　（4）軸受け合金　*218*
　　　（5）防振材料　*218*
　12.7　微小形状金属 ··· 218
　　　（1）薄膜　*218*
　　　（2）微粒子　*220*

第13章　金属の反応 ·· **221**
　13.1　気体との反応 ··· 221
　　　（1）金属の表面構造　*221*
　　　（2）吸着現象　*223*
　　　（3）金属の酸化反応　*224*
　　　（4）気体金属と固体金属の反応　*230*
　13.2　液体との反応 ··· 231
　　　（1）水溶液との反応　*231*
　　　（2）液体金属との反応　*233*
　13.3　固体との反応 ··· 234
　13.4　金属の反応の利用 ·· 235
　　　（1）表面酸化による腐食防止　*235*
　　　（2）金属の精錬　*236*
　　　（3）浸炭処理　*236*
　　　（4）特殊な性質をもつ金属間化合物の形成　*236*

第14章　生体反応と金属 ·· **237**
　14.1　生体内での金属のはたらき ··· 237
　14.2　生体内の必須金属イオン ·· 238
　　　（1）アルカリ金属イオン　*238*
　　　（2）アルカリ土類金属イオン　*239*
　　　（3）遷移金属イオン　*239*
　14.3　病気と薬効 ·· 240
　14.4　金属の毒性 ·· 241
　　　（1）毒性を示す理由　*241*

（2）生体への影響　　*243*
14.5　生体材料 …………………………………………………………*244*

第15章　社会での役割 …………………………………*249*

15.1　古代における金属の影響 ………………………………………*249*
15.2　鉄の大量生産の影響 ……………………………………………*250*
　　　（1）西欧近代産業の発展　　*250*
　　　（2）わが国の鉄鋼業の役割　　*251*
15.3　現代社会と金属 …………………………………………………*252*
　　　（1）金属の役目　　*252*
　　　（2）金属資源　　*253*
15.4　包括的な資源の有効活用 ………………………………………*254*
　　　（1）金属材料のリサイクル　　*254*
　　　（2）リサイクルが容易な設計　　*255*
　　　（3）使用時・維持・管理エネルギの低減　　*256*
　　　（4）環境負荷の低減　　*256*
　　　（5）製品超長寿命化　　*256*
　　　（6）資源は地球からの借り物　　*257*
　　　（7）製品化の利益と再資源化　　*258*

第16章　材料の安全性・情報開示・倫理 …………*259*

16.1　材料の安全性 ……………………………………………………*259*
　　　（1）機械的安全性　　*259*
　　　（2）化学的安全性　　*262*
　　　（3）毒性金属の回収　　*262*
16.2　材料特性の情報開示 ……………………………………………*262*
16.3　研究者と技術者の倫理 …………………………………………*263*
16.4　将来への対策 ……………………………………………………*265*

索　引 ……………………………………………………………………*267*

第1章
歴史のなかの金属

1.1 金属との出会い

(1) 私たちの身体の中で

　人類と金属との出会いはいつごろであったろうか．一般には4000～6000年以上の昔，山の中で自然に産する金や銀を拾い，装飾などに使ったとき，あるいは偶然にたき火などによって還元(かんげん)されてできた金属を発見したとき，といわれている．私は，次のような理由で人と金属の第一の出会いは，人類誕生のときである，と考えたい．

　私たちの身体を考えてみよう．身体中を馳けめぐっている赤い血，つまりヘモグロビンの赤い色は鉄の出す色である．ヘモグロビンというギリシア名は，血の色が野山にある赤さび色(ヘマタイト鉱)に似ているところから名付けられた．もちろん彼らは赤さび色が鉄によるものであることを知らなかったが，偶然の一致とはいえ，きわめて興味深い．

　私たちの身体を支えている骨はどうであろうか．主成分のカルシウムはもちろん金属である．私たちの身体に欠くことのできない塩は金属であるナトリウムと塩素(非金属)の化合物である．このほか，身体の中で起こっている生体反応に関与している酵素などにも少量ではあるが金属が含まれ(第14章)，それぞれ重要な役割を果たしている．したがって，人と金属の出会いは生命の誕生のときにまでさかのぼることができる．図1.1に動物および植物の中で重要な役割を果たしている代表的な金属を挙げた．

(2) 原始生活の中から

　生体の中で金属が重要な役割を果たしていることを人類が知ったのはごく最近であるが，生活の中で金属に接したのはかなり昔である．今から4000～6000年前，人類が石器などの道具をかなりうまく使いこなしていた頃，私たちの祖先はおそらく偶然であろうが，山の中に露出していた金を見つけた．金は石にはない輝きと軟らかさをもっており，拾った人は得意になって宣伝したに相違ない．自然に産する金，銀，銅のほかに，いん石として宇宙から落下した鉄も拾われたものと考えられている．これ

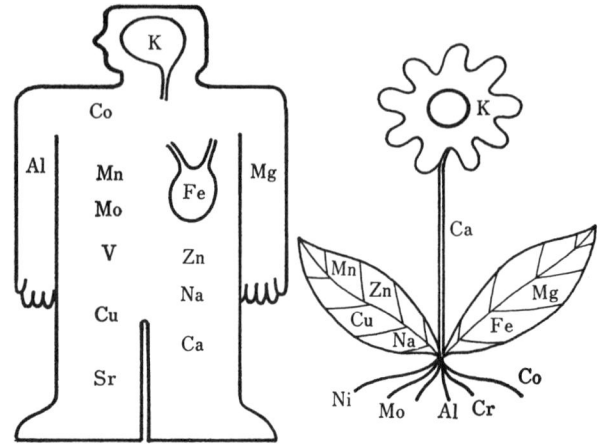

図1.1　人体と植物の生命維持に必要な金属元素

らが，人と金属の第二の出会いである．

　金属は英語で metal，仏語で métal，独語で Metall，露語で металл というが，これらはすべてギリシア語の metallan に由来する．metallan とは，「……を探す」という意味で，昔，ギリシア人は天然に産する金などを一生懸命探したものと考えられる．もちろん，金などが沢山落ちているはずはないから苦労して探しまわったことであろう．ギリシア語の metallon は鉱山，金属の意味で，探しものと探しもののある場所を示している．

　　　　±　　　金
　　　(a)　　(b)　　　図1.2　漢字「金」のなりたち

　一方，わが国で使っている金属の金(漢字)は，図1.2で示すように，土の中にキンのかけら・が埋まっている状態を示す(a)と，呼び名であるキンを"今"から借用して(b)とし，この合成された文字が形を整えられて金になった．属は金以外の鉄や銅なども金の仲間であるという意味である．洋の東西を問わず，大昔の人は美しく輝く金を一生懸命探し歩いたものとみられる．

(3) 石ころを金属に

　金のようにさびることがない貴金属は，砂金などの形で山野に落ちているので，容易に祖先の目にとまった．しかし，鉄のようにさびやすい金属では，山野に放置され

るとさびてしまうので，金属として発見されたのは金などより大分のちのことである．では，どのようにしてさびやすい鉄などが見出されたのであろうか．

考古学的ないくつかの証拠によれば，火を使うことを知った人類が木材などを燃やしたあとの灰の中からであるらしい．たとえば，さびた鉄は酸化鉄のかたちで山野に存在する．火山の赤肌や赤い土は大抵この酸化鉄の色によるものである．鉄の酸化物にもいろいろあるが，赤色の酸化鉄は鉄原子2個と酸素原子3個が結びついた Fe_2O_3 である．酸素と結合した酸化物 Fe_2O_3 から Fe だけを手に入れるには，結合している酸素を取り除かなければならない．この酸素を取り除く仕事が火の中で偶然に行われた．

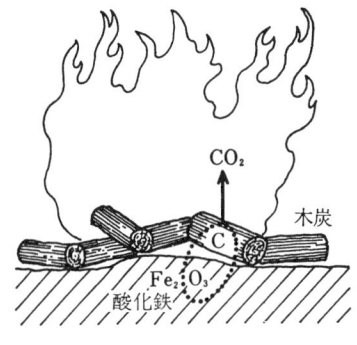

図1.3 金属精錬法の発見．木炭中の炭素が燃えるとき，酸化鉄中の酸素を奪い鉄ができる

火を燃やすときに使った材料は木材や石炭であろうが，これらは炭素と水素の化合物である．炭素や水素は燃えるとき酸素と結合して炭酸ガス CO_2 や水 H_2O となる．つまり，燃えるときによそから酸素を奪い取る．同じように，Fe_2O_3 中の酸素を奪い取ることができれば鉄だけが残る．これが還元反応であり，金属学では精錬(せいれん)と呼んでいる．図1.3のようにたまたま酸化鉄を含んでいる石ころの上で木や石炭を燃やしているとき，この精錬反応が起き，灰の中に鉄が残された．このようにして得られた鉄の品質はきわめて悪いものであったろうが，偶然であれ手に入れた鉄の強さを知った人類は偶然ではなく，いつでも手に入れる方法はないかと考えた．

たき火の中にできた鉄をみて，どんな石を使って，どのくらいの火の強さで木や石炭を燃やせばうまく鉄ができるかを考えたに違いない．まもなく，といっても今から3000～3500年前，意識して銅や鉄を生産できるようになった．人の手で金属をつくり出す方法が明らかにされたことは，この方法がきわめて原始的であったとしても近代技術の芽生えであり，これが人類と金属の第三の出会いである．

金および鉄のほかに，銀，銅，錫，鉛，水銀が有史以前から人類の手中にあった．このようにして得られた金属の多くは，不純物原子を多量に含む合金(ごうきん；alloy)であったが，一方では，それ故に純粋な金属に比べて硬く，しかも，さびにく

かったので使いやすかった．最初のうちは拾ったり，火の中で見つけた金属をそのまま使っていたと思われるが，次第に望みの形としたり，望みの強さにすることができるようになった．原始的な金属技術への発展である．

1.2 金属技術への発展

　山野に落ちている金を拾うことは偶然であったろうが，そのうち，どんな地形のどんな岩石のある場所に金が落ちているかを経験的に調べ，落ちている可能性がより多い場所を重点的に探すようになった．偶然に拾う場合には技術とはいえないが，地形，岩石の種類を調べて探す段階は，原始的ではあるが技術といってよい．おそらく，これが金属技術の始まりであろう．金を発見する以前から石器をつくる技術をもっていた人類は，比較的容易に金のありかを探すことができたと思われる．

　一方，偶然に精錬されて，たき火の下から出てきた鉄や銅も，前節で述べたように，必要なときにいつでも鉄や銅を得る技術へと発展した．また，石などでたたいて望みの形にする加工技術も石器の加工技術の延長として容易に開発されたものとみられる．図1.4は紀元前2500年頃につくられた金のかぶと(メソポタミア)である．

　金のようにかなり純度がよく，しかもそれ自体軟らかい金属は，石などでたたいて望みの形にすることができるが，他の物質との反応性が強い鉄や銅では，多くの不純

図1.4　つち打ちでつくられた金のかぶと
　　　(紀元前2500年頃，メソポタミア)

図1.5　鋳造によってつくられた青銅の猫
　　　(紀元前1500年頃，エジプト)

物が混入しているので割れやすく，たたいて加工するのは難しい．ところが，溶けた金属を土器や石器に流し込むと，土器や石器の形にしたがって固まることがわかり，金属を鋳込(いこ)む方法が発明された．図 1.5 は紀元前 1500 年頃に鋳造法でつくられた猫の像である．また，金属を赤く熱すると非常に軟らかくなることを見出し，加熱した状態でたたいて形を整える方法を得た．

　これらの原始的な金属技術の完成時期を正確に知ることは難しいが，種々の金属遺跡の発掘結果から，紀元前 2000 年頃と推定されている．もちろん，国によっても発達の状況が異なり，東洋では中国とインドが，西洋では地中海沿岸諸国が比較的早くにこれらの技術を身につけたようである．この時代に金属の主要な生産技術である精錬，鍛造(たんぞう)，鋳造(ちゅうぞう)，塑性加工(そせいかこう)は原始的ながら一応出揃った．

1.3　青銅器から鉄器へ

　紀元前 3000 年頃にはすでに銅の精錬が行われ，装飾用のほか生活用品としても使用されるようになった．銅は溶ける温度が比較的低い(1083℃)ので木材などの燃料でも容易に溶かすことができ，この時代に鋳造法は著しく発達した．

　紀元前 2000 年頃，銅に少量の錫を混ぜると硬くて使いやすい金属になることが発見された．さらに，銅に錫が混ざることによって溶ける温度が数 100℃低下し*，銅に比べて取り扱いがきわめて容易になった．このため，より複雑な形の鋳物の製造が可能となった．銅と錫の混ざった金属が青銅(せいどう)である．この時代にはきわめて原始的であるが，はんだ付けと同様な溶接が行われていた痕跡もある．同じ頃に炉に風を送って温度を高くするふいごが発明され(図 1.6)，青銅の精錬，鋳造などはますます簡単となり，家庭の生活用具にまで行きわたるようになった．これが青銅器時代である．

 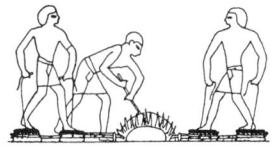

　　　(a)吹管(すいかん)で空気を送る　　　　(b)ふいごを踏んで空気を送る
図 1.6　金属の溶解，鋳造を容易にしたふいごの発明(エジプト壁画より)

---

*　錫を 13〜15% 以上添加すると，溶け始める温度が約 800℃になり，溶けた銅の流動性がよくなる．昔の青銅には錫のほかに鉛などが 2〜3% 含まれている場合が多い．

図1.7　銅たく（青銅；主に銅と錫の合金）

このころから，鉄が少しずつ利用されてきた．青銅器時代に別れを告げ鉄器時代に入ったのは紀元前後で，その後現在に至るまで鉄の時代が続いている．鉄は銅などに比較して溶ける温度がきわめて高い(1534℃)ため，銅と同じように精錬することは不可能であった．しかし，鉄鉱石と木炭などを炉で長時間加熱すると，固体の状態で鉄鉱中の酸素を取り出すことができた．この場合，得られた鉄は穴だらけで不純物なども多いので，赤熱した状態で何度もつち打ちして道具に加工したものと考えられる．紀元前1000～1500年になると刃物やのみなどにかなりの量の鉄が使われるようになった．ヨーロッパでは14世紀に溶鉱炉が出現するまでこの方法で鉄を製造していた．

中国では紀元前500年頃から溶鉱炉の原型に近い炉を使用していたといわれ，鉄を溶かして鋳物にする技術の発見はヨーロッパより2000年も早かった．わが国では弥生時代に鉄の製造が大陸より伝えられたといわれ，その前に青銅器が大陸より輸入されたが，青銅器を大量に生産した青銅器時代と呼べるような時期の存在は明らかではなく，石器時代からいきなり鉄器時代に入った可能性が高い．図1.7に国産の銅たく（大型の鈴）を示す．

縄紋（じょうもん）時代には金属器の使用を示す証拠はなく，弥生時代前期の古墳になって初めて鉄器の副葬品がみられる．弥生時代中期には北九州地方の古墳でかなりの鉄器が発見されており，鉄器の製作（加工）も行われたとみられている．したがって，わが国の鉄器時代は弥生時代前期（2000年くらい前）といえる．これらの鉄が大陸から渡ってきたものか，あるいはわが国で生産したものであるか，についてはまだ結論が出ていない．弥生時代後期になると日本全国の遺跡から鉄器が出土しているので，鉄器の利用が急速に拡まったと思われ，鉄の精錬も弥生時代後期に始まったもの

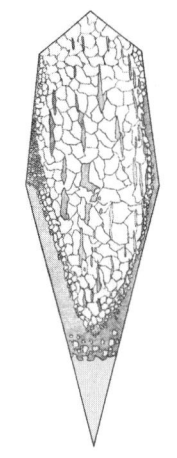 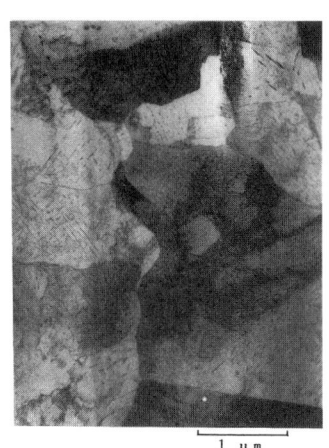

（a）寿命作（足田輝雄氏による）　　　　　（b）信國作（北田による）

図1.8　（a）日本刀（寿命作）断面の組織図，（b）信國作刀の微細結晶粒組織を示す電子顕微鏡像

と考えられている．ただし，詳細な時期，原料鉱石の由来，どのようにして鉄を精錬したかは不明である．

鉄の精錬法として詳しくわかっているのは「タタラ」という方法で，砂鉄と木炭を原料とし，タタラと呼ばれる大型のふいごを使用した．これは一部の地方で昭和の初めまで用いられ，現在は安来市で技術が保存されている．また，平安・鎌倉時代からの日本刀の独自の発達（図1.8）は，金属の熱処理および加工技術としてインドの鋼を材料にしたダマスカス刀および北欧のヴァイキング刀とともに世界的に有名である．

1.4　錬金術から学問へ

金属に関する研究が行われ，学問としての形を整えてきたのはいつごろであろうか．古代の金属技術は，その不可思議さから東洋では仙人の術としての錬金術となり，西洋においては鉛などの卑金属（ひきんぞく）から金などを得ようとする実利的な錬金術となった．確かに鉱石に炭を加えて熱すると金属がつくられる精錬法は，科学的知識をもたない古代人の目には自然の魔術と映ったであろう．彼らは土や石の塊から新しい性質をもった物質が生まれ出たと考えた．

土の塊から新しい金属が生まれることから，年老いた人も同じような方法で若返ることができると考えても不思議はあるまい．こうして，東洋，主に中国では水銀の化

合物を主とする種々の仙丹(せんたん),錬丹(れんたん)と呼ばれる薬をつくった.これによって新しい命を得,仙人になれると考えた.不老長寿の薬である.

　西洋では紀元前2～3世紀のエジプトで錬金術の盛んな時期があった.これはミイラにみられる死者のよみがえりへの願望とギリシアのアリストテレス哲学の影響である.アリストテレスは物の本質を質料,物の特徴づけを形相(けいそう)と呼び,アリストテレスの理論がこの時期の錬金術の思想的裏付けとなっている.すなわち,物の本質は変わりないのであるから,形相に工夫を加えれば鉛でも金になるはずである,と考えた.

　西洋錬金術の特徴は,とにかく金をつくり出すことにあった.たとえば,水銀と金のアマルガムは加熱すると水銀だけが蒸発して金が残る.この方法はわが国でも奈良の大仏に金を塗るのに使われたが,一部の人はこれを水銀が変化して金が生まれたと思い込んだのである.また,金に銀や銅などを加えると色や軟らかさはあまり変わらず金の量が増える.これを銅などが金に変わったと考えた.そして,次には金をまったく含まない金属から金をつくり出そうと努力するようになった.この努力は16～17世紀まで延々と続いた.金を求める西洋人の執念はマルコポーロ,コロンブスの冒険をみてもわかるように命がけのもので,それほど金の魅力は大きかった.

　しかし,狂信的な錬金術師ばかりではなく,錬金術的ないくつかの実験を通して,錬金術の矛盾に気がつく者も出てきた.たとえば,12世紀のドイツに生まれたマグヌスは「錬金術は金属そのものを変えるのではなく,混ぜ合わせにより変化しているだけである」と書いている.このような観察が積み重なるにつれて,金をつくり出すという狂信的な錬金術は次第に色あせ,ついに17世紀に現れたボイル(英)などによって終止符を打たれた.彼らは原子論により個々の金属の性質は不変であり,他の金属に変えることはできないことを証明した.

　錬金術がまったく無駄であったわけではない.金の量を多くする方法は合金化(ごうきんか)の方法であり,錬金術に使われていた蒸留(じょうりゅう),昇華(しょうか),乾留(かんりゅう),溶解(ようかい)技術は少しずつ金属工業や金属工芸のなかに取り入れられ,金属の検査法はその後の金属学の基礎になった.

　錬金術の歴史は,可能性のない矛盾した事柄を1つ1つ消して事実を明らかにする消去法であり,長い試行の結論が「鉛から金はできない」であった.16世紀の錬金術時代には古代から知られていた前述の9つの元素のほか,ヒ素(砒素),アンチモン,ビスマス,燐(りん),亜鉛の5元素が明らかにされた.その後,錬金術の遺産による化学的処理法でコバルト,ニッケル,マンガンが見出され,18世紀中頃には17の元素が知られるようになった.したがって,17世紀から18世紀にかけてが錬金術から金属学への転換期であるといえよう.

　18世紀後半にドルトン(英)は化合物が原子からなること(たとえば水は酸素と水素

図 1.9 ドルトンの考案した元素記号．発見される元素の数が多くなるにつれ，アルファベットだけの表示となった

原子の化合したもの)を明らかにし，図 1.9 のような元素記号を用いて化合状態を示した．また，物質の理論や仮説が論理的に整理，分類され，金属も体系的に研究されるようになった．

1.5 新金属の発見と周期律表

　18 世紀中頃には，初歩的ではあるが化学的処理法が系統化され，ノルウェーなどの北欧の鉱山から産する種々の鉱石に含まれる元素を分離する仕事が精力的に進められた．18 世紀末には，炭素還元法，塩化物還元法などにより，モリブデン，タングステン，クロム，ウラン，テルルが見出された．19 世紀に入ると，セレン，カドミウム，タンタル，ニオブ，バナジウム，白金，パラジウム，ロジウム，オスミウム，イリジウム，ルテニウムの発見が続き，19 世紀中頃になると，電気分解法によりカリウム，ナトリウム，バリウム，ストロンチウム，カルシウム，マグネシウム，リチウムなどのアルカリ金属が分離され，ハロゲン化物(フッ素，塩素，ヨウ素などの化合物)の分離法などでジルコニウム，チタン，トリウム，セリウム，ベリリウム，シリコン，ホウ素，アルミニウムが発見された．一方，ブンゼン(独)の発明した分光法により，セシウム，ルビジウム，タリウム，インジウムの存在が確認された．このほか，非金属であるフッ素，塩素などのハロゲン元素，空気の成分である酸素，窒素なども明らかにされ，20 世紀にゆだねられた未発見の元素はきわめてわずかとなった．

　このようにしてつぎつぎと発見される元素は数限りないものであろうか．また，相互になんの関係もないのであろうか．このような疑問を抱いたロシアの化学者メンデレーエフは発見された元素の体系化を試みた．メンデレーエフは，それぞれ孤立して存在していると思われていた元素の重量を，エネルギの保存と変換の法則から考察し，原子量の順に並べた．こうすると，一定の周期で同じような化学的性質を示す元素が現れることを発見し(図 1.10(a))，表にして整理した．その後，原子量ではなく，電子あるいは陽子の数の順が正しいことが分かり，完全な周期律表(しゅうきりつひょう)あるいは周期表がつくられた．この周期律表の完成により，元素の物理化学的性質がより一層深く理解されるとともに，物質科学の論理的思考の基礎がつくら

Группа	I	II	III	IV	V	VI	VII	VIII
					RH^3	RH^2	RH	Водородные соеди-
Ряд 1	・ H_1			RH^4				нения
» 2	Li_7 ・	Be_9 ・	B_{11} ・	C_{12} ・	N_{14} ・	O_{16} ・	F_{19}	
» 3	・ Na_{23}	・ Mg_{24}	・ Al_{27}	・ Si_{28}	・ P_{31}	・ S_{32}	・ $Cl_{35.5}$	
» 4	K_{39} ・	Ca_{40} ・	Sc_{44} ・	Ti_{48} ・	U_{51} ・	Cr_{52} ・	Mn_{55} ・	$Fe_{56}Co_{58}Ni_{59}Cu_{.3}$
» 5	・ (Cu_{63})	・ Zn_{65}	・ Ga_{69}	・ Ge_{72}	・ As_{75}	・ Sc_{79}	・ Br_{80}	
» 6	Rb_{85} ・	Sr_{87} ・	Y_{89} ・	Zr_{90} ・	Nb_{94} ・	Mo_{93} ・	—	$Ru_{103}Rh_{104}Pd_{106}Ag_{108}$
» 7	・ (Ag)	・ Cd_{112}	・ In_{113}	・ Sn_{118}	・ Sb_{120}	・ Te_{125}	・ J_{127}	
» 8	Cs_{133} ・	Ba_{137} ・	La_{138} ・	Ce_{142} ・	Di_{146} ・	—	—	—
» 9								
» 10	—	・	Yb_{173} ・	—	Ta_{182} ・	W_{184} ・	—	$Os_{192}Ir_{193}Pt_{195}Au_{196}$
» 11	・ (Au)	・ Hg_{200}	・ Tl_{204}	・ Pb_{206}	・ Bi_{209}	・	—	
» 12	—	—	—	Th_{231} ・	—	・ U_{240}		
	R^2O	R^2O^2	R^2O^3	R^2O^4	R^2O^5	R^2O^6	R^2O^7	Высшие окислы
		RO		RO^2		RO^3		RO^4

図 1.10(a) メンデレーエフが最初にまとめた元素の周期律表(1871 年), メンデレーエフ「化学の原理」復刻版(1960 年, モスクワ)

H 1 1·008																	He 2 4·003
Li 3 6·939	Be 4 9·012			H = 化学記号 I = 原子番号 1·008 = 原子量								B 5 10·81	C 6 12·01	N 7 14·01	O 8 16·00	F 9 19·00	Ne 10 20·18
Na 11 22·99	Mg 12 24·31											Al 13 26·98	Si 14 28·09	P 15 30·97	S 16 32·06	Cl 17 35·45	A 18 39·95
K 19 39·10	Ca 20 40·08	Sc 21 44·96	Ti 22 47·90	V 23 50·94	Cr 24 52·00	Mn 25 54·94	Fe 26 55·85	Co 27 58·93	Ni 28 58·71	Cu 29 63·54	Zn 30 65·37	Ga 31 69·72	Ge 32 72·59	As 33 74·92	Se 34 78·96	Br 35 79·91	Kr 36 83·80
Rb 37 85·47	Sr 38 87·62	Y 39 88·90	Zr 40 91·22	Nb(Cb) 41 92·91	Mo 42 95·94	Tc 43 (97)	Ru 44 101·1	Rh 45 102·9	Pd 46 106·4	Ag 47 107·9	Cd 48 112·4	In 49 114·8	Sn 50 118·7	Sb 51 121·8	Te 52 127·6	I 53 126·9	Xe 54 131·3
Cs 55 132·9	Ba 56 137·3	La* 57 138·9	Hf 72 178·5	Ta 73 180·9	W 74 183·9	Re 75 186·2	Os 76 190·2	Ir 77 192·2	Pt 78 195·1	Au 79 197·0	Hg 80 200·6	Tl 81 204·4	Pb 82 207·2	Bi 83 209·0	Po 84 (210)	At 85 (210)	Rn 86 (222)
Fr 87 (223)	Ra 88 226·0	Ac 89 (227)	Th 90 232·0	Pa 91 (231)	U 92 238·0	†											

*このあとに希土類がつづく (La, Ce, Pr, Nd, Pm, Sm, Eu, Gd, Tb, Dy, Ho, Er, Tm, Yb, Lu).
†このあとに超ウラン元素がつづく Np(93), Pu(94), Am(95), Cm(96), Bk(97), Cf(98), Es(99), Fm(100), Md(101), No(102).

図 1.10(b)　現在使われている周期律表

れた．この意味で，周期律表は20世紀以降の近代自然科学の基礎であり，新しい元素の発見に心血を注いだ錬金術師とその子孫の努力の成果でもある．したがって，金属の歴史は近代自然科学の源流である，といっても言い過ぎではない．図1.10（b）に現在使用されている周期律表を示す．

1.6 鋼の時代から未来へ

　金属に関する技術が学問として発展するにつれ，金属工業技術も一段と進歩した．古代の鉄の精錬法は，14世紀ごろドイツに出現した高炉（現在使用されている溶鉱炉の形式，わが国では安政5年釜石につくられた）により，銑鉄（せんてつ，炭素の多い鉄）の能率的な生産が行われるようになった．錬金術師たちが金への飽くなき挑戦をしている間にも地道な生産活動を行っている人たちの手によって，材料としての鉄の生産技術が着実に進んでいた．この時代の鉄は炭素などの不純物が多かったため溶ける温度が純粋な鉄より数100℃も低く，溶鉱炉から出てきた鉄を型に流し込む鋳物が主であった．切れ味のよい刃物などをつくるためには銑鉄の中に含まれている炭素の量を減らして鋼（はがね）にしなければならない．このため溶鉱炉から得られた鉄を高温の状態で炭素を酸化して追い出す作業，製鋼法が行われた．溶鉱炉の技術はイギリスや北欧諸国に拡がり，18世紀に燃料としてコークスが使用されるようになると，溶鉱炉の温度は木炭などを使用した炉より数100℃も高くなり，大量の銑鉄をつくることができるようになった．

　18世紀の後半には溶鉱炉でつくった銑鉄を，反射炉（はんしゃろ）で溶かし，炭素を減らして鋼とする量産技術が発明され，19世紀の中途に転炉（てんろ）が開発された．これにより強靭な鋼を大量に生産する技術が確立され，産業機械から生活用品に至るまで鋼が使われる時代となった．鋼器時代ともいえよう．ただし，この大量の鋼が不幸にも戦争の道具になったことへの反省も忘れてはならない．

　20世紀に入ってからは鉄鋼の大量生産，加工法，鋼の質の向上などが19世紀の勢いで続いた．20世紀の中途，鋼のほかにアルミニウム，チタンなどが進出し始め，同時にプラスチックの登場があって，前世紀から続いた鋼の時代は新しい時代に入った．

　金属学は鉄と鋼の発展とともに著しく進歩し，金属のかなり微細な構造や現象まで明らかになった．しかし，自然現象は10^{50}以上の法則に支配されているといわれており，10^6にも満たない法則しか明らかにされていない現在，金属について知られていることは，ほんの氷山の一角である．したがって，今まで得られてきた知識を使って新材料を開発するというような技術はまだまだ初期の段階である．

　未来の人間生活の中では，金属以外の材料，とくにプラスチックが金属材料を量的

に追い越す時代がくるともいわれているが，鉄を主体とする金属は重化学工業面で相変わらず重要な役割を果たしてゆくものと思われる．このため，金属の利点と欠点をよく知り，人間生活の上によりよく役立てることが，子孫に対するわれわれの役目である．その意味でこれからの金属学はますます重要な基礎学問となる．

1.7 人間性の時代

科学技術の発展によって，われわれの生活は豊かになり，かつ便利になった．しかし，その反面で各種の公害，オゾン層破壊や温暖化などの地球環境の破壊，資源のむだ使い，などの負の面も強く現れた．金属との関連では，鉱石の採掘における環境破壊，鉱毒被害，鉱石の精錬におけるエネルギの多量消費とCO_2ガスの排出，金属廃棄物の環境破壊と人体への影響，などがきわめて重要な課題である．エネルギや排出ガスの低減による環境破壊の防止，資源のリサイクル等を進めて，科学技術と人間性が両立する時代をつくらなければならない．

技術は人が創り人が利用するものである．その使い方は人の道徳観あるいは倫理観によって決まる．科学が細分化しつつ進歩すると，他分野の研究者や技術者は，その真実を理解しにくくなる．したがってその科学技術に携わる研究者，技術者が倫理観をもって行動することが重要である．

第 2 章
金属結晶

2.1 結晶の由来

　私たちが日常使用している金属は多数の原子が集合したもので，1 cm³ の金属中には約 10^{22} 個もの原子がつまっている．これらの原子は，ばらばらの状態でつまっているのではなく，規則正しく並んでいる．一般に，原子が規則正しく並んでいる物質を結晶(crystal)と呼んでいる．私たちの身のまわりにある塩，砂糖，石なども結晶であり，金属もその1つである．

　これらの物質の性質の多くは，結晶の振舞いとして考えるとよく理解できる．したがって，結晶の性質をよく知ることは，金属をよく知ることでもあり，まず，結晶の基礎的な事柄から述べる．

　北風に乗って舞いおりてくる小さな雪を虫めがねでのぞくと，図 2.1 のような美

図 2.1　いろいろな形をした雪の結晶(ベントレー氏による)

しい結晶がみられる．雪の結晶はいろいろな形をしているが，よく観察するとみな六角形の組み合わせである．形の部分的な違いは，凍るときの温度や湿度などの結晶化の条件が異なるためで，分子(H_2O)の並び方の規則性は同じである．

古代ギリシア人は，雪や霜柱などの自然現象に大きな感銘を受けたといわれ，これらをクリスタロス(kristallos)と呼んだ．透明で硬く，形の美しいもの，という意味である．路上や池に薄く張った氷も非常に美しい模様をみせる．彼らは山の中で見つかる氷のように透明で硬く，美しい形をした石・水晶もクリスタロスと呼んだ．水晶は氷と異なり加熱しても溶けないので，非常に硬く凍った氷の一種と考えた．英語のクリスタル(crystal)も上述のギリシア語に由来している．現在でも，ガラスの塊から切り出した対称性のよいガラスのコップをクリスタル・グラスと呼んでいる．

私たちが日常使っている結晶という漢語は，形のない水から形のある美しい氷ができるという意味で，転じて汗の結晶，愛の結晶といった使われ方もする．水晶もギリシア人と同じように氷が変じた結晶と考えて名付けた．この偶然の一致は非常に興味深いが，古代の中国やギリシアでは五元素説や四元素説が信じられていたから，氷が水晶に変化したと考えるのは当然であったろう．現在では，氷(H_2O)と水晶(SiO_2)が異なる物質であることに疑いを抱く人はいないが，物質が異なるのに，なぜ同じような六角形状となるのであろうか．これは，結晶をつくっている原子（あるいは分子）の空間的な並び方が同じためである．現在使われている学術用語としての結晶は，"原子が規則正しく並んでいる物質"の総称であり，金属もその仲間である．

2.2 結晶研究の歴史

結晶の研究に関する最も古い記録は，西暦77年のローマのプリニによるものである．これには結晶の形や由来に関する原始的な考え方が述べられている．同時代の中国でも，鉱石を薬として使うために，結晶の形や色を分類した記録が残っている．

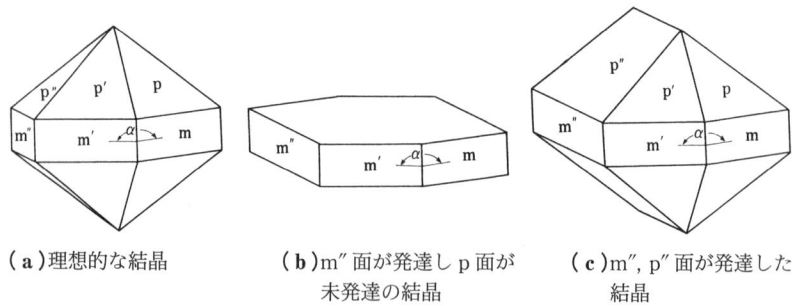

(a)理想的な結晶　　(b)m″面が発達しp面が　　(c)m″,p″面が発達した
　　　　　　　　　　　未発達の結晶　　　　　　　結晶

図2.2　同一の結晶はどんな形をしていても結晶面のなす角度αは一定である

2.2 結晶研究の歴史

現在の結晶学(crystallography)の基礎となるような科学的研究は，16世紀になるまで行われなかった．1555年にイタリアのマグナスが雪の結晶に関して，形態的な研究を発表したのち，ルネッサンス以後の諸科学の発展の中で急速な進歩をとげた．これらの研究は，天然に産する種々の結晶を丹念に調べて外形から分類したものである．17世紀にデンマーク人のステノは結晶の面と面のなす角度が一定であること(面角(めんかく)一定の法則)を明らかにした．たとえば，図2.2のように一見外形の異なる水晶でも，結晶の柱の面と面のなす角度 α は常に120°であり，原子の並び方の規則性は変わらない．

その当時，ドルトン(英)などによってすべての物質が原子によってつくられていることが明らかにされ，結晶が一定の形を示すのは，結晶をつくっている原子がある幾何学的法則に従って規則正しく整列しているためである，と考えるようになった．1800年頃，フランス人のアユイは，原子あるいは分子がどのように整列して結晶をつくっているかを研究し，性質の似ている物質は同じ結晶形をもつことを見出した．結晶の外形的研究(分類学的研究)はアユイによって完成されたといわれている．

たとえば，図2.3(a)のように正三角形の頂点に位置するような規則性をもって原子が整列する場合，(b)のようにどんな外形となっても，結晶面の角度は60°か120°である．したがって，面角が60°あるいは120°になる結晶は原子が正三角形状に整

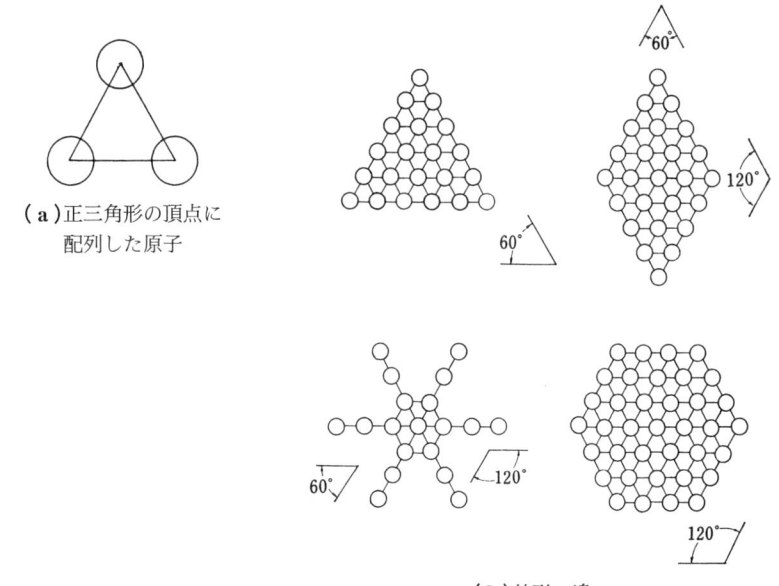

(a)正三角形の頂点に配列した原子

(b)外形の違い

図2.3　原子の配列と外形

16　第2章　金属結晶

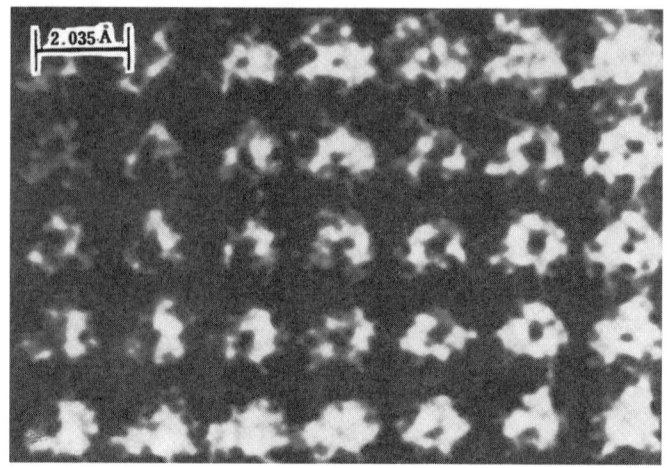

図 2.4 原子の規則的な配列を示す電子顕微鏡像．1つ1つの白い塊りが Au の原子を表している（橋本初次郎氏による）

列した同じ構造の結晶として分類することができる．図2.1で示した雪の結晶の形に相違があるのは，結晶ができるときの温度などの成長条件が異なったために図2.3(b)のような外見上の変化が現れたにすぎない．

　19世紀の初めから，結晶を取り扱う分野は結晶学として化学の一領域を占めるようになり，鉱石だけではなく，薬などの原料となる化合物の結晶へと拡がっていった．しかし，結晶内部の原子が整然と並んでいるのを原子の寸法で証明したのは20世紀になってからである．1912年にドイツ人のラウエは，レントゲン(独)によって発見されたX線を使用して結晶の性質を調べていたが，結晶を透過してきたX線が規則正しい像を結ぶことを発見した．これは規則正しく並んでいる原子によってX線が回折されるためである．X線回折法により結晶の構造がつぎつぎに明らかにされた．

　その後，量子(りょうし)力学や電子顕微鏡などの発展により金属のさらに細かい構造が明らかにされ，金属原子が規則的に集合する機構なども少しずつわかってきた．図2.4は原子の規則的な配列を示す電子顕微鏡像で，結晶中の原子を視覚的にとらえた最初のものである．しかし，金属によって原子の並び方(結晶構造)が異なる原因などについてはまだ不明な点が多く，現在も解明の努力が続けられている．

2.3 原子の引き合う力

　金属結晶は原子の集合体である．原子が集合するためには，原子が互いに引き合う力をもっていなければならない．これを凝集（ぎょうしゅう）エネルギあるいは結合エネルギという．この結合エネルギの源は，主に原子核の外を回っている電子の力である．原子は，中性子および陽子などからなる原子核と，原子核の外を回っている電子とからなっている（**図 2.5**）．陽子は正の電気（正電荷），電子は負の電気（負電荷）を帯びている．

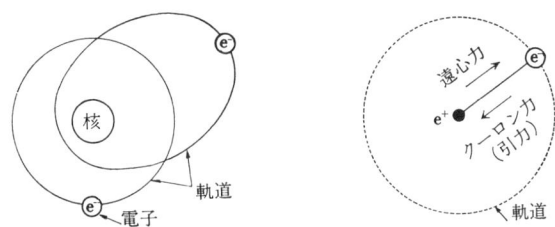

図 2.5 原子のきわめて簡単な構造模型

　電荷は，互いに力を及ぼしあい，同じ符号の電荷は反発し，異なる電荷は引き合う．静止している電荷の間にはたらく電気力を発見者の名をとってクーロン力といい，クーロン力の強さは2つの電荷の積に比例し，距離の2乗に反比例する．原子核の外を回っている電子は負の電荷とともに，ぐるぐる回る運動エネルギをもっており，運動によって遠心力がはたらくので外へ飛び出そうとする．電子は遠心力と正電荷をもつ核との引力が釣合った距離の空間軌道（きどう）をぐるぐる回っており，電子の運動エネルギと電気的エネルギのバランスが保たれている．

　金属原子が空間の中にたった1つ置かれた状態では，電子は原子核の周囲の決められた軌道の上を乱れることなく回っているが，他の金属原子が近づいてくると，外側を回っている電子は他の原子の影響を受けるようになる．たとえば，11個の電子をもっているNaの場合には，最も外側を回っている電子1個が隣の原子の原子核のもつ正電荷に引かれて，隣の原子の電子軌道へ飛び出してゆく．このような現象は互いに起こるから，最も外側の電子の軌道は**図 2.6**で示すように連なった状態になる．これらの電子は原子核に強く束縛されていないので連なった軌道を遠くまで自由に動き回ることができ，自由電子（free electron）と呼ばれる．一方，電子は波としての性質をもっているため，重なり合った軌道は**図 2.7**の斜影部で示すように空間的に拡がっており，飛び出した電子は雲のような状態となって動き回っている．この"電子の雲"は負の電荷をもっており，電子に飛び出された原子核は正に帯電している陽イ

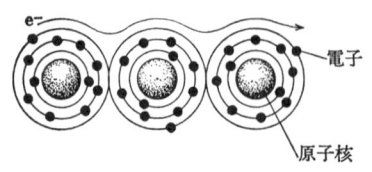
図 2.6 最も外側の電子の軌道が重なり合った金属原子

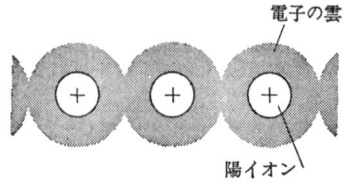
図 2.7 電子の雲によってつながっている陽イオン．実際には雲の拡がり方に方向性がある

オンになっているので，"電子の雲"と陽イオンとは電気的に引き合う．個々の陽イオンが"電子の雲"と引き合うから，電子の雲を仲立ちにして陽イオン同士も引き合うことになる．これが金属原子が接近したときに生ずる原子間引力で"電子の雲"は伸び縮みのする接着剤のような役目を果たしていると考えればわかりやすい．

"電子の雲"と陽イオンが引き合うエネルギ(結合エネルギ)は前述のクーロン力であり，距離の 2 乗に反比例する．したがって，原子間の結合エネルギは"電子の雲"と陽イオンが近づくほど，すなわち図 2.8 のように原子間距離が短くなるほど大きくなり，遠ざかるほど小さくなる．一方，原子間距離が小さくなると陽イオンも近づくので反発力(エネルギ)がはたらく．したがって，実際に原子間にはたらく結合エネルギは反発エネルギを差し引いたもの(図 2.8 の実線)となる．r は結合エネルギが最も大きい状態である．

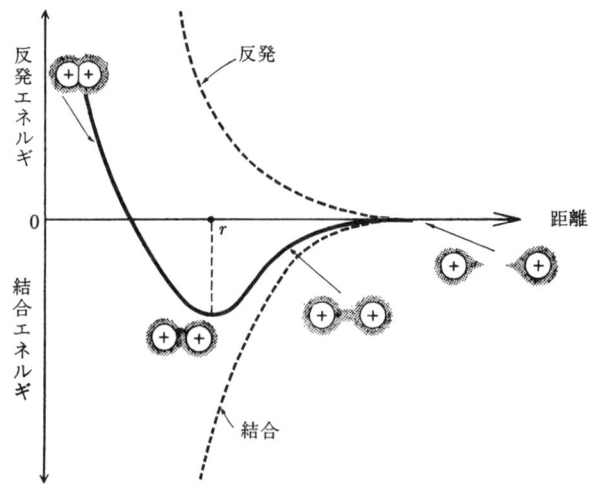
図 2.8 原子間にはたらくエネルギ(太線)．r が安定な位置である

2.4 原子の並び方

(1) 面心立方格子

　原子が互いに引き合えば当然集合体をつくる．しかし，整然と集まるとは限らない．そこで，原子を球と考え，これを密に積み重ねていったら，どのような規則性をもつ構造の集合体になるかを述べる．

　まず，図2.9(a)のように原子を密に1層並べてみる．この状態で，並んだ原子を上から眺めると，原子は線で示すような三角形となっている．通常の結晶は三次元の

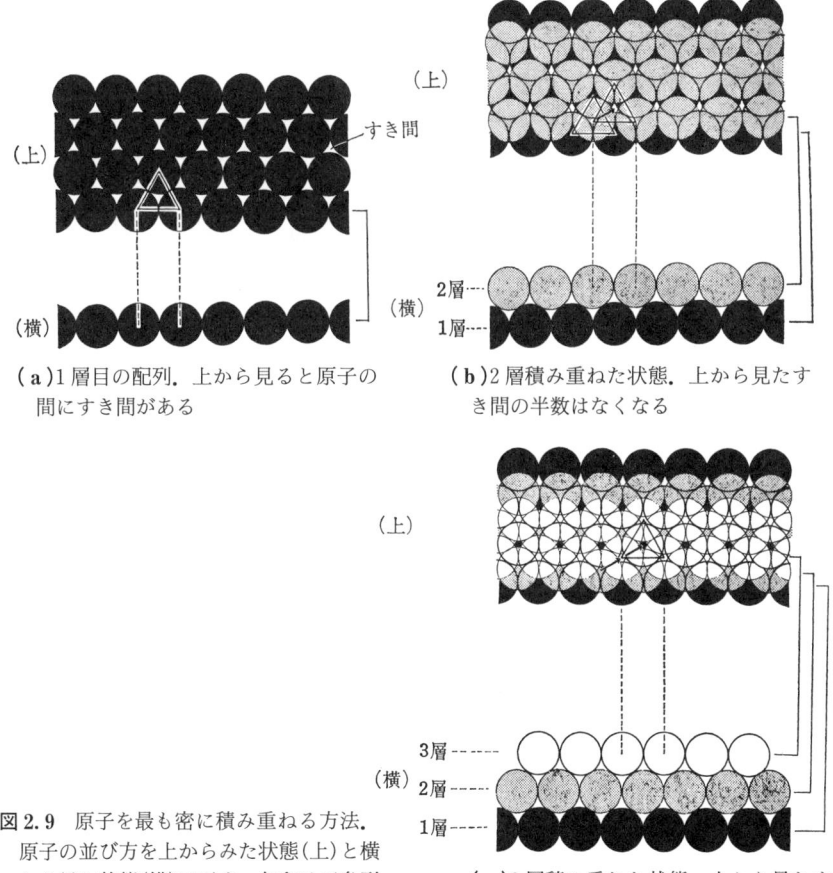

図2.9 原子を最も密に積み重ねる方法．原子の並び方を上からみた状態(上)と横から見た状態(横)で示す．矢印は三角形配置のずれを示す

(a) 1層目の配列．上から見ると原子の間にすき間がある

(b) 2層積み重ねた状態．上から見たすき間の半数はなくなる

(c) 3層積み重ねた状態．上から見たすき間はすべてなくなる

20　第2章　金属結晶

立体的物質であるから，この原子の上に原子を積み重ねる．この場合，すでに並んでいる原子の間にできた凹みのところにつぎの球が入り込むのが最も安定であるから，(b)のように積み重ねられる．2層目の原子も1層目と同じように三角形状に並んでいるが，1層目とは矢印だけ三角形の位置がずれている．3層目を積み重ねると，1層目と2層目のずれと同じ距離だけずれて重なり(c)，4層目では元の位置に戻る．このようにして積み重ねられた原子は，3層ごとに規則正しく同じ位置に配列するから，結晶模型を示している．原子配列の規則正しさを記述するには3層目までの原子の並び方を考えればよい．原子の並び方を図2.9の模型で示してもよいが，結晶は立体なので非常に理解しにくい．そこで，通常はもっとわかりやすく描く．

　図2.10は積み重ねられた3層の原子層を斜めから立体的に眺めたものである．この配列をよくみると，a_1からa_4までの原子は互いに直角に交わる3つの直線上に並んでいる．a_1からa_4の原子以外にもこれらと直角に交わる直線上に原子があるのでこれらを結ぶと，最小の立方体ができ上がる．この立方体を取り出してみると，図2.11のように立方体の隅に8個の原子があり，立方体の6つの面(face)の真中に原子が1個ずつ入っている構造となる．これを面心立方格子(めんしんりっぽうこうし；face centered cubic lattice)という．図2.9に比較して，図2.11のように示すと原子の並び方が理解しやすい．図2.11は原子を最も密に積み重ねたときの結晶の最小単位の並び方を示しており，図2.12のように，この立方体を前後，左右，上下に繰り返し重ねてゆけば，どんなに大きな結晶でもつくることができる．したがって，

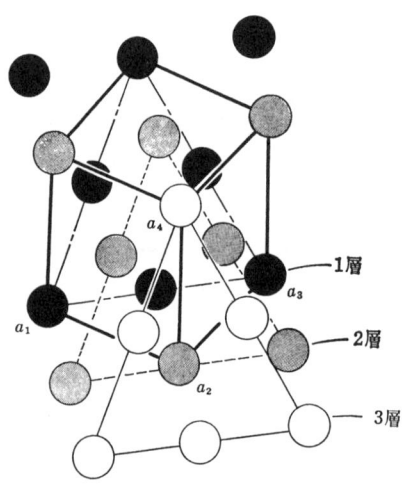

図2.10　図2.9で示した原子の積み重ねを斜め上方から見た状態．太線のようにつなぐと，立方体が現れる

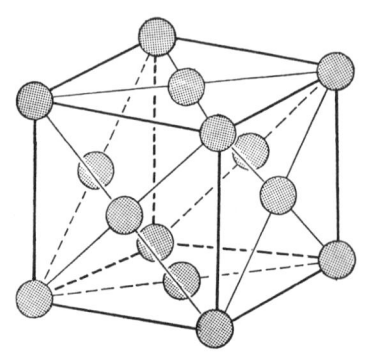

図2.11　面心立方格子構造(Au，Al，Ag，Cuなど)

2.4 原子の並び方　21

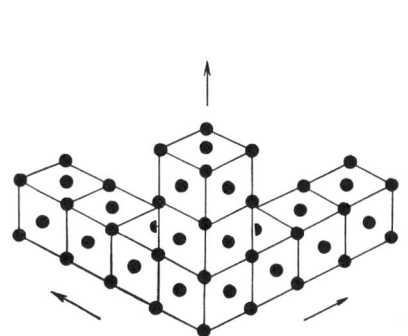

図2.12　結晶の最小単位の三次元的な積み重ね

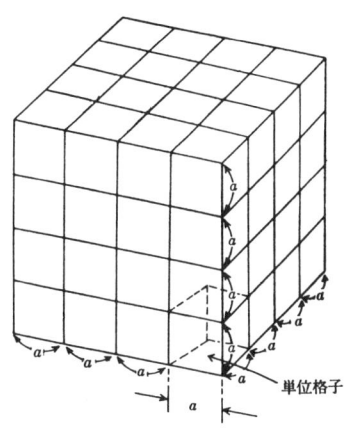

図2.13　結晶格子と単位格子(aは格子定数)

　図2.11を結晶の積み重ねの単位と考えることができる．原子を結んだ線は**図2.13**で示すように格子を組んだようになっており，結晶格子(crystal lattice)と呼んでいる．結晶を図で示す場合，しばしば図2.13のような示し方を用いる．結晶格子の最小の単位を単位格子(unit lattice)と呼び，単位格子の1辺の長さaを格子定数(lattice constant)という．図2.11で示した面心立方格子の単位格子は立方体であるから，3方向の格子定数はすべてaである．

　ここで述べた原子の並べ方は，原子をすき間なく積み重ねる方法であるが，このようにして積み重ねられた原子は，まわりを12個の原子で取り囲まれており，これらのすべての原子と結合している．したがって，原子の結合に寄与している電子は多少の差はあっても12の異なった向きで同じような"電子の雲"をつくらねばならない．アルミニウム，金，銅，ニッケルなどは原子間結合力の方向性が少ないので図2.11のような面心立方格子を組む．

　原子間引力の元になる"電子の雲"のでき方は金属のもつ電子の数や軌道の性質によって異なる．たとえば，周囲に他の原子が近づいたとき，**図2.14(a)**のような"電子の雲"ができればすべての方向で他の原子と結合することができるが，(b)のように"電子の雲"が偏って生ずるときには，特定の方向だけで結合しようとする．したがって，(a)と(b)では結晶の並び方が異なる．厳密には，電子の雲をつくる外側の電子のほかに，"電子の雲"をつくらない内側を回っている電子の引力もはたらいている．

22　第2章　金属結晶

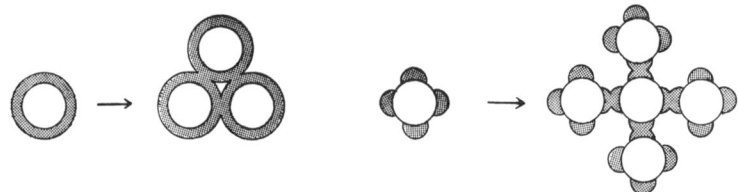

　　（a）電子の拡がりが均一な場合は最も稠　　　（b）電子の拡がりに異方性がある場合は
　　　　密な面心立方型結晶となりやすい　　　　　　　面心立方型とは異なる結晶型となる
　　　　　　図 2.14　金属原子の結合に寄与する電子の拡がり方と結晶型の関係

（2）　稠密六方格子

　亜鉛やマグネシウムなどの原子間結合力には偏り(異方性)があるため，図 2.15 で示すように，2層目の原子までは図2.9(b)と同じ積み重ねとなるが，3層目は1層目，2層目で残されたすき間を埋めるような位置を占められず，1層目原子の真上に位置する．この積み重ねの場合には，図2.11のような立方体で描くことができないので，図2.15の配置をそのまま使って図 2.16 のように示す．上下に平行に並んでいる原子は六角形となっており，稠密六方格子(ちゅうみつろっぽうこうし；hexagonal close packed lattice)と呼ばれる．面心立方格子と同様に最も原子を密につめ込

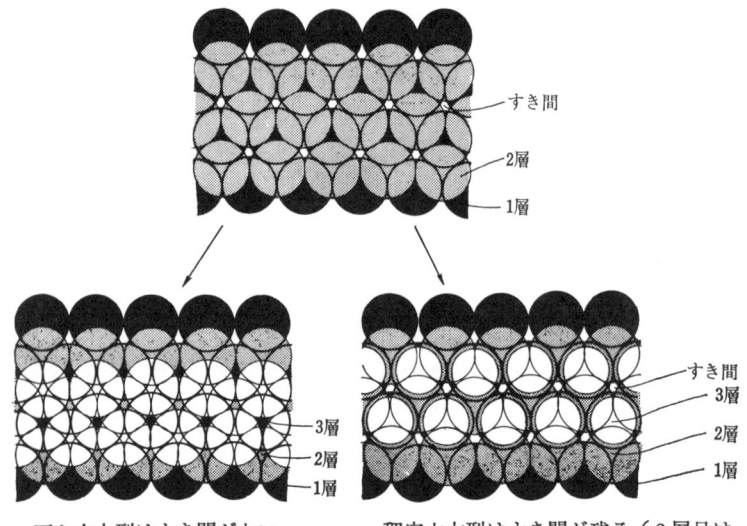

　　　　面心立方型はすき間がない　　　　稠密六方型はすき間が残る（3層目は
　　　　　　　　　　　　　　　　　　　　　　小さい円で示した）
　　　　　　　図 2.15　面心立方型と稠密六方型の原子の積み重ねの違い

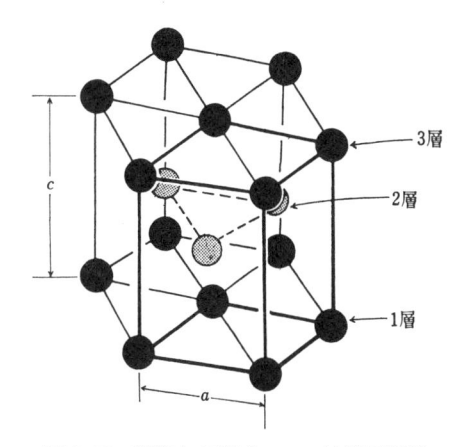

図2.16 稠密六方格子．a, c は格子定数を表し，太線は単位格子を示す(Zr, Ti, Cd, Zn など)

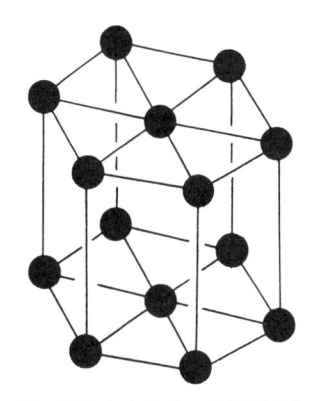

図2.17 稠密六方格子の2層目が欠けた単純六方格子

む方法であるので稠密と呼ばれている．また，単純な六方格子(**図2.17**)と区別するためでもある．稠密六方格子の単位格子は図2.16の太い実線で示した部分であるが，通常単位格子を3個重ねた図2.16を慣用的に単位格子としている．格子定数は図2.16のように a と c で示す．原子が理想的な稠密六方格子をなす場合には，a と c の長さの比 a/c が1.633であり，原子はまわりの12個の原子と結合している．a/c が1.633のときには面心立方格子と同じ稠密な結晶となるが，実際の金属では1.633からずれているものが多い．

(3) 体心立方格子

金属の結晶構造には，上記の面心立方格子と稠密六方格子のほかに，**図2.18**で示す体心立方格子(body centered cubic lattice)がある．体心立方格子は，立方体の頂点と立方体の中心に原子が位置しており，それぞれの原子は周囲の8個の原子と結合している．結合する原子の数が少ないのは，結合に寄与している"電子の雲"のでき方が方向によって非常に異なるためである．鉄(912°C>, 1394〜1538°C)，バナジウム，クロミウムなどが体心立方格子を組んでいる．

金属の場合，一，二の例外を除くと，面心立方格子，稠密六方格子，体心立方格子のいずれかとなる．**表2.1**に代表的な金属の結晶構造と格子定数を示す．

(4) 単位格子中の原子の数とすき間

原子を積み重ねる方法の違いにより，原子と原子のすき間の大きさと，単位格子中

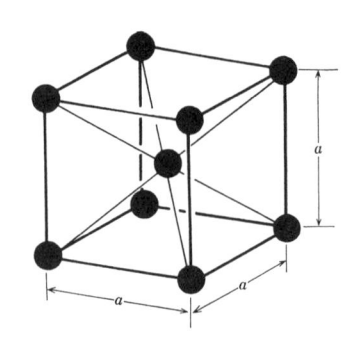

図 2.18 体心立方格子．立方体の中心に原子がある．a は格子定数 (Fe, V, Nb など)

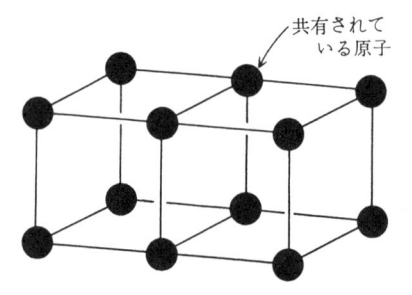

図 2.19 実在の結晶中の原子は隣り合う単位格子に共有されている

表 2.1 代表的な金属の結晶型と格子定数（室温）

結晶型	金属	格子定数(nm) a	c
面心立方格子	Ag	0.4086	
	Al	0.4049	
	Au	0.4078	
	Cu	0.3615	
	Ni	0.3524	
	Pb	0.4950	
	Pt	0.3924	
	Fe (912〜1394°C)	0.3656	
体心立方格子	Cr	0.2885	
	Fe*	0.2866	
	K	0.5344	
	Mo	0.3147	
	Nb	0.3300	
	Ta	0.3303	
	V	0.3039	
稠密六方格子	Be	0.2285	0.3584
	Cd	0.2979	0.5617
	Co	0.2507	0.4069
	Hf	0.3206	0.5087
	Mg	0.3209	0.5210
	Ti	0.2950	0.4683
	Zn	0.2664	0.4945

* Hf, Ti, Co は高温で異なる格子となる

に含まれる原子の数に差が生ずる．結晶が単位格子だけで成り立っているのであれば，単位格子をつくっている原子がそのまま単位格子に含まれる原子の数となるが，実在の結晶は単位格子が 3 次元的に連なったものであるから，**図 2.19** で示すような隣の単位格子と原子を共有することになる．立方格子の頂点にある原子は 8 個の単位格子に共有され，立方体の面の中心にある原子は 2 個の単位格子に共有される．同じように，稠密六方格子の頂点にある原子は 6 個の単位格子に共有される．したがって，共有されている分を差し引いたものが単位格子中に含まれる原子の数である（**図 2.20**）．これらを足すと，結局，面心立方格子では 4 個，体心立方格子では 2 個，稠密六方格子では図 2.16 が単位格子であるから体心立方と同様に 2 個の原子が単位格子中に含まれている．

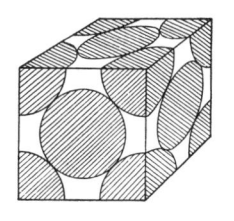

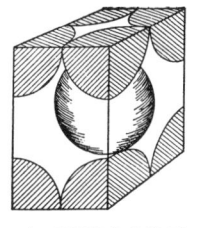

(a) 面心立方格子　　　(b) 体心立方格子　　　(c) 稠密六方格子

図 2.20　単位格子に含まれる原子

　単位格子中のすき間の体積は単位格子の体積から原子の体積を差し引けばよい．たとえば，アルミニウムの格子定数は 0.4049 nm であるから単位格子の体積は 0.06638 nm³ である．アルミニウム原子の直径は単位格子側面の対角線の 1/2（図 2.11 参照のこと）であるからアルミニウム原子 1 個の体積は 0.01226 nm³ である．単位格子中には 4 個のアルミニウム原子があり，単位格子の体積からアルミニウム原子の体積分を差し引くと，すき間の体積は 0.01726 nm³ で，単位格子の 26% がすき間となる．同じような計算を体心立方格子の鉄で行うと，鉄では単位格子の約 32% がすき間となる．これらのすき間の率から明らかなように，面心立方格子はきわめて密に原子がつめ込まれた状態であり，体心立方格子はすき間が多い．体心立方格子の金属は，すき間の容積が大きいので，炭素，窒素，水素などの小さな原子が不純物として入りやすい．

2.5　実在の金属結晶

(1)　結晶の仲間入り

　金属が結晶であることは，かなり古くから知られていたらしい．前述のように，ギリシア人は道路に張った氷などをクリスタルと呼んだ．**図 2.21** はその一例であるが，金属でもこのような模様がみられる．たとえば，溶けて固まった金属の表面にも**図 2.22** のような美しい模様ができ，大きなものは目で見える．ギリシア人はすでに青銅などを使っていたから，氷と同じ模様を示す金属もクリスタルの一種と考えていたらしい．

　17 世紀に科学的研究に使われ始めた顕微鏡は，生物の観察から金属の観察へと進み，19 世紀の初めには，鉄や鋼の性質を調べるために盛んに使われた．これらの研究により，鉄や鋼の性質変化を結晶の変化と考えるとよく理解できることがわかり，金属も大手を振って結晶の仲間入りをすることになった．

　図 2.21，22 にみられる結晶の凝固紋様は**図 2.23** に示す木の枝に似ていることか

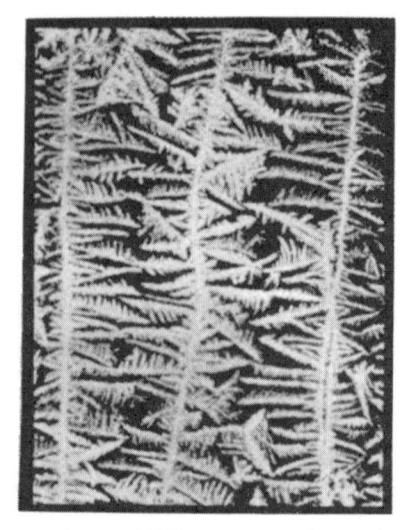

図 2.21 氷の結晶がつくる紋様(窓ガラス上に形成された結晶)(ベントレー氏による)

図 2.22 凝固した金属(Al)の表面にみられる紋様(北田による)

図 2.23 木の枝の紋様.凝固した結晶のつくる紋様に似ている(北田による)

ら,樹枝状晶(じゅしじょうしょう;dendrite)と呼ばれている.

(2) 実在の金属の中身

金属は水晶のような一定の形を示さないが結晶である.ただし,水晶の場合には図

2.5 実在の金属結晶

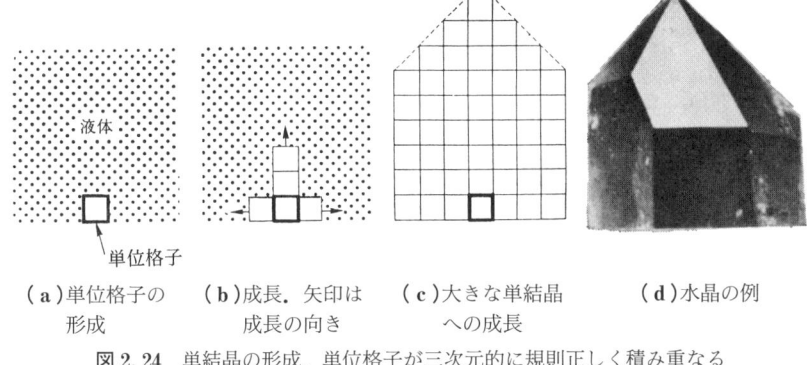

(a) 単位格子の形成　**(b)** 成長．矢印は成長の向き　**(c)** 大きな単結晶への成長　**(d)** 水晶の例

図 2.24　単結晶の形成．単位格子が三次元的に規則正しく積み重なる

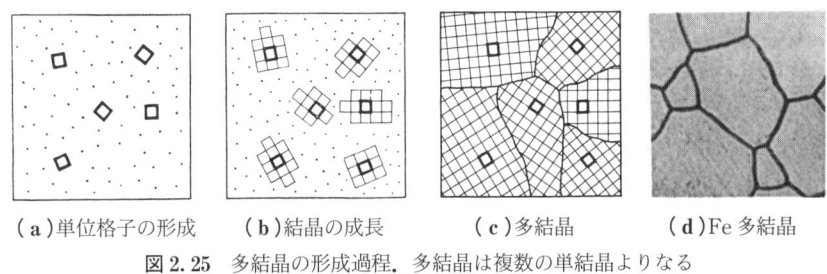

(a) 単位格子の形成　**(b)** 結晶の成長　**(c)** 多結晶　**(d)** Fe 多結晶

図 2.25　多結晶の形成過程．多結晶は複数の単結晶よりなる

2.24(c) のように結晶全体が1つの結晶格子からなる単結晶(たんけっしょう；single crystal)であるのに対して，私たちが日常目にする金属は**図 2.25**(c) のように，小さな単結晶がばらばらの方向を向いて集まっている多結晶(たけっしょう；polycrystal)である．多結晶の表面ではいくつもの結晶がばらばらの方向を向いて並んでいるので，水晶のような平らな結晶面にならず，形も一定しない．単結晶と多結晶の違いは，液体が固まって結晶になるときの成長の過程が異なるためである．

単結晶が成長するときには図 2.24 のように最初に結晶が成長するための核(かく；nucleus)となる単位格子ができる(実際の核はもっと大きい)．これに単位格子が規則正しく積み重なるようにして成長し，大きな単結晶となる．多結晶の場合には，図 2.25 のように液体となっている金属のあちこちに多数の核ができる．この核は動きやすい液体の中で勝手な方向を向いており，それぞれの核が成長して液体がなくなると小さな単結晶は互いに衝突する．衝突した単結晶は金属全体が固まってくるので，勝手な方向を向いたまま身動きがとれず，結晶格子の方向が異なる単結晶が集合した多結晶となる．多結晶中の小さな単結晶を結晶粒(けっしょうりゅう；crystal grain)と呼ぶ．

多結晶の場合，単結晶と単結晶の境界で原子の規則的な並びが崩れているから，この境界は結晶格子の乱れであり，欠陥(けっかん；defect，第3章参照)と呼ばれる．単結晶間の境界を結晶境界(crystal boundary)または粒界(りゅうかい；grain boundary)と呼んでいる．

金属が多結晶になりやすいのは，金属の中に含まれている不純物原子(impurity atom)が核の役目を果たしたり，熱の伝わり方が速いので，あちこちに温度の低い部分ができて核が発生しやすいためである．現在では，故意に核(種結晶と呼ばれる単結晶)をつくって熱の伝わり方を工夫し，人工的に単結晶をつくっている．これは，主に金属の研究に使われている．Siなどは半導体素子用に使われている．

2.6 結晶の面と方向

(1) 結晶面の表し方

金属の単結晶を用いて種々の性質を調べていると結晶の面や結晶の向きによって性質が異なる．これは，結晶の向きによって原子の並び方が異なるためである．たとえば，図2.26の面心立方格子を組む結晶において，aとbの向きでは原子の距離が異なる．このため，結晶の方向あるいは向きをきちんと決めておかないと，金属の性質を厳密に述べることができない．このような必要性から，結晶の方向と面を座標を使って示すような工夫がなされた．結晶方向は上述のように原子の並んでいる向きを示し，結晶面は図2.27で示すように原子がどのような面にのっているかを示す．

結晶の面と方向を示すには，上述のように座標を使えばよい．たとえば，立方格子の単位格子に図2.27のようにX, Y, Zの座標をもうける．X, Y, Z座標の目盛は原点を0として単位格子の1辺を1とする．単位格子の1辺を1とする定義は，どんな結晶についても同じである．

つぎに，結晶面がX, Y, Z軸と交わる点をx, y, zとし，これの逆数$1/x, 1/y, 1/z$

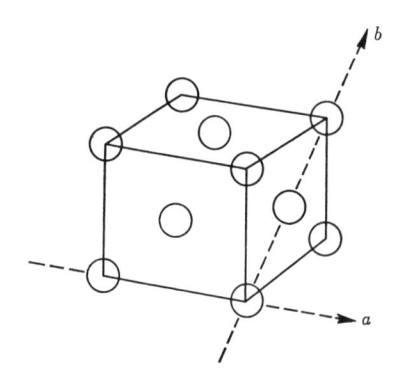

図2.26 結晶の方向による原子配列の違い

2.6 結晶の面と方向　29

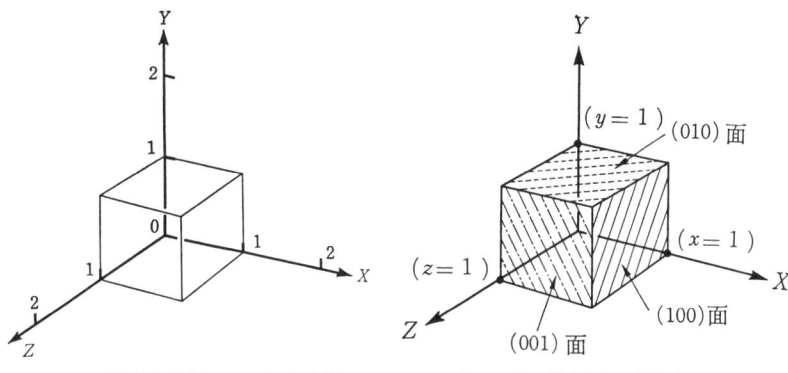

図2.27 単位格子を標準にした座標のとり方

図2.28 結晶面の表し方
(100)面，(010)面，(001)面

を使って$(1/x, 1/y, 1/z)$とし，これを最も簡単な整数になおして(hkl)と書き結晶面の指数(index)とする．逆数を使用するのは，結晶の種々の性質を説明するときに使うのに便利なためである．たとえば，図2.28の斜線で示した結晶面はX軸と$x=1$で交わっており，Y, Z軸とは交わらない．交わらない場合には，無限大(∞)の距離で交わると仮定し，$y=z=\infty$とする．したがって，$(1/x, 1/y, 1/z)$は$(1/1, 1/\infty, 1/\infty)$となる．$1/\infty$は0とおけるから$(1,0,0)$となり，(　)中のコンマをとって(100)面(いちぜろぜろめん)という．同じようにして，図2.28の破線で示した面はY軸だけで交わるから(010)面，一点破線で示した面はZ軸と交わり(001)面となる．また，$x=0.5$の(100)面と平行な面は(200)面，$x=0.25$の面は同様に(400)面となる．

(100)，(010)，(001)面などはみな単位格子の側面であり，単位格子の位置を動かせば同じ面となる．このような面を等価な面という．立方格子の単位格子には前後，左右，上下に等価な(100)面が6個ある．

同じようにして，図2.29で示す(111)面，(101)面などを決めることができる．

（2）　結晶中の方向

結晶を取り扱う場合，結晶面とともに結晶の方向を決めておくと便利である．たとえば結晶を変形させたときなど，変形した方向と変形の起こりやすい結晶面の関係がよくわかる．

たとえば，立方晶での結晶方向は結晶面に垂直な方向として約束されている．図2.30(a)のように(100)面に垂直な方向あるいは向きは[100]方向と書かれる．同じように(101)面に垂直な方向は[101]方向(b)，(111)面に垂直な方向は[111]方向(c)となる．また，[100]方向に逆向きの場合，座標では負の向きになるから[$\bar{1}$00](マイ

30　第2章　金属結晶

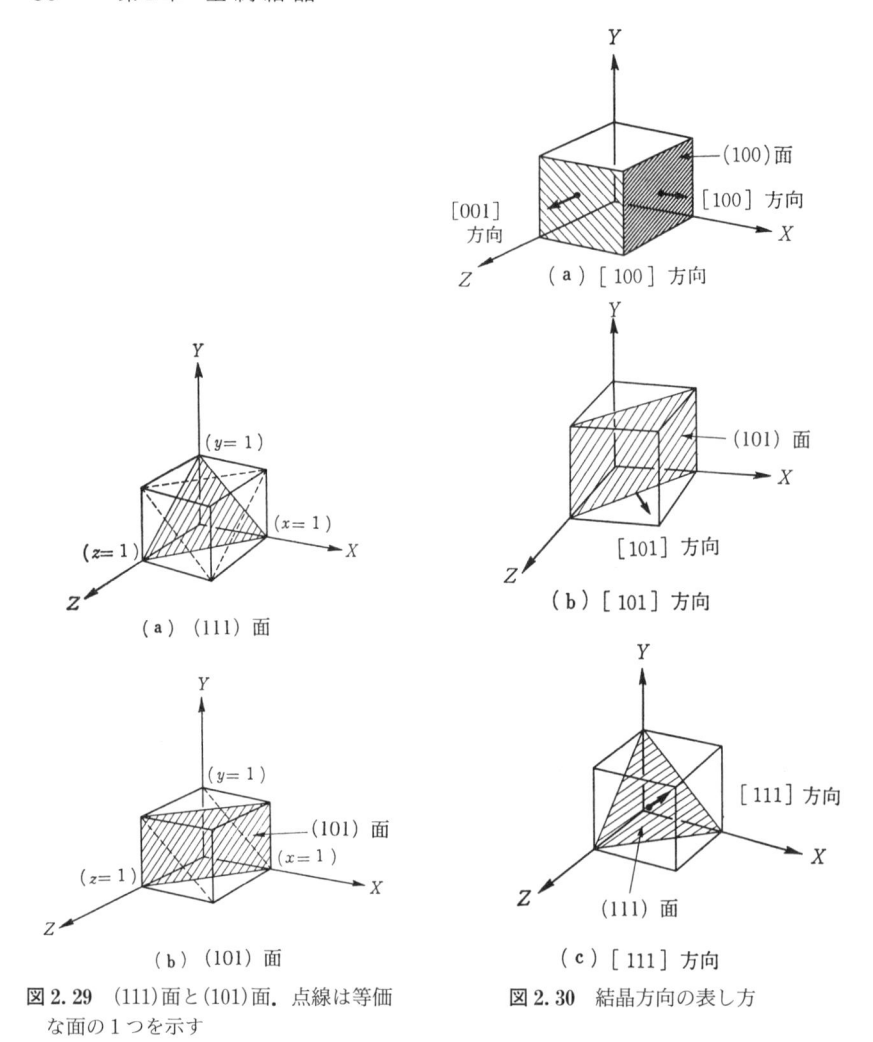

(a) [100] 方向

(a) (111) 面

(b) [101] 方向

(b) (101) 面

(c) [111] 方向

図 2.29　(111)面と(101)面．点線は等価な面の1つを示す

図 2.30　結晶方向の表し方

ナスいちぜろぜろ)と示す．

　なお，ここでは XYZ 軸を一般の数学で用いられる方向にとったが，Y 軸を Z 軸として表す場合もある．

第3章
金属結晶中の点欠陥

3.1 点欠陥とは

　前章で，金属は3次元的に規則正しく原子が並んだ結晶であることを述べた．結晶の定義では，単位格子を X, Y, Z 軸方向へ繰り返し重ねてゆけば，どんな大きな結晶でもつくることが可能である．しかし，現実に私たちが目にする金属には無限大の結晶などあり得ない．必ずどこかで原子の並びが途切れる．この原子の並びが途切れたところが金属の表面(第13章参照)，結晶粒界，結晶中の原子の抜けた部分などであり，これらはすべて結晶の欠陥(defect)と考えてよい．本章では，金属のさまざまな変化の過程で基本的な役割を果たしている点欠陥(てんけっかん；point defect)について述べる．

(1) 空　　孔

　図3.1(a)のように規則正しく原子が並んでいる結晶を完全結晶(perfect crystal)と呼ぶ．原子のあるべき位置，すなわち格子点は原子で完全に占められており，原子の抜けたような不完全な部分はない．つぎに，図3.1(a)のように完全に規則正しく並んでいる結晶の一部分を不完全にするにはどうすればよいか．

　まず，原子を1個取り除いてみよう．図3.1(b)は完全な結晶から原子を1個抜き取った状態である．完全結晶であれば当然原子が存在する格子点の1つが空っぽにな

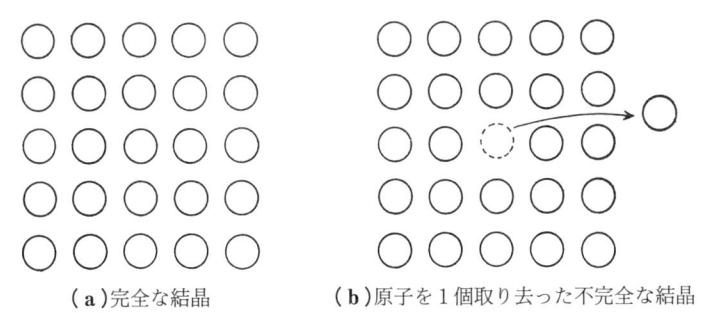

　　　　(a) 完全な結晶　　　　　(b) 原子を1個取り去った不完全な結晶
図3.1　完全な結晶と不完全な結晶．原子が抜けた部分を空孔と呼ぶ

っているから不完全結晶(imperfect crystal)である．この格子点を空いているという意味で空格子点(くうこうしてん；vacant lattice point)，あるいは原子が空になった孔(あな)という意味で空孔(くうこう；vacancy)という．vacancy とは空っぽという意味で，空席，休暇の意味で使われるバカンス，バケーションと同じ語源である．空孔は格子点の1つの欠陥で，このような点状の欠陥を点欠陥と総称する．

原子が2個続けて欠けていればダイベイカンシイ(divacancy, di は2の意)，3個つながっていればトリベイカンシイ(trivacancy, tri は3の意)という．多数の原子が抜けていれば大きな穴ができるが，これは空洞(くうどう；void)と呼ばれる．

空孔は原子の拡散，焼なまし，変形と加工硬化，析出(せきしゅつ)，変態などの金属に見られる現象に必ずといってよいほど関係しており，非常に重要な欠陥である．

(2) 格子間原子

完全結晶の中に，この結晶を構成している原子以外の異種原子(foreign atom, よそもの原子)が入ることがある．完全結晶では格子点のすべてが満たされているので，格子点に異種原子を入れることはできない．そこで，図 3.2 で示すように，原子と原子のすき間にむりやり押し込まねばならない．このように，格子点以外の原子のすき間(格子間隙)に入った原子を格子間原子(こうしかんげんし；interstitial atom)あるいは格子間に侵入したという意味で侵入型原子(しんにゅうがたげんし)という．

完全結晶では，すべての格子点を同種の原子が占めており，格子のすき間などに原子が入り込むと結晶の完全性が崩れる．したがって，格子間原子の存在するような結晶も不完全結晶であり，格子間原子も点欠陥の1つである．図 3.2 から明らかなよう

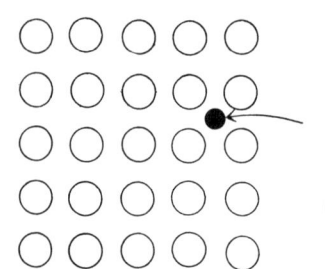

図 3.2 結晶格子間(原子の間のすき間)に入り込んだ不純物原子，格子間原子あるいは侵入型原子と呼ぶ

表 3.1 主な金属および非金属元素の結晶における原子半径(nm)

金属	Al	Ti	Cr	Fe	Cu
	0.143	0.147	0.125	0.124	0.128
非金属	H	B	C	N	O
	0.037	0.090	0.074	0.053	0.061

に，原子と原子のすき間は非常に小さいから，格子間原子となれるような原子は金属原子より非常に小さい酸素，窒素，炭素，ホウ素，水素などの非金属元素に限られる．**表3.1**に主な金属と非金属元素の結晶中における原子半径を示す．

ただし，結晶にイオンや中性子などを当ててむりやり原子をはじき飛ばす場合などには，同種原子でも格子間位置へ侵入することがある．

(3) 置換型原子

原子と原子のすき間に原子が入り込むことを述べたが，完全結晶に異種原子が入り込む方法はこれだけであろうか．完全結晶とは，図3.1(a)のように同種の原子がすべての格子点を占めている状態であるから，格子点の1つを異種原子の位置に置き換えれば不完全結晶となる．完全結晶には格子間原子以外の大きな異種原子が入り込む余地はないが，空孔を含む不完全結晶であれば**図3.3**のように異種原子を入れることができる．格子点に異種原子を入れるためには，原子を1つ取り除いて空孔をつくり，元の原子に置き換える形で入り込ませるので，置換型原子（ちかんがたげんし；substitutional atom）という．

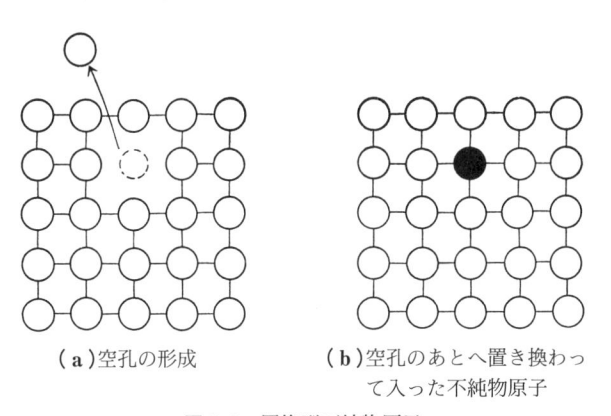

(a) 空孔の形成　　　　　(b) 空孔のあとへ置き換わって入った不純物原子

図3.3　置換型不純物原子

(4) 点欠陥による格子のひずみ

列を乱さず整然と並んでいた原子は，空孔，格子間原子，置換型原子の存在によって列を乱される．

熱振動を考えなければ，原子は斥力と引力の釣合った位置で静止した状態となっている．もし空孔があれば，空孔のある格子点から斥力がなくなるので，周囲の原子は空孔のある向きへずれる．図3.4(a)は空孔周囲の原子の位置のずれを示したもので，完全結晶の格子が変形しており，これを格子のひずみという．格子間原子が存在

34　第 3 章　金属結晶中の点欠陥

(a) 空孔周囲の格子のひずみ　　(b) 侵入型原子による格子のひずみ

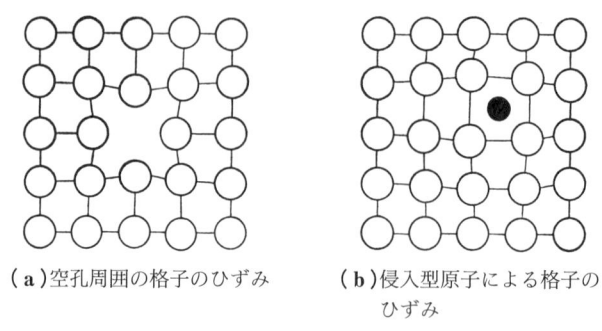

図 3.4　欠陥が入ったことによる結晶格子のひずみ

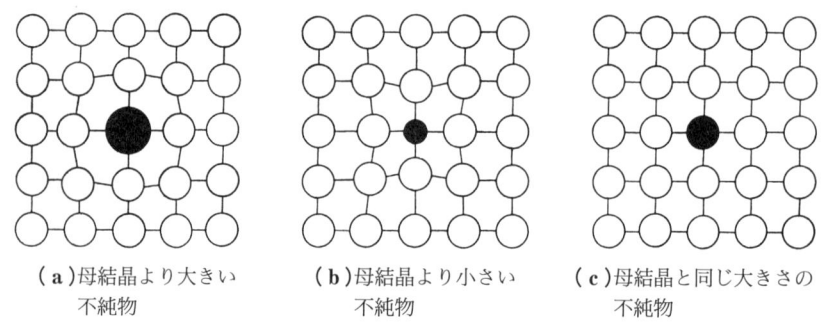

(a) 母結晶より大きい不純物　　(b) 母結晶より小さい不純物　　(c) 母結晶と同じ大きさの不純物

図 3.5　置換型原子の大きさと結晶格子のひずみ方

する場合，格子は格子間原子とは逆の向きにひずむ(b)．

　置換型原子の場合には，置換型原子の大きさによって格子のひずみの程度は異なり，母結晶(ぼけっしょう)の原子より大きい原子であれば図 3.5(a)のように周囲の格子を押し拡げ，小さければ空孔と同様に周囲から押される(b)．母結晶と同じ大きさの原子であれば，格子のひずみは生じないが(c)，電子雲の分布，原子間結合力や斥力が母結晶原子と著しく異なる場合には，周囲の母結晶格子をひずませる．

3.2　点欠陥の混入経路

　空孔，格子間原子，置換型原子はどのようにして結晶の中に入り込むのであろうか．第 1 章で述べたように，金属結晶は種々の条件下で原子が規則正しく集まってできたものであるから，結晶が形成される段階で上記の欠陥が入り込む可能性がある．

（1） 結晶化過程での混入

図3.6は結晶が成長するときの簡単な模型である．まず(a)のように結晶化した原子の列ができている状態から出発する．矢印の向きに原子が積み重ねられながら結晶が成長する場合，たまたま空気中などに存在する酸素や窒素原子が液体金属中に入り込み成長途中の結晶面に付着したと仮定する(b)．付着した原子が酸素や窒素のように小さな原子であれば，その上に積み重なる原子は，ほんの少し位置をずらすだけで積み重ねられ，小さな原子は結晶中に取り込まれてしまう(c)．

一方，原子が積み重ねられるべき位置(格子点)に，たまたま原子がくるのが遅れて，次の原子の列が並んでしまうと，図3.7のように原子の抜けた場所，すなわち空孔ができる(b)．原子の列の中に異種原子がまぎれ込むこともある．これが置換型原子(c)にほかならない．

金属の原料となる鉱石は，種々の金属酸化物や硫化物からなっており，これを精錬(せいれん)した金属の中にも種々の不純物原子が含まれている．通常，目的とする金属以外を取り除く行程を経るが，テンナインといわれる純度99.99999999%の結晶でも1 cm³の中に約10^{13}個，なんと1兆個もの不純物原子が含まれている．通常得られる金属の純度は99.9～99.999 mass%(質量あるいは重量%)であり，精錬によって金属結晶がつくられるときから，莫大な数の侵入型不純物原子や置換型不純物原子が含まれているので，理想的な完全結晶はこの世にはありえない．

不純物原子が結晶に入り込むのは容易に理解できると思うが，空孔の混入は考えにくいかも知れないので，もう少し詳しく述べる．今まで，結晶中の原子は格子点で静止していると考えて話を進めてきたが，実在の原子は絶対零度でない限り熱エネルギをもち，図3.8で示すように盛んに揺れ動いている．これを原子の熱振動(ねつしん

(a)液体中に混入した不純物原子　　(b)結晶表面への付着　　(c)結晶中に取り込まれる

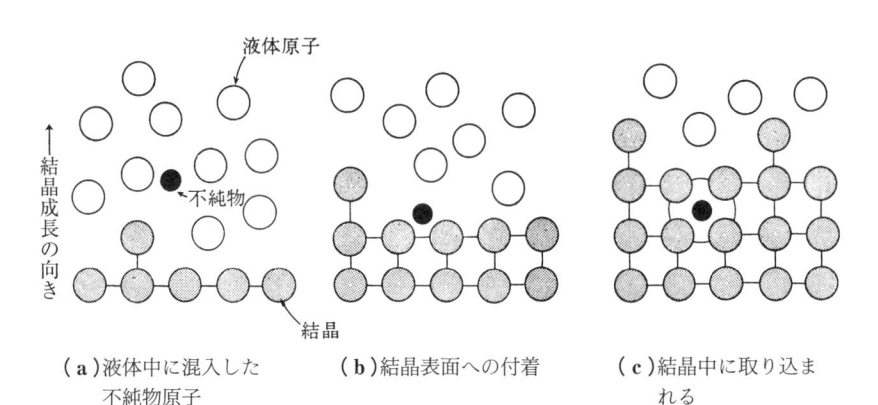

図3.6　結晶成長時の格子間型不純物原子の取り込み

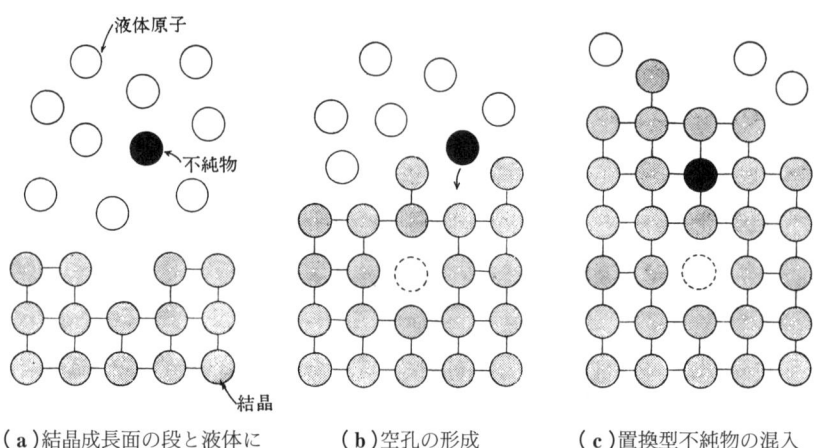

(a) 結晶成長面の段と液体に　　(b) 空孔の形成　　　　(c) 置換型不純物の混入
　　混入した不純物

図 3.7　結晶成長時の空孔と置換型不純物の形成

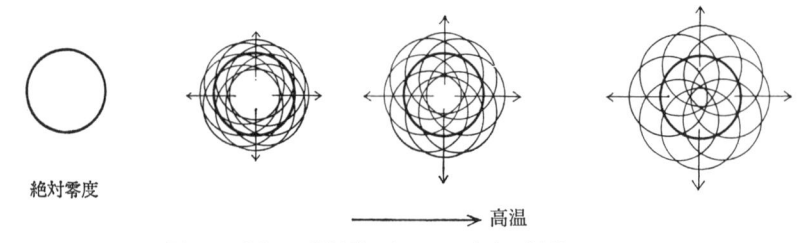

図 3.8　原子の熱振動．あらゆる方向へ振動している

どう；thermal vibration)といい，温度が高くなるほど熱エネルギが多くなるから，熱振動も激しくなる．熱エネルギが十分大きくなると，原子は格子点にとどまっていることができなくなり，一部の原子は格子点を伝わって結晶中を動き回る．これが第4章で述べる拡散であるが，さらに熱振動が激しくなると，すべての原子が格子点から飛び出して動き回る液体となり，さらに気体へと変態(へんたい)する．

液体から結晶が成長するような高い温度では，原子の熱振動がきわめて激しく，格子点に長時間とどまっている原子は皆無といってよい．たとえば，液体から結晶が成長する場合には，図 3.9 で示すように結晶中の原子とは比較にならないほど激しく運動している．激しく運動している液体中の原子が結晶化するのは，曲がりなりにも結晶の格子点にとどまれる程度に，原子の熱エネルギが減少したことを意味している．熱エネルギは温度に正比例しているので，これは温度の低下である．図 3.9 は液体の状態から結晶格子点にとどまる過程にある原子の運動を示したもので，液体中の

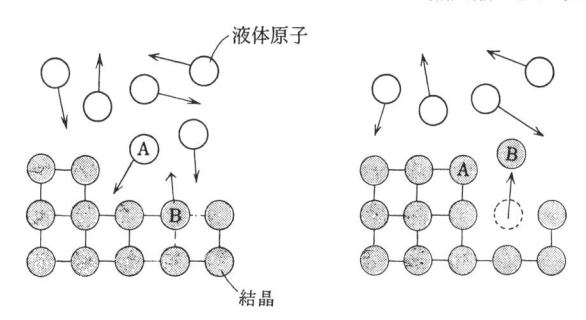

図 3.9 結晶化するときの原子の運動．結晶の表面では液体と固体の間をゆききしている原子もある．Ⓐ結晶化する原子，Ⓑ結晶から液体になる原子

原子Aは温度の低下によって熱エネルギを失い，結晶表面の格子点を占めて静止する．しかし，静止した原子の一部(たとえば原子B)は周囲から熱エネルギを吸収して再び液体中に戻ってゆく．このとき，図3.7で示したのと同じように，原子が飛び出したあとの格子点に原子が入り込まず，周囲の格子点が原子で埋まってしまえば空孔となる．

微視的にみると，すべての原子が同じ運動エネルギをもっていることは考えられないから，このような不均一な原子の運動はきわめて多く，空孔が結晶中に取り残される確率は高い．

(2) はじき出しによる空孔の形成

空孔が形成されるのは，結晶化のときばかりではなく，結晶の状態でも形成される．その1つの方法が，格子点にある原子のはじき出しである．

図3.10(a)の完全な結晶を眺めて，どのようにしたら結晶中に空孔をつくることができるかを考えてもらいたい．1つの方法は，(b)のように結晶中の原子を表面に移動させるやり方で，他は(c)のように格子点にある原子を結晶中の他の場所，すなわち格子間に移動させる方法である．前者は研究者名をとってショットキ(Shottky)欠陥と呼ばれ，後者も同様にフレンケル(Frenkel)欠陥という．ショットキ欠陥やフレンケル欠陥はどのようにしてつくることができるのであろうか．

最も簡単な方法は，格子点にある原子をはじき飛ばす方法である．格子点にある原子をはじき飛ばすには，原子に力を加える必要がある．たとえば，結晶中にボールを投げつければ，玉突きのときと同じように原子がはじき出され，ショットキ欠陥やフレンケル欠陥ができるであろう．しかし，結晶の中に通常のボールを投げ込むことはできないから，結晶の間を通り抜けられるような粒子を考える．結晶の間を通り抜けられる粒子としては，電子，中性子，α粒子，原子(あるいはイオン)などである．し

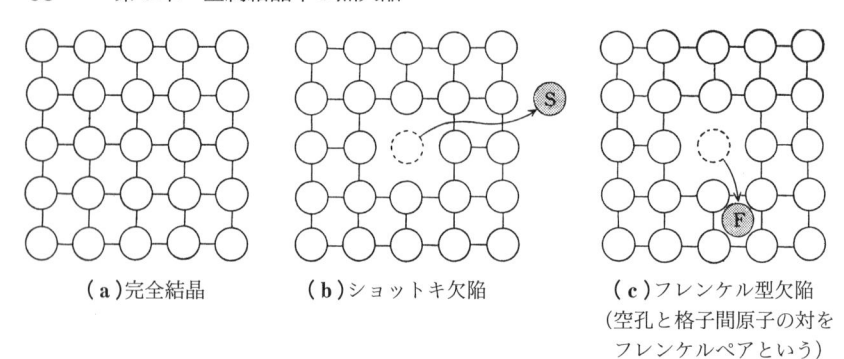

(a) 完全結晶　　(b) ショットキ欠陥　　(c) フレンケル型欠陥
（空孔と格子間原子の対を
フレンケルペアという）

図 3.10　結晶中での空孔の形成法

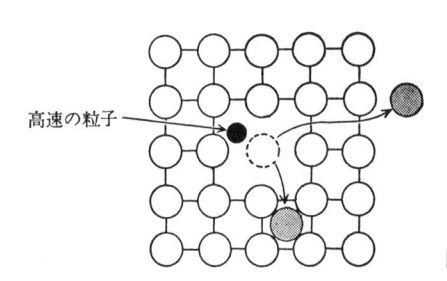

高速の粒子

図 3.11　粒子の打ち込みによる欠陥の形成

たがって，これらの粒子にスピードをつけて原子に衝突させれば空孔は容易に形成される（図 3.11）．このようにして形成された空孔は，中性子のような放射線によってつけられたものであるから，放射線損傷（ほうしゃせんそんしょう；radiation damage）と呼ばれている．現実には，原子炉の中のように多量に中性子が放射される場所で使われている金属には多数のショットキ欠陥やフレンケル欠陥ができるので，原子炉材料が劣化する主因となり，重要な現象である．半導体の不純物導入では，ほう素，燐などのイオンを打ち込んで導電型を決める重要な技術となっている．

結晶中の原子は周囲の原子と強く結合しているから，この原子をはじき出すためには，結合を切るのに十分なエネルギをもった粒子を衝突させねばならない．このエネルギをしきいエネルギと呼んでいる．原子を動かすには，はじき出しに限らず，周囲の原子との結合を切る必要があるから，しきいエネルギ以上のエネルギが必要である．

（3）　熱平衡状態で入る空孔

空孔は，結晶化するときや放射線損傷によらなくても形成される．たとえば，アルミニウムは数 100℃以上に加熱すれば測定可能な量の空孔が存在するようになる．こ

の空孔の量は，その温度にいくら長時間保持しておいても変わらないので，熱平衡（ねつへいこう）状態の空孔という．平衡というのは，物質の状態が時間の経過によっても変化しないことである．熱平衡では，平衡状態を維持しているのが熱エネルギであるから，温度が変われば別の熱平衡状態になる．

まず，熱平衡状態で入る空孔がどこからどのようにして入るかを述べる．もう一度図3.10の完全結晶を眺めてみよう．結晶の中だけで格子点にある原子を取り去って空孔をつくるには，フレンケル欠陥のように格子点にある原子を格子間に移動すればよい．しかし，結晶のすき間は金属原子が入り込めるほど広くはないので，前述の放射線照射でもしなければフレンケル欠陥はできない．ショットキ欠陥も同様である．熱平衡状態で入るのであるから，放射線照射のようにむりやり入れるのではなく，もっと容易に入れられる方法があるに違いない．結晶の中に空孔をつくる余裕がなければ，結晶表面はどうであろうか．考え方によっては，結晶の外の空間は空孔の集合した状態ともいえる．実際に，結晶の外部から結晶の表面を通って空孔が入り込む．

図3.12はその方法である．図3.8で示したように，結晶中の原子は熱エネルギのために激しく振動しており，周囲の原子との結合エネルギより大きなエネルギを得た原子は，激しい振動のために格子点から飛び出すことができる．したがって，図3.12(a)のように，格子点から飛び出すのに必要なエネルギを得た原子が結晶表面から1個抜け出す．次に(b)のように抜け出した原子の下の格子点にある原子が表面の原子が抜け出したあとの格子点に移動する．この結果，結晶の内部に空孔ができる．さらに，空孔の下の原子が移動すれば，空孔は結晶の内部へと移動する．もし，このような原子の移動が可能であれば，空孔は結晶の表面からつぎつぎに入り込むことが可能である．

表面から導入された空孔が結晶中で安定に存在する理由を説明するには，熱力学の

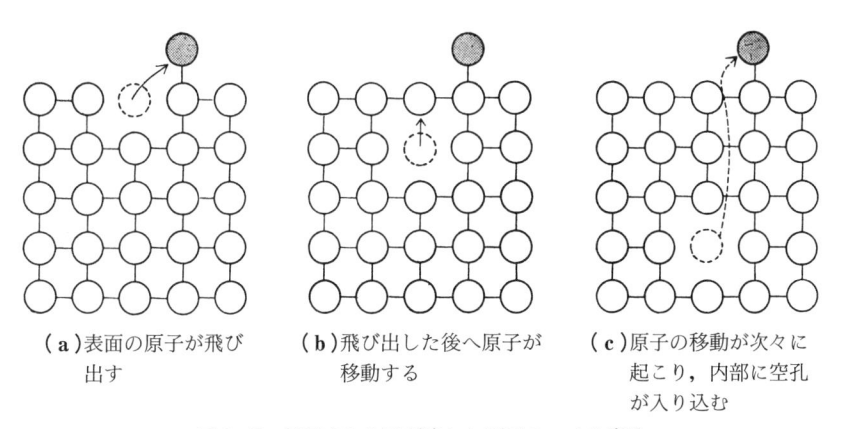

(a) 表面の原子が飛び出す
(b) 飛び出した後へ原子が移動する
(c) 原子の移動が次々に起こり，内部に空孔が入り込む

図3.12 格子点から飛び出した原子のつくる空孔

第3章　金属結晶中の点欠陥

助けを借りねばならない．しかし，難しい数式を必要とするので，ここではきわめて簡単な説明を試みる．すでに述べたように，絶対零度以外の温度にある結晶中の原子は激しく熱振動しており，激しく振動している原子ほど大きな空間を占めている．温度が高くなるほど熱振動は激しくなるので原子の占める空間は大きくなり，結晶の体積も増大する(熱膨張；ねつぼうちょう)．結晶の熱膨張は原子の熱振動による平均的な体積増加であるが，結晶中の原子の振動の方向は一定でなく，原子の占める空間の大きさもまちまちである．しかも，衝突によるエネルギのやりとりで個々の原子が占めている空間の大きさは絶えず変化しており，周囲の原子から多量のエネルギをもらって格子点から飛び出してゆくほどの振動を行う原子もある．このような原子の占める空間は非常に大きく局所的である．結晶を構成している原子の熱振動による平均的な空間増加は熱膨張でまかなわれるが，上述の局所的な空間の増大は結晶の内部でまかなうことが必要であり，空孔がその役目を果たす＊．したがって，結晶表面から導入された空孔は，熱的(エネルギ的)に平衡な状態で存在している．

原子のもつ振動エネルギは，温度の高くなるほど大きくなるから，温度の高いほど多量の空孔が必要となる．図 3.13 は空孔濃度と温度との関係を示すもので，金属の融点(ゆうてん，とける温度)に近いところで空孔濃度は 0.1〜0.2% にも達する．原子の拡散，析出や再結晶，酸化などの反応は空孔を媒介にした現象であり，空孔濃度の高い高温ほど反応が速い．

このほか，転位線(第5章)の移動に伴って生成される空孔もある．

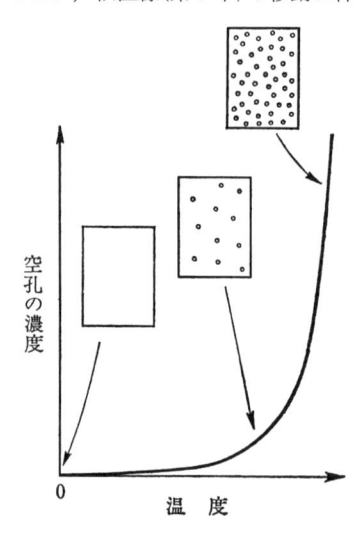

図 3.13　結晶中の空孔濃度の温度依存性

＊　厳密には，完全結晶を無秩序にするような力がはたらくことや，原子と空孔に化学的親和力がはたらくこと，などをエントロピという概念から考えねばならない．

第 4 章
金属の拡散

4.1 拡散とは

　拡散とは，最初1個所にあった物質が，時間が経つにつれ，その周辺に散り散りに拡がってゆく現象である．たとえば，図4.1左図のようにコップの水の中にインクを1滴落とすと，初めは1個所にかたまっているが，時間が経つにつれ次第に水の中全体に拡がってゆき，コップの中の水は全部インクで染まる．この拡散* が起こるためには，インクとインクを溶かす水，それにインクが拡散してゆく時間が必要である．インクは水に溶ける物質であるから溶質と呼び，水は溶質を溶かす媒体であるから溶媒という．拡散にとって，もう1つの重要な事柄は，インクがインクのない部分に向かって拡散してゆくこと，つまりインクの濃度が高いところから低いところへ拡散することである．

　金属の拡散も同じような現象である．たとえば，加熱融解したAlの中に，図4.2で示すように，Mgを少量入れたとしよう．Mgは最初1個所にかたまっているが，

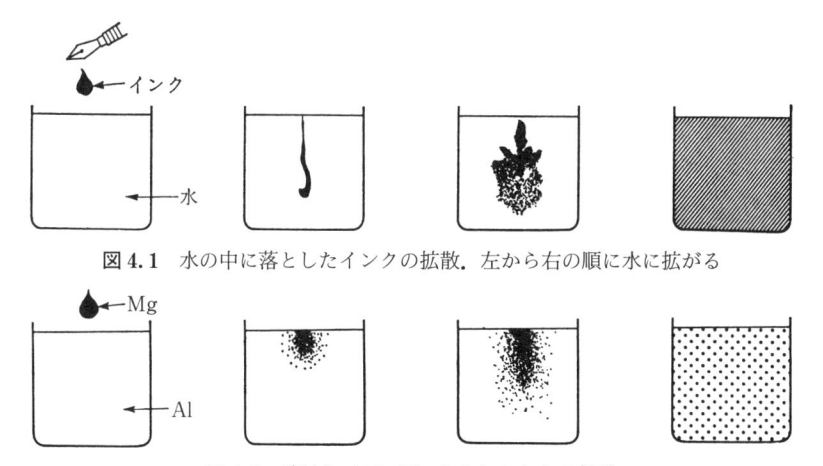

図4.1 水の中に落としたインクの拡散．左から右の順に水に拡がる

図4.2 溶けたAlにMgを入れたときの拡散

---

* 厳密には水の移動が伴う対流が同時に起こっている．

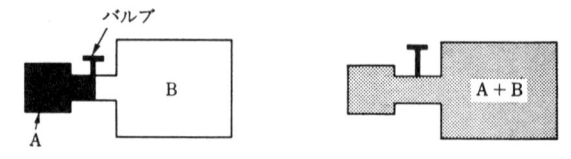

図4.3　気体の拡散

時間が経つにつれて，徐々にAlの中に溶けて拡がってゆき，Alの中に均一に分布するようになる．Alの中に均一に分布したMgの原子は，拡がるときと同様にあちこち動き回っているが，全体的に同じように動き回っているので巨視的には均一と考えて差し支えない．

　以上2つの例は，両方ともある液体の中へ異なる物質が溶け込み拡がってゆくので，液体拡散と呼ばれる．気体の場合も同様で，図4.3のように，A，Bの気体が入っている容器をつないで，間にあるバルブを開ければ，AはBの中，BはAの中に拡散してゆき，AとBが均一に混じった気体が得られる．

　同じような拡散は，気体と液体の間でも行われている．たとえば，魚は水の中に溶けている酸素を呼吸しているが，水中の酸素の大部分は空気中の酸素が水面から拡散していったものである．

　以上の例からわかるように，液体の中に物質を溶かす場合には，拡散が大きな役割を果たしている．このような例は身のまわりに沢山あるので，液体中の拡散はきわめて考えやすい．しかし，金属のように結晶となっている固体の中でも拡散が起こるのだろうか．

　拡散という語は，ある容器に入れられた物質が，その容器全体に拡がって満たすという，物の動きを伴ったときに使う語である．したがって，巨視的にみれば，図4.1，4.2で示したような連続した状態の変化を示すが，微視的にみれば，インクとかMgの分子あるいは原子が水あるいはAlの中を移動することである．実は，この分子や原子の溶媒中の移動が，拡散の基本的な現象である．広い意味では，「拡散はある物質の中を他の物質が移動する現象」と定義できる．

　したがって，固体の拡散とは，固体の中に存在する原子が，固体の中で自由に動き回れるかどうかを考えればよい．本章で取り上げている金属の拡散も固体金属（結晶）中の原子の移動現象である．

　まず，原子が整然と並んでいる結晶の中で原子を動き回らせるには，どのようにしたらよいかを述べる．結晶中の原子は，互いにびっしりとつめ込まれた状態であるから，結晶のすき間をくぐり抜けて動き回ることは，かなり無理だが，結晶のすき間を通り抜けることができる程度に小さい原子であれば，結晶の中を動き回ることができる．

4.1 拡散とは

19世紀から今世紀初めまでの金属研究者は，金属の示すいろいろの現象から，金属結晶の中でも原子が動き回っていることを間接的に知った．小さい原子が結晶のすき間をくぐり抜けて動き回ることは容易に考えついたが，すき間をくぐり抜けることができないような大きさの原子が，どんな方法で動くかは，なかなか明らかにできなかった．

(1) 結晶中を原子が動く方法

最初に考えられたのが，図 4.4 に示す方法である．すなわち，隣り合った原子 A, B が矢印のように，同時に相手の位置へ動く方法である．同じ運動をつぎつぎに起こせば，原子 A は結晶の中を動き回ることができる．この原子の移動機構を直接交換法という．

図 4.5 はリング機構と呼ばれている原子の移動法で，A, B, C, D の各原子が，A は B の位置へ，B は C の位置へ，というようにひと回りするかたちで原子の移動を行う．このような原子の移動がつぎつぎに起これば，原子は遠くまで移動することが可能である．

図 4.4　直接交換法による原子の移動

図 4.5　リング機構による原子の移動

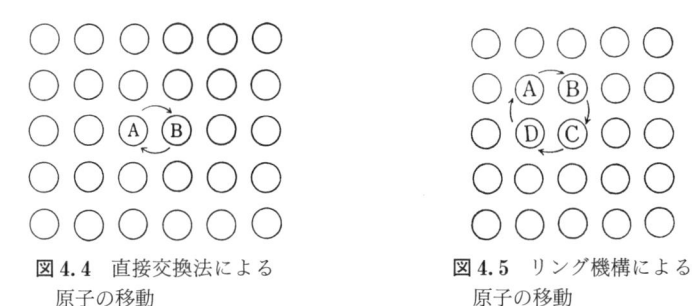

図 4.4，4.5 で説明した原子の移動機構のほかにもいくつかの機構が考えられているが，実在の結晶では，これらの機構による原子の移動はほとんど起こらないとみられている．たとえば，直接交換法では，周囲の原子をきわめて強く押しのけないと相手の位置へゆけない．この原子移動に要するエネルギを原子の結合エネルギ（引力）から理論的に計算すると，実測値よりかなり大きなエネルギになる．リング機構は直接交換法より小さなエネルギで起こり得るが，これも同様な理由で一般的な機構ではなく，クロム中のクロム，ナトリウム中のナトリウムなどのごく特殊な場合に限られている．

したがって，直接交換法，リング機構に比較して，きわめて容易な原子の移動機構

があるのではないか，と苦心の末に考えついたのが，第3章で触れた空孔を媒介にする方法である．

（2） 空孔を使った拡散

　結晶の中には，空孔，不純物原子，後の章で述べる転位，析出物など，さまざまな結晶欠陥がある．これらの欠陥を利用して原子が移動する方法はないだろうか．たとえば，地面に水を流そうとするとき，地面が平らであるよりも溝を掘ったほうが水は流れやすく，より遠くまで流すことができる．平らな地面が完全なものとすれば，掘られた溝は欠陥である．結晶中の欠陥が，原子の移動に対して同じような役割を果たしてくれないであろうか．

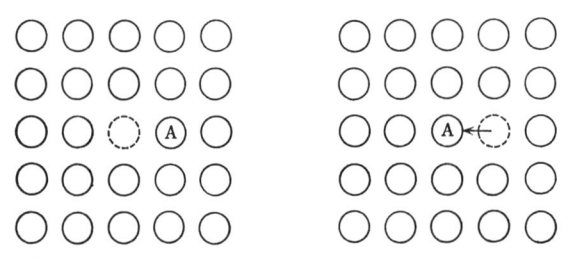

（a）空孔を含む結晶　　（b）原子Aが空孔の位置に移動する
　　　　　　　　　　　　　空孔はAの位置へ移動したことになる
図4.6　空孔を利用した原子の移動法

　このようにして考えられたのが，空孔を使った原子の拡散方法である．たとえば，図4.6のように空孔が1個存在する結晶を考える．図を見てわかるように，空孔の位置には原子がないので，空孔に隣接している原子Aは空孔の位置に容易に移動できそうである．図4.4で示した直接交換法に比較して，周囲の原子をそれほど大きく押しのける必要もない．そこで，この方法で原子が移動するために要するエネルギを理論的に計算すると，実験結果とほぼ一致する．その後，多くの研究が積み重ねられ，空孔を使った原子の移動は疑う余地のないものとなった．

　空孔の位置へ原子が移動することは，空孔の側からみれば空孔が隣接した位置へ動いたことに等しい．空孔は隣接した原子の位置へつぎつぎと移動することができるから，空孔という仮想的な粒子が結晶の中を移動していると考えてもよい．空孔を使った拡散を空孔型拡散(vacancy type diffusion)という．

（3） 格子間拡散

　結晶の格子点を占めている原子が結晶中を移動する場合には，上述のように空孔を

媒介にして動かなければならないが，結晶格子の間に侵入している小さな原子は，図 4.7 のように原子のすき間を通り抜けてゆくことができる．しかし，結晶のすき間はそれほど大きくはないので，金属結晶の格子間を通って移動することのできる原子は，酸素，窒素，炭素，水素のような原子半径の小さい原子に限られる．このように，格子の間を拡散する方法を格子間型拡散(interstitial type diffusion)あるいは格子間拡散と呼ぶ．鉄中の炭素，水素，窒素などはこの代表例である．

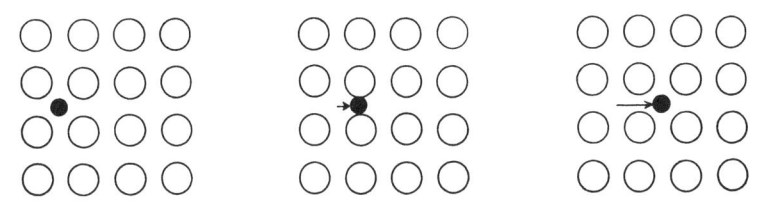

(a)格子間原子　(b)原子間のすき間を通り抜ける　(c)隣の格子間位置へ移動する
図 4.7　原子のすき間を通り抜けて移動する格子間拡散

格子間拡散は，小さな原子が障害の少ない原子のすき間を通ってゆくのであるから，動くのに必要なエネルギも空孔拡散に比較して少なく(数分の1)，単位時間あたりに移動する距離も空孔型に比較して長い．

(4)　混合型拡散

空孔型拡散，格子間拡散，リング機構などはそれぞれ異なった拡散機構であり，通常，これらの機構の中，最も原子が移動しやすい機構，すなわち移動に要するエネルギが最も少なくてすむ機構を使って拡散する．しかし，結晶のすき間がある部分で非常に大きかったり，原子の位置により空孔ができにくいような場合には，上記の機構が混じることもある．

たとえば，図 4.8 で示すように空孔型と格子間拡散を交互に行うものもある．このような拡散を混合型拡散と呼んでいる．空孔と格子間原子に解離する場合には特に解離拡散と呼ばれる．ケイ素中の金の拡散などが，その例である．

(5)　自己拡散と不純物拡散

特別な場合を除いて，金属結晶中の原子の拡散は空孔型と格子間拡散によって行われている．ここで取り上げた自己拡散と不純物拡散とは，原子の移動機構ではなく，結晶中を拡散する原子が図 4.9 で示すように，結晶を構成している原子と同じであるか，異なるかの分類である．

現実に存在する金属結晶は多量の不純物を含んでおり，これらの不純物原子も結晶

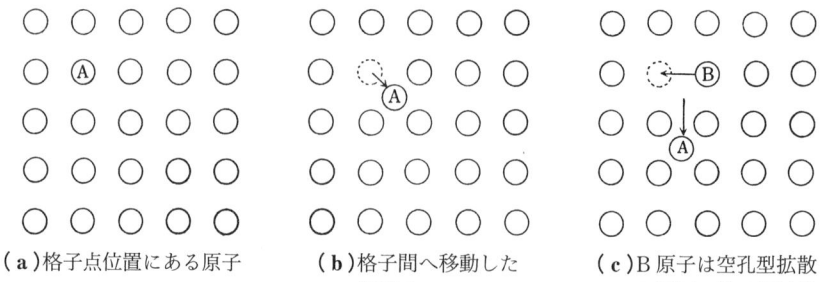

(a)格子点位置にある原子　　(b)格子間へ移動した　　(c)B原子は空孔型拡散
　　　　　　　　　　　　　　　　原子A　　　　　　　　　A原子は格子間拡散

図 4.8　混合型拡散

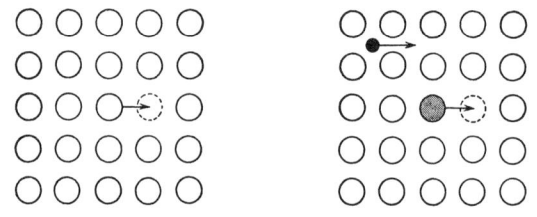

(a)同種原子の拡散は自己拡散　　(b)異種原子の拡散は不純物拡散

図 4.9　自己拡散と不純物拡散

の中を動き回る．この不純物原子の拡散を不純物拡散（impurity diffusion）という．金属に他の金属を数％混ぜて合金にした場合でも，混ぜられた金属の量が少ないときには，母金属原子の中を移動するから，不純物拡散と呼ばれる．前述の鉄中の炭素，窒素，水素などの格子間拡散はすべて不純物拡散であり，アルミニウム中の不純物として存在するケイ素や鉄の移動も不純物拡散である．

　これに対して，結晶を構成している原子が自らの結晶中を拡散する場合を自己拡散（self diffusion）という．たとえば鉄中の鉄，アルミニウム中のアルミニウムの拡散などは自己拡散である．

　不純物原子の大きさは結晶を構成している原子の大きさと異なるので，拡散するときに周囲の原子を押し拡げる程度が異なる．また，周囲の原子との結合力も異なるので，自己拡散と不純物拡散とでは，拡散に要するエネルギが異なる．また，不純物原子は融点も異なるので熱振動の激しさも異なり，動きやすさに差が生ずる．このため，自己拡散と不純物拡散の拡散速度は異なるのが普通である．

4.2 相 互 拡 散

不純物原子も金属結晶中をあちこち拡散していることを学んだが，異なる2つの金属を拡散が起こり得るような距離まで近づけたら，どんな現象が生ずるであろうか．

図 4.10(a)のように，2種の異なる金属を(b)で示すように，A, B 2種の原子が拡散できる距離，すなわち，A, B 金属の原子間隔程度に近づける．この状態で(c)のように A 原子が B 原子の中へ，B 原子が A 金属の中へ移動できれば，A と B の金属原子は互いに相手金属中へ拡散した，すなわち，相互拡散を起こしたといえる．実際に 2 種の金属を接触し，原子が十分に移動できるエネルギをもつような温度に加熱すると，(c)のような相互拡散が起こる．では，どのような過程で相互拡散を起こすのであろうか．

最も簡単に考えられるのは，向かい合っている原子が互いに位置を換える直接交換

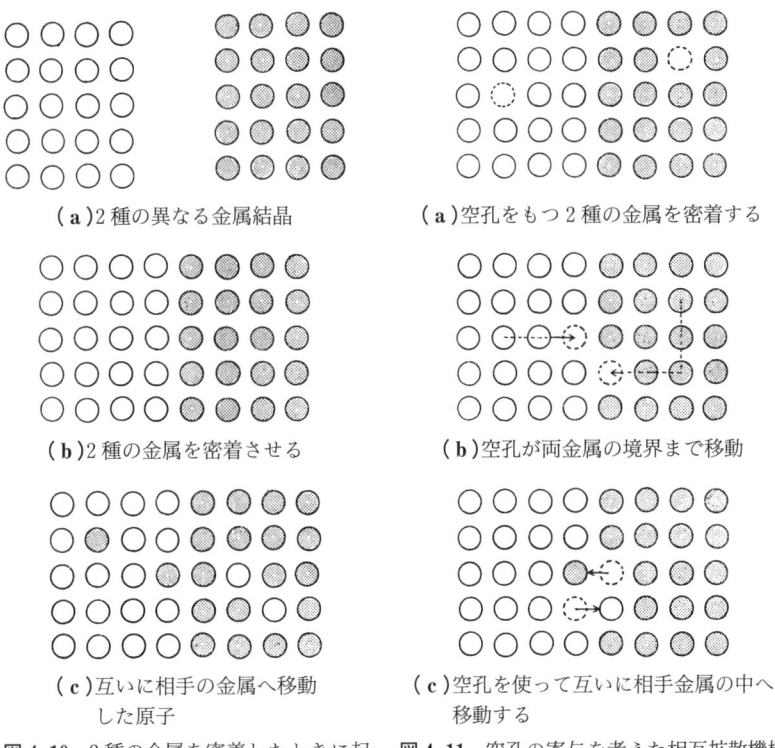

(a) 2種の異なる金属結晶

(b) 2種の金属を密着させる

(c) 互いに相手の金属へ移動
した原子

図 4.10　2種の金属を密着したときに起こる相互拡散

(a) 空孔をもつ2種の金属を密着する

(b) 空孔が両金属の境界まで移動

(c) 空孔を使って互いに相手金属の中へ移動する

図 4.11　空孔の寄与を考えた相互拡散機構

機構あるいはリング機構である．しかし，前述のように，これらの機構は原子の移動に際して大きなエネルギを要するので相互拡散の機構としては考えにくい．

では，どんな機構であれば無理なく位置を交換できるのか．すでに気付いたと思うが，相互拡散の場合にも，原子の移動を助けているのは空孔である．

通常の金属中には空孔が存在するから，**図 4.11**（a）で示すように，A, B 両金属の中に空孔の存在を考える．前節で述べたように，空孔は金属の中を自由に動くことができるから，（b）の矢印で示すように，A, B 両金属が接している境界まで空孔が移動することは容易である．境界面まできた空孔が，（c）のように境界を飛び越えてくれれば，空孔と位置を交換する A あるいは B 原子は，それぞれ B あるいは A 金属の中へ入り込み，境界を越えた異種原子の移動，すなわち相互拡散が起こる．

このような境界を通しての原子の移動が実際に起こるかどうかに疑問を抱くかもしれない．そこで，**図 4.12**（a）の点線内で示すような不純物拡散との類似性を考えてみよう．図 4.12（b）は相互拡散の場合であるが，点線内の原子と空孔の位置交換だけをみると，不純物拡散の場合と同じである．したがって，相互拡散を不純物拡散の一種と考えてもよい．A 金属の中に移動した B 原子が A 金属中を移動するのは，不純物拡散そのものである．

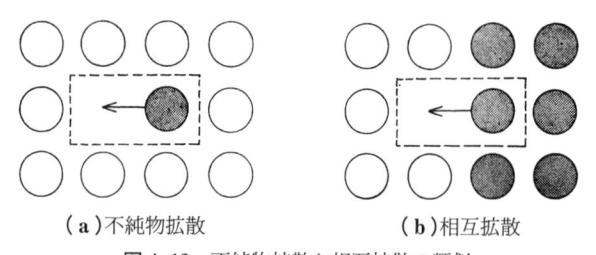

（a）不純物拡散　　　　（b）相互拡散
図 4.12　不純物拡散と相互拡散の類似

相互拡散は，原子的尺度でみれば十分に起こり得るが，実際の場合には，金属の表面に種々の原子や化合物が付着しているので，これらが相互拡散の障害となる場合が多い．これを接合に使う技術が拡散接合あるいは固体接合である．

一般に，A と B の金属は原子の大きさ，結合力，熱運動の程度が異なるため，拡散に要するエネルギも異なる．このため，境界を通って相手の金属中へ移動する原子の数は同数ではない．たとえば，**図 4.13**（a）のように，空孔を含んだ A, B 両金属が相互拡散を起こしても，（b）のように相手金属中へ移動した原子の数に差が生ずる．このとき，非常に重要なことだが，原子の拡散に使用された空孔の数にも差が生じ，一方の金属に多量の空孔が集まる．拡散した原子が少なければ目立たないが，拡散した原子が多い場合には，余分な空孔が集まって，（c）のように空洞をつくる．空洞は

4.2 相互拡散　49

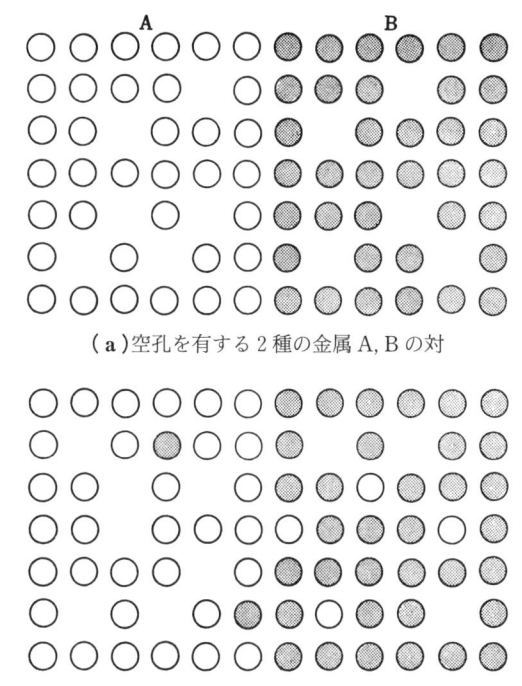

(a) 空孔を有する2種の金属A, Bの対

(b) AがB中へ4個, BがA中へ2個拡散した. 原子の移動した数だけ空孔が逆向きに移動する

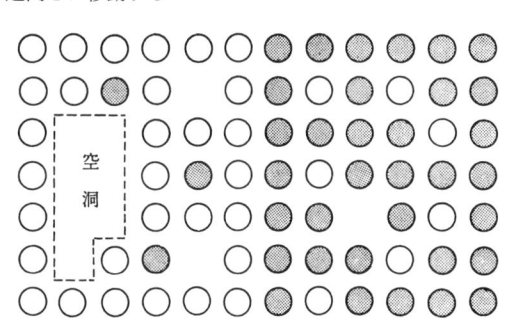

(c) 空孔が過剰となったため形成された空洞

図4.13　A, B両金属の拡散しやすさが異なる場合の相互拡散

空孔が集合して生じたもの以外考えられないから，相互拡散した原子の移動に空孔が使われている証拠である．拡散に関する空孔機構の正しさは，空洞の観察実験により証明される．また，空孔が表面に抜けてしまう場合には，両金属の境界が移動する．これを研究者の名にちなんで，カーケンドール効果と呼んでいる．

4.3 拡散を起こす力

(1) 原子の熱振動

　前節までは，原子が結晶の中で動けることを前提にして，空孔などの原子が移動するための幾何学的な機構を述べた．しかし，たとえ原子の隣に空孔があったとしても，空孔のところへ移動するには，移動するのに十分なエネルギが必要である．私たちが歩いて位置を移動する場合でも，身体に貯えられたエネルギが使われている．では，固い金属の中で，原子はどのようにしてエネルギを貯えているのであろうか．この疑問を解く鍵は，原子の熱振動である．

　金属原子は，すべての原子が静止する絶対零度（0 K（ゼロケルビン），約 −273℃）以外であれば，室温よりどんなに低い温度でも細かくふるえている．このふるえは，熱振動あるいは格子振動と呼ばれている．原子がまったく静止してエネルギをもっていない状態（絶対零度）から，温度が上って熱という形のエネルギを外部から受けると，原子は熱を振動のエネルギとし激しく揺れ動く．

　結晶の図を描くとき，ふつう原子を円で表現するが，実際の原子は熱というエネルギを得て細かく振動しているから，第3章の図3.8で示すように1個所に静止しているのではなく，絶えず位置を変化させている．原子直径といわれるのは，このような熱振動をしている原子の占める平均的な体積から算出したものである．原子の熱振動は，原子の得る熱エネルギが増加するほど大きくなるから，温度の上昇とともに大きくなる．拡散するのに必要なエネルギは，この熱振動のエネルギでまかなわれる．結晶中の全原子は同じように熱振動しているが，平均的な熱振動のエネルギだけで考えると，原子が隣の位置へ移動するほどの大きさではない．そこで，移動する原子は，移動するときに限って平均的なエネルギより大きなエネルギをもつようになる，と考える．こう考えると拡散現象を非常にうまく説明することができる．では，なぜ移動するときに限って大きなエネルギをもつことができるのだろうか．この原因を，"ゆらぎ"という現象から説明する．

(2) "ゆらぎ"現象

　結晶の中では，格子点を占めているすべての原子が同じ熱振動をしていると考えやすいが，"ゆらぎ"という現象のために，結晶が一定の温度に保たれていても，大きなエネルギをもっている原子もあれば，小さなエネルギをもっている原子もある．

　原子は隣の原子とばねでつながれたように結ばれているので，原子の振動は隣の原子へと伝わってゆく．いくつかの玉を並べて，一方から玉を打つと，玉がつぎつぎと衝突して他方の玉が動くのと同じように考えればよい．この振動はエネルギの一種で

4.3 拡散を起こす力　51

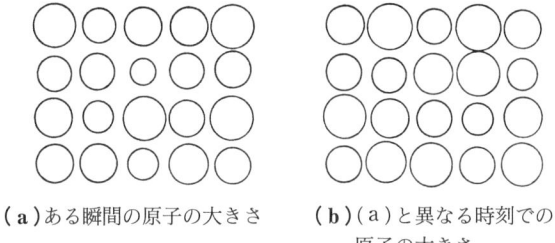

(a) ある瞬間の原子の大きさ　　(b) (a)と異なる時刻での
　　　　　　　　　　　　　　　　　　原子の大きさ

図 4.14　振動している原子の見掛けの大きさ．熱エネルギをたくさんもっている原子が大きく振動しているので見掛け上大きい

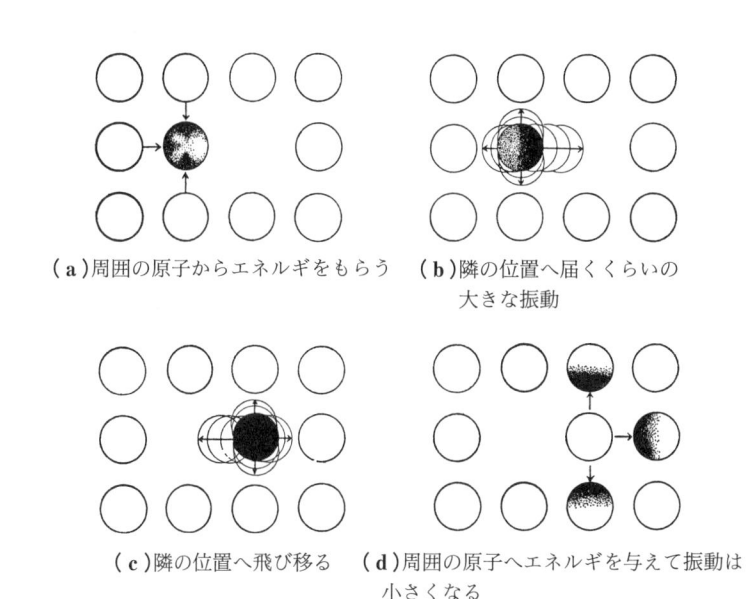

(a) 周囲の原子からエネルギをもらう　(b) 隣の位置へ届くくらいの
　　　　　　　　　　　　　　　　　　　　大きな振動

(c) 隣の位置へ飛び移る　(d) 周囲の原子へエネルギを与えて振動は
　　　　　　　　　　　　　　小さくなる

図 4.15　原子の振動からみた移動

あるからエネルギ(熱)が隣の原子へ伝わったことに等しい．原子は，このようなエネルギのやりとりを隣り合った原子と絶えず行っているので，瞬間的に原子の振動状態をみると，図 4.14(a)のように個々の原子の振動の大きさが異なっている．そして，(a)で示した状態の直後には，エネルギのやりとりのため振動状態は(b)のように変化する．このように，絶えず振動のエネルギの大きさが変化していることを，ゆらいでいるという意味で"ゆらぎ"(fluctuation)と呼ぶ．

エネルギのやりとりが，まんべんなく行われていれば，個々の原子はそれほど大差ないエネルギをもっているが，"ゆらぎ"のため図 4.15のように，たまたま囲まれ

ている原子から大きなエネルギをもらう(エネルギの集中)ことがある．このようなときには，隣の原子位置へ移動できるくらいのエネルギの大きさとなる．このとき，都合よく隣に空孔があれば，原子は隣の位置へ飛び出すようにして移動する．つまり，拡散が生じたことになる．

(3) 活性化エネルギ

　原子が移動するために必要なエネルギは原子の振動によるエネルギの集中によってまかなわれるが，それでは，どれだけのエネルギがあれば，隣の位置へ移動することができるのであろうか．

　原子が移動する場合，原子のすき間を通り抜けて隣の位置へ動くが，通常，原子の

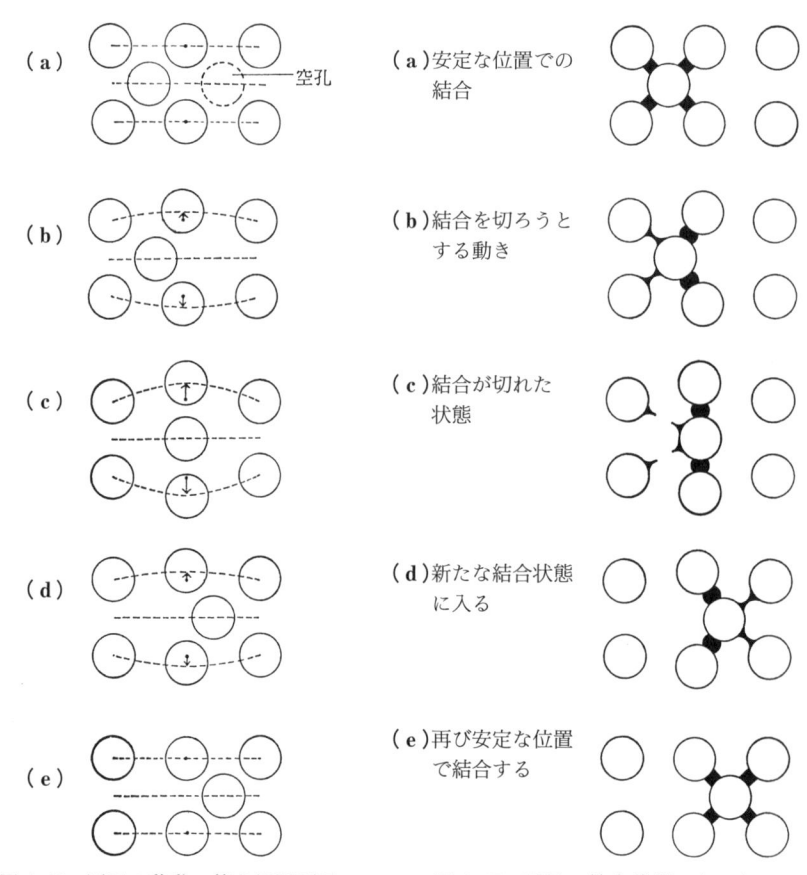

図 4.16 原子の移動に伴う周辺原子の変位．矢印は原子の変位量を示す

図 4.17 原子の結合状態からみた原子の移動

(a) 安定な位置での結合
(b) 結合を切ろうとする動き
(c) 結合が切れた状態
(d) 新たな結合状態に入る
(e) 再び安定な位置で結合する

4.3 拡散を起こす力　53

すき間は原子が無抵抗に通れるほど大きくはないので，すき間を拡げて通り抜けねばならない．前節までは，原子の移動を理解しやすくするため，すき間を拡げる必要がないような図の描き方をしたが，実際の結晶では，原子の通り道の上下，左右に原子があるので，図4.16(a)～(e)で示すように途中の原子を押しのけるようにしてすき間を拡げ，移動する．この通り道をふさいでいる原子を押しのける力は，原子の移動に必要な力(エネルギ)である．原子を押しのけるだけのエネルギをもっていなければ，元の位置に押し返され，原子は移動できない．もう1つ移動に際して必要なのは第2章，図2.8で示した原子間結合力を断ち切る力であり，図4.17に原子の結合状態からみた原子の移動を示す．

これらの力は，原子の移動を妨げる力であり，原子の移動に関する障害エネルギと考えてよい．

この障害エネルギの大きさが，原子の移動に伴って，どのように変化するかを図4.18に示す．原子が移動する前の a_1 の状態では，周囲の原子を押し拡げる必要も，原子の結合を切る必要もないので，障害エネルギはゼロである．原子が隣の空孔の位置へ移ろうとして空孔の位置へ進むと，通り道の障害となる原子を少しずつ押し拡げ，結合を切らなければならないので，障害エネルギは徐々に増加し，ほぼ中程へ進んだところで最も大きく原子を押し拡げ，結合を切る力も最大となるので障害エネルギは最大となる．ここを通り過ぎると，周囲の原子を押し拡げる力は徐々に減少し新たな結合状態となる．空孔のあった位置 a_2 までたどりつくと，元の位置にあったように，通り道の原子を押し拡げる力と結合を切る力は不必要となり，障害エネルギは零となる．

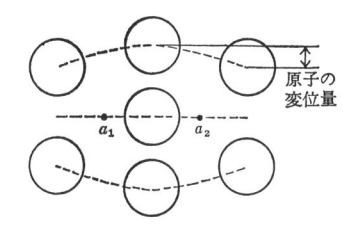

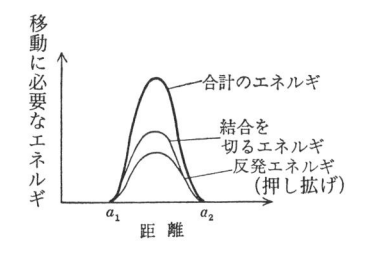

図4.18　原子が隣の位置へ移動するのに必要なエネルギ

この障害の乗り越えるエネルギを"活性化エネルギ"*といい，Qで表す．活性化というのは，ある障害を乗り越えて活動をすることができるような状態になる，という意味である．

原子が移動する前にもっていた熱エネルギは，原子を押し拡げるときに，前に述べた玉突によるエネルギの伝播と同様にして，結晶の中へ拡がってゆき，吸われてしまう(図 4.15(d))．

拡散の活性化エネルギには，上記の障害エネルギのほか，隣に空孔がないと移動することができないので，空孔をつくるのに必要なエネルギも拡散の活性化エネルギに加える．したがって，拡散の活性化エネルギ Q は，移動に要するエネルギ E_m と空孔形成のエネルギ E_v の和，$E_m + E_v$ となる．空孔を必要としない格子間拡散では，空孔形成エネルギは必要ないので，拡散の活性化エネルギ Q は E_m だけである．

(4) 金属による活性化エネルギの違い

活性化エネルギは，原子間結合力を断ち切って，通り道をふさいでいる原子を押しのけるエネルギに等しいから，原子間の結合エネルギの大きさにほぼ比例すると考えることができる．

熱エネルギに関係した原子間の結合エネルギの大きさを示すものに金属の融点(ゆうてん)がある．図 4.19 は金属の融点と自己拡散に関する活性化エネルギの関係で，金属の融点が高くなるとともに活性化エネルギも大きくなる．金属の融解は，固体の原子間結合が熱エネルギにより断ち切られ流動性のある液体に変化する現象である．固体の中の拡散も同様な現象であり，拡散に関する活性化エネルギは，熱エネルギに

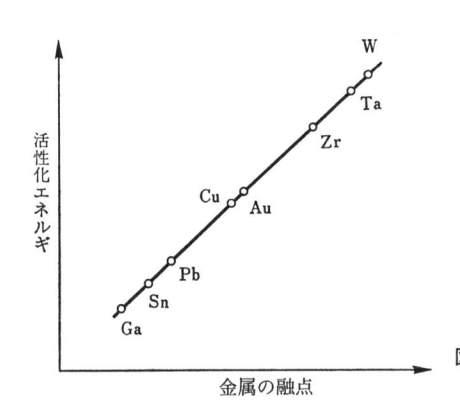

図 4.19 金属の融点と活性化エネルギの関係

---

* ここでは結合エネルギと反発エネルギを考えたが，実際の活性化エネルギの中身については不明な点が多い．

よる金属の結合の切れやすさ，すなわち融点に比例する．

金属原子が拡散するのに十分な熱エネルギをもつのは，金属の絶対温度で示した融点の約 2/3 以上の温度に熱せられたときであり，この温度以上では拡散が生じて回復や焼鈍などの現象が起こる．

（5） 拡散の速さを決める因子

ある温度における原子の拡散速度は
（a） 活性化エネルギ
（b） 飛び移ることのできる格子点の数
（c） 隣の格子点までの距離
（d） 隣の格子点へ飛び出そうとする試みの数
などによって決まり，通常はこれらの積として示される．

実際，金属中の原子は 1 秒間に約 10^{13} 回振動しており，"ゆらぎ"によって障害エネルギを乗り越え，隣の格子点へ飛び出してゆけるのは 10〜100 万回の振動に対して 1 回ぐらいである．

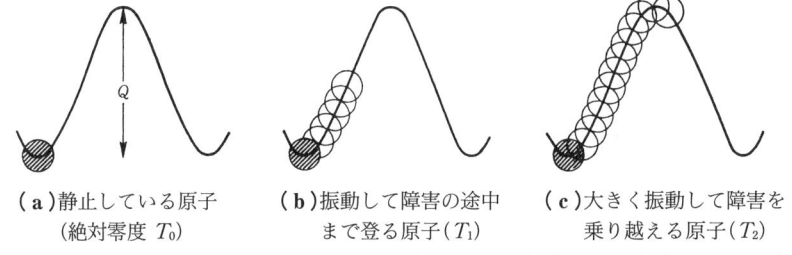

（a）静止している原子　　（b）振動して障害の途中　　（c）大きく振動して障害を
　　（絶対零度 T_0）　　　　　まで登る原子（T_1）　　　　乗り越える原子（T_2）

図 4.20　原子の振動の大きさと障害の乗り越え．Q は活性化エネルギ（$T_0 < T_1 < T_2$）

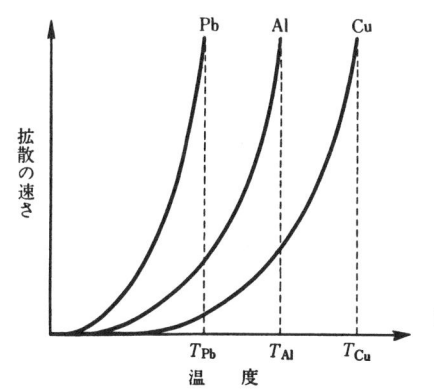

図 4.21　自己拡散の速さと温度の関係
T_{Cu}, T_{Al}, T_{Pb} は Cu, Al, Pb などの融点を示す

温度が変わると上記の因子の一部は変化するので，拡散速度も変化する．とくに熱エネルギの影響はきわめて大きく，図 4.20 に示すように，温度の上昇とともに原子の熱振動は大きくなるので，障害エネルギを乗り越える原子の数が増えて拡散速度は大きくなる．図 4.21 に拡散速度または拡散原子数の温度依存性の概要と金属の種類による違いを模型的に示す．一般に，融点の低い金属ほど拡散速度が速い．

4.4 濃度差の影響

(1) 薄いところへなぜ拡散するか

本章の初めで述べたように，水の中に落としたインクは，濃いところから薄いところへと拡散し，しばらくすると均一に混じり合う．金属の場合でも 2 種の金属を貼り合わせて加熱すると，しばしば 2 種の金属が相互拡散して混じり合う現象がみられる．まず，2 種の金属が混じり合う現象を，拡散原子の無秩序な動きから考えてみる．前節で述べたように，原子の熱振動によって起こる原子の移動は，隣に空孔があれば，どの方向にでも起こり得る．したがって，A, B 2 種の金属を貼り合わせて相互拡散させたとき，同種原子に囲まれている空孔の位置に移動してもまったくエネルギ的変化がないと仮定すれば，貼り合わされた 2 種の金属中の原子は，結晶中をまったく無秩序に移動し，結晶中のすべての格子点を無秩序に占める．このため，拡散が始まってからある一定の時間が経過すると A, B 両原子は結晶中に無秩序に分布した状態，すなわち混じり合った状態になる．この結果 A, B 両原子は互いに相手の結晶中に移動した状態になるから，濃いところから薄いところへと拡散が生じたことになる．

拡散が濃度の高いところから低いところへ向かって起こることは，上述のような原子の無秩序な動きによって説明することができる．しかし，2 種の金属を混じり合わ

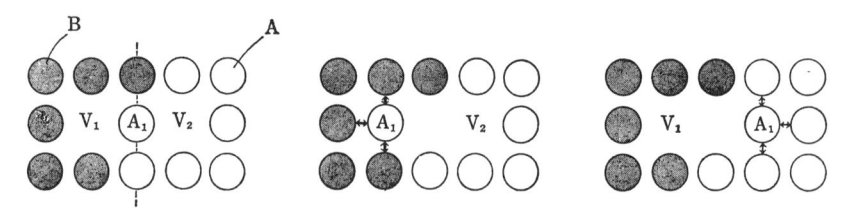

(a) 原子 A_1 の両側に空孔 V_1, V_2 が存在するとき

(b) V_1 へ移動した原子 A_1 矢印は原子の結合力 V_{AB} を示す

(c) V_2 へ移動した原子 A_1 矢印は原子の結合力 V_{AA} を示す

図 4.22 A, B 両金属からなる結晶中の原子の移動．$V_{AB} > V_{AA}$ のときは左側へ，$V_{AB} < V_{AA}$ のときは右側へ移動しやすい

4.4 濃度差の影響

せる源となる力については言及していない．たとえば，水とインクは混じり合うが，水と油は混じり合わない．濃度の高いところから低いところへ向かって拡散が生ずるのであれば，水と油も必ず混じり合うと思われる．金属の場合でも，第10章で述べる析出では，均一に混じり合った固溶体の中に濃度の高い部分ができてくる．これも原子の無秩序な動きからだけでは説明できない．

濃度の高いところから低いところへと原子の移動が起こるのは，濃度の低いところへ移動すると原子のエネルギ状態が低くなるためである．第2章で述べたように，金属原子の結合は"電子の雲"によるものであり，同種原子のつくる"電子の雲"のエネルギ状態より異種原子とつくる"電子の雲"のエネルギ状態が低くなれば，原子は異種原子の多い部分，すなわち濃度の低い部分へ向かって移動する．このエネルギ状態は，原子間の結合力(親和力)*の差と考えることもできるので，結合力の面から濃度の影響を述べる．

図 4.22(a)は，A, B 2種の原子からなる結晶で，中央にある原子 A_1 の両側に空孔 V_1, V_2 があり，左側では B 原子の濃度が高く，右側では A 原子の濃度が高い．ここで，V_1, V_2 へ移動するための活性化エネルギは等しいと仮定する．この場合，原子 A_1 は V_1, V_2 のどちらに移動しても移動に要するエネルギは変わらないので，原子 A_1 の移動する向きは決められない．したがって原子 A_1 が濃いところから薄いところ，つまり V_1 の向きへ移動する理由はみつからない．

つぎに，V_1, V_2 の位置へ原子 A_1 が移動したときの状態を考えてみよう．原子 A_1 が V_1 の位置へ移動すると，図 4.22(b)の矢印で示すように3個の B 原子と結合する状態となる．一方，原子 A_1 が V_2 の位置へ移動すると，(c)のように3個の A 原子と結合するようになる．

この2つの場合において，A 原子と A 原子の結合力 V_{AA} より A 原子と B 原子の結合力 V_{AB} が大きければ，V_1 へ移動した A_1 原子は，V_2 へ移動した A_1 原子より元の位置へ戻りにくくなる．A_1 原子のような状態にある A 原子が，仮に 100 個あったとしよう．V_1 および V_2 と同じ位置に移動する割合は等しいから 50 個ずつ移動したと考える．つぎの移動で V_1 および V_2 の位置から元の位置に戻る場合，B 原子に囲まれている V_1 位置の A_1 原子は，A 原子に囲まれている V_2 位置の A_1 原子より周囲の原子と強く結合した状態となるので，元の位置に戻りにくい．したがって，この時点では，V_1 の位置にある A_1 原子の数のほうが多くなる．このような拡散を何回か繰り返すうちに，A 原子は A 原子の濃度が低い方向へ(B 原子の多い部分へ)と移動するようになる．逆に V_{AA} が V_{AB} より大きければ A 原子は A 原子濃度の高い方向へ移動する．

---

* 通常，化学親和力(chemical affinity)という．

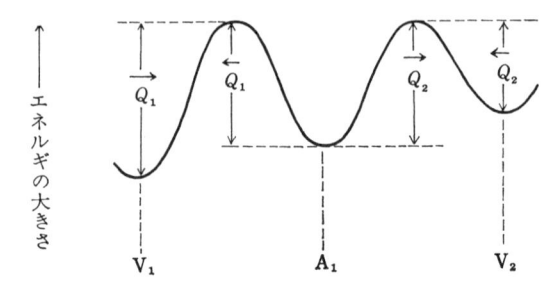

図4.23 濃度が異なる位置（図4.22に対応）でのエネルギ状態と活性化エネルギ

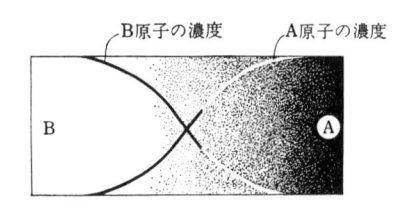

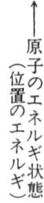

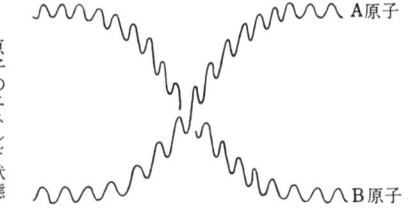

図4.24 濃度勾配がある場合の活性化エネルギとエネルギ状態の連続的変化

　以上の原子の移動におけるエネルギの状態を**図4.23**に示す．すなわち，A_1の位置からV_1，V_2へ移動するための活性化エネルギの大きさ$\vec{Q_1}$，$\vec{Q_2}$は同じ大きさであっても，V_2へ移動した原子は$\vec{Q_2}$より小さい活性化エネルギ$\overleftarrow{Q_2}$のエネルギ状態となり，V_1へ移動した原子は$\vec{Q_1}$より活性化エネルギの大きい$\overleftarrow{Q_1}$のエネルギ状態となる．原子のエネルギ状態を比較すると，V_1が最も低く，V_2が最も高い．

　結晶に限らず物質はエネルギの高い状態から低い状態へと移って安定となる．たとえば水は高いところから低いところへと流れるが，高い状態でもっていたエネルギはこの過程で排出される．このエネルギ（位置のエネルギ）は発電などに使われている．原子もこの水の流れと同じように，エネルギの高い状態から低い状態へ，つまり濃度の高いところから低いところへと移動する．図4.22のV_2，A_1，V_1の原子位置におけるエネルギ状態は，V_2，A_1，V_1の順に低くなっており，これはA原子の濃度が低くなる順序でもある．このように，原子の濃度が連続的に変わっている場合，**図4.24**のように，A原子のエネルギ状態はB原子のA原子の濃度とともに低くなる．した

4.4 濃度差の影響

がって，A原子は濃度の低い場所へ向かって移動する．B原子の場合には，A原子の濃度が高いところで濃度が低いから，A原子とは反対の向きに移動する．このような拡散の代表的な例が図4.10で示した相互拡散である．したがって，エネルギ状態が逆転すれば，A, B両金属は混じり合わないし，A, B両金属がむりやり混じり合わされていれば，AとBに分かれる．これが第9章で述べる相分離や析出現象に伴う拡散である．

（2） 原子の流れる量と濃度の関係

多数の原子が濃度の高い場所から低い場所へと移動する様子は，水の流れと同じように原子の流れと考えてよい．水の流れは，川の勾配が急なほど速く流れるが，これは川の勾配が大きいほど水のもっているエネルギ状態の変化する割合が大きいためである．同様に原子の流れも濃度の変化する割合（濃度勾配）が大きいほど速くなる．流れが速ければ，ある一定の時間に流れる原子の量は多くなる．

この流れる量と勾配の関係を図4.25で示す．図4.25では，勾配の異なる2つのすべり台の上から，同じ四角い木をすべり落とす例である．（a）のすべり台をすべって木が落ちるまで5秒かかるとすれば，すべり台の勾配が急な（b）では5秒より短い時間，たとえば1秒ですべり落ちる．したがって，5秒間の間に（a）では1個，（b）では（a）の5倍の5個がすべり落ちることになる．すべり落ちた木の数を原子の流れた量，すべり台の勾配を濃度勾配と考えれば，「一定時間内に流れる原子の量は，原子の濃度勾配に比例する」ということになる．

原子の流れを決める因子は濃度勾配だけであろうか．図4.24で示したように，原子はエネルギ的に低い向きへと移動するが，原子が隣の位置へ移動するためには活性化エネルギに等しいエネルギの障害を飛び越えたり，飛び越えるために何回か障害に挑戦しなければならない．このような拡散のしやすさは，4.3(5)項で述べた（a）～（d）の因子であり，原子の流れる量は濃度勾配とこれらの因子の積として示さ

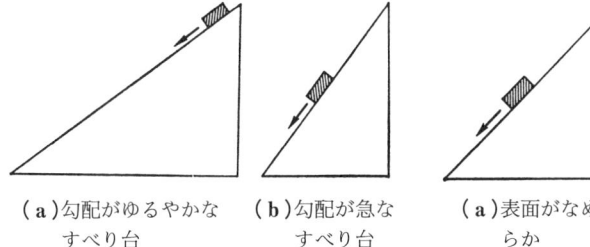

（a）勾配がゆるやかなすべり台　　（b）勾配が急なすべり台

図4.25　勾配の異なるすべり台を落ちる板

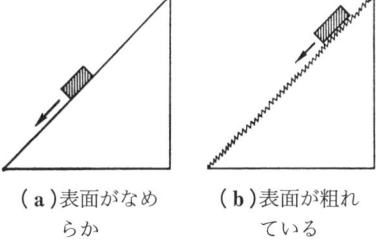

（a）表面がなめらか　　（b）表面が粗れている

図4.26　勾配が同じでも，表面状態が異なるとすべり落ちる速さは異なる

れる．拡散のしやすさの意味を図 4.26 の木のすべり台で模型的に示す．図 4.26 のようにすべり台の勾配が同じでも，すべり台の表面が平らですべりやすくなっていれば木は速くすべり落ち(a)，逆にざらざらしていれば木のすべる速度は遅くなる(b)．前節で述べた拡散のしやすさはこのようなすべりやすさと同じ意味の，原子の移動のしやすさで拡散定数あるいは拡散係数(diffusion coefficient)と呼ばれており，拡散量は濃度勾配と拡散定数の積で示される．この関係はフィックの法則(Fick's law)と呼ばれている．活性化エネルギは拡散定数の中に含まれている．

(3) 逆 拡 散

通常の拡散は濃度勾配に沿って濃度の低い向きに原子の移動が生ずる．しかし，均一に混じり合った状態から，2つの結晶に分離する場合もある．この場合には，濃度の高い場所に向かって拡散が生じる．これを逆拡散という．濃度の高い向きに拡散が起こるのは，濃度の高い部分での同種原子間の結合力あるいは親和力が高いためである．

4.5　アモルファス中の拡散

アモルファスは原子が無秩序に近い状態で配置した物質で，液体からの急冷，イオン打ち込み，固体間反応などによって生ずる．図 4.27 はその模型である．アモルファス金属中でも原子の拡散による現象が認められるので，図に示すような原子の移動が起こっている．図 4.28 はガラス基板上のジルコニウムとニッケルの2層薄膜を加

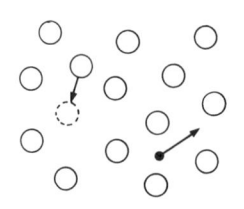

図 4.27　アモルファスの模型と原子の移動模型

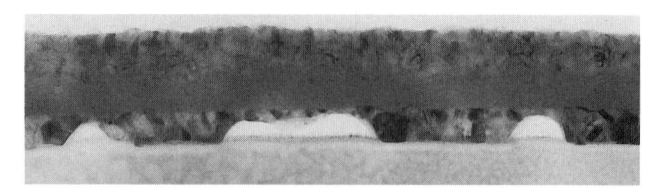

図 4.28　Zr/Ni 膜の拡散によるアモルファス層と空洞の生成．上部が Zr，下部が空洞を含む Ni 膜，中間がアモルファス層（北田による）

熱したときの変化で，上部がジルコニウム，下部がニッケル，その間にアモルファス層が生じている．この反応に伴ってニッケル薄膜中には空洞(ボイド)ができる．これは図 4.13 で示したカーケンドール効果と同様であり，ジルコニウムの表面から導入された空孔がアモルファス中を移動してニッケル薄膜中で集合したことを示している．つまり，アモルファス中でも空孔が拡散の担い手になっている証拠である．

4.6 拡散の応用

　金属の拡散は，金属が変化するための基本的な現象であるから，拡散の関与した技術応用はきわめて多い．たとえば，金属を軟らかくするための焼なまし，金属を硬くするための析出，溶接などの金属に熱を加えてなんらかの変化を起こさせる技術はすべて拡散が寄与していると考えてよい．ここでは，拡散の代表的な例として，鉄の表面を硬くするのに使用される浸炭(しんたん；carburizing)について述べる．

　浸炭とは，軟鋼(なんこう)と呼ばれる炭素含有量の少ない軟らかな鋼の中へ炭素を浸み込ませるという意味で，炭素を浸み込ませる過程が拡散である．浸炭する場合，炭素の供給源となる一酸化炭素ガス CO や木炭を炉に入れ，炭素が鉄の中で十分移動できるような温度，たとえば 700〜800℃に上げる．すると，一酸化炭素が分解し，炭素が図 4.29 のように鉄の表面から浸入し，内部へと格子間拡散してゆく．炭素の拡散量が一定の値以上になると，鉄との間に Fe_3C(cementite)という非常に硬い化合物が生ずる．このため，内部が柔軟な強靱な材料となる．この浸炭技術は歯車などの表面硬化法として使われている．

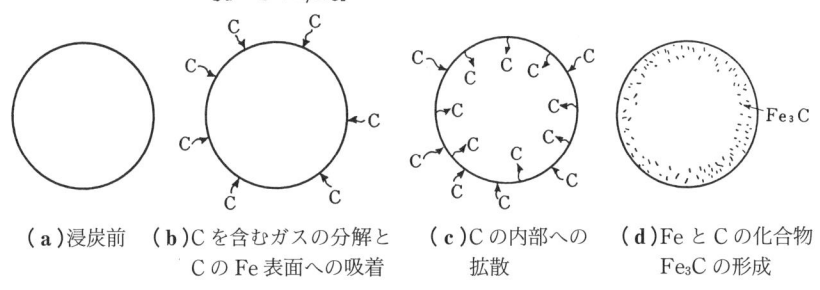

(a)浸炭前　(b)C を含むガスの分解と C の Fe 表面への吸着　(c)C の内部への拡散　(d)Fe と C の化合物 Fe_3C の形成

図 4.29　鉄(Fe)の浸炭処理

第5章
金属の転位

5.1 金属の変形

(1) 変形とは

　針金を曲げた経験は誰にでもある．このように，金属の形を変えることを変形 (deformation) という．変形という性質を利用すれば，金属の素材からいろいろな形の道具をつくることができる．目的に応じて金属を変形させることを，とくに変形加工あるいは塑性加工 (そせいかこう) と呼んでいる．

　金属を変形して装身具，生活用品などをつくる歴史は非常に古く，金属が発見されてまもなくのことと思われる．天然に存在する金や自然銅は，少なくとも紀元前 6000 年には人類によって見出されていたと思われ，紀元前 4000 年頃には，金製品や銅製品が小さな石でたたかれて成形されていた証拠がある．**図 5.1** はエジプトで発見された紀元前 2000 年頃の金属加工作業の様子を示す絵である．

　当時，自然に産した金と銅 (後に銀も加わる) のうち，金はつち打ちによって容易に変形することができ，しかも，小さな砂金をたたいて接着し，大きな塊にすることもできた．ところが，銅は金に比べて非常に硬く，ある程度まで変形すると割れてしまった．事実割れた銅屑が古代の遺跡から多数発見されている．同じ金属でも，金と銅では変形の容易さが著しく異なる．そこで，変形しにくい銅をいかにしたら容易に変形することができるか，という欲求が高温にして焼なます技術へと発展した．一方，同じように古い歴史をもつガラスは冷えるとまったく変形しないのに，金属はなぜ変形できるのか，というのも古くからの人類の疑問であった．その謎が解けたのは，20 世紀になってからである．

図 5.1 紀元前 2000 年頃の金属加工作業を示す壁画．左側の人物が石で金属をたたいている (エジプト)

(2) 弾性変形と塑性変形

金属の変形には2種ある．ひとつは弾性変形(だんせいへんけい；elastic deformation)で，他は塑性変形(そせいへんけい；plastic deformation)である．たとえば，図5.2(a)のように，指でほんの少し曲げた針金から手を離すと，針金ははじけたように揺れ動いたのち元の形に戻る．これが弾性変形で，指の力を除いた後に永久的な変形は残らない．指の力をもう少し強くして，図5.2(b)のようにある程度以上曲げてから指を離すと，針金の曲がり方は，ほんの少し減るものの元の形に戻らず，曲がったままになる．このように，曲げ加工後に半永久的な変形が残る場合を塑性変形という．弾性変形はばねとして利用されており，塑性変形は金属を種々の形に加工する方法として使われている．私たちの身のまわりには金属を使った多くの道具や装置がある．金属がこれほどまでも利用されているのは，金属が変形しやすいという性質をもっているからにほかならない．

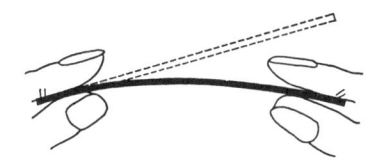

(a) 曲げても元の形に戻るときは弾性変形

(b) 曲げたのち，元の形に戻らないときには塑性変形が起こっている．少しだけ元に戻るのは弾性変形の分である

図5.2 弾性変形と塑性変形

5.2 金属はなぜ変形できるのか

(1) 変形と結晶構造

金属の変形は弾性変形と塑性変形に分けられるが，変形した金属結晶の中では，なんらかの変化が起こっているはずである．そこで，変形と結晶構造の変化の関係を述べる．

金属結晶は，原子が規則正しく並んでおり，並んでいる原子は，温度・圧力が一定であれば，一定の距離を保っている．変形を起こす場合には金属に力を加えるのであるから，力を加えたとき，並んでいる原子がどのように変化するか，を述べる．

金属結晶中の原子と原子の力関係は，図5.3で示すように，2つの球をばねで結んだときの状態(ばね模型という)に似ている．いま，原子間の距離が R である2つの原子に力を加えてみる．原子を両側から押すと，ばねは縮まって反発力を生ずる．逆

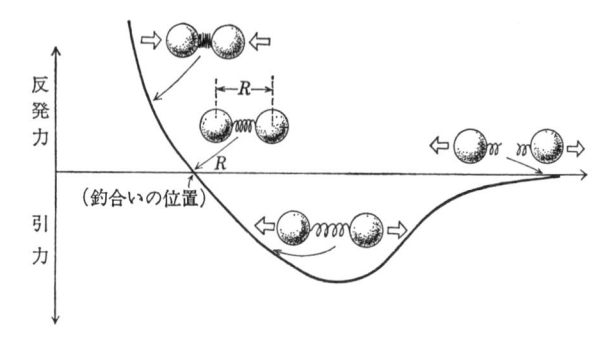

図 5.3 原子間距離と原子の力関係をばねで示した場合．R は安定な位置で R より近づくと反発力，離れると引力が生ずる．矢印は加えた力を示す

に原子を両側から引張ると，ばねは伸び，引力が生ずる．また，あまり強く引張りすぎると，ばねは切れてしまう．図 5.3 のように外部から力を加えられたことによって，原子間の距離が変化すれば，結晶の長さが変化したことになるから，変形したと考えてよい．原子間距離の変化は，きわめて小さな量であるが，実際の金属では 1 cm あたり約 10^7 個もの原子が並んでいるので，十分に測定できる長さの変化となる．

図 5.4 は金属結晶に種々の方法で力を加えたときの変形の様子を示すものである．引張りや圧縮は図 5.3 の原子間距離の伸び縮みとまったく同じであり，(b) を引張変形，(c) を圧縮変形という．(d) は曲げ変形で，点線で示した中立線より上では引張変形が，下では圧縮変形となっている．(e) はせん断変形(剪断変形)と呼ばれるものである．このほかに，ねじり変形などがある．

これらの変形は，ばねが切れない限り，外力を取り除くとすべて元の形に戻るから，弾性変形である．変形には弾性変形と塑性変形があるが，塑性変形はどのようにして起こるのであろうか．針金などは，強く引張ると数％から数 10％もの塑性変形(伸び)を起こす．図 5.4(b) の引張変形をさらに続けると，原子の結合が切れて破断(はだん)し，塑性変形は起こらない．このため，整然と並んでいる原子の距離の伸び

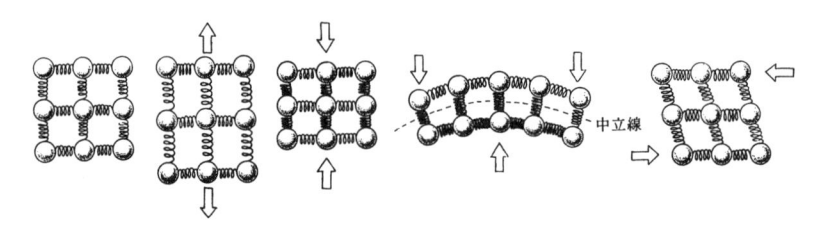

(a)変形前　(b)引張変形　(c)圧縮変形　(d)曲げ変形　(e)せん断変形
図 5.4 金属結晶の変形法のいろいろ．矢印は外から加えた力を示す

5.2 金属はなぜ変形できるのか 65

縮みだけでは塑性変形を説明できない．すなわち，原子間距離の伸び縮みとは異なる現象が起こっている．

(2) 金属結晶のすべり現象

金属を塑性変形することができるのはなぜであろうか．この疑問は今世紀初めの金属学の分野で大きな問題となった．欧米の金属学者は競って塑性変形の秘密をあばこうと試みた．1934年，テイラ(英)らによって転位(てんい)という概念が導入され，塑性変形の謎が明らかにされた．ここでは転位が発見されるまでの歴史を述べる．

金属を変形したときに特徴的に現れる形状の変化は，すべり(slip)と呼ばれる現象であった．たとえば，鉛や錫などの単結晶の棒を引張って塑性変形すると，図5.5(b)で示すように全体が細長くなると同時に，重ねた円板を横にねかせてすべらせたように，ある特定の方向に沿って断層のようなくい違いが生ずる．これを結晶のすべりという．図5.6で示すように，くい違いは通常線状にみえるので，すべり線(slip line)という．すべりの起こる結晶面は金属の種類によって決まっており，この結晶面に並んでいる原子にくい違いが生じている．図5.5で示した結晶の変形を原子の段階で微視的にみれば，図5.7(a)から，(b)に変化している．

結晶のくい違いの様子を拡大したのが図5.8である．結晶面PP′で向かい合って結合していた原子が，矢印のようなせん断力を受けて，1原子間距離だけ移動したことを示す．すなわち，点線のように結合していた原子の結合が切れ，隣の原子と結合していた原子に結合する．金属結晶の中では，原子の結合が切れても結合の役目を果たしている電子の雲の拡がりが大きいので，隣の原子と再び引力を及ぼし合い容易に結合するすことができる．このような原子のすべりが生じて変形する場合，ある特定

(a) 変形前　　　　　　　　　　(b) 変形後

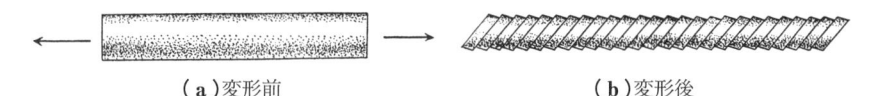

図5.5　金属単結晶の引張変形(矢印の方向)による形状の変化

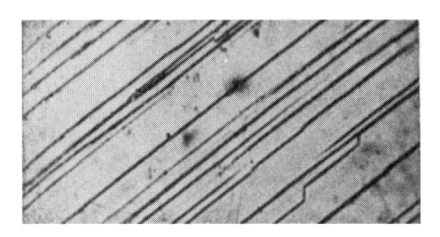

図5.6　塑性変形によって生じたすべり線(北田による)

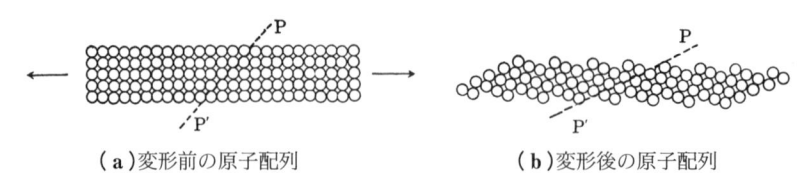

(a)変形前の原子配列　　　　　　　　　(b)変形後の原子配列

図5.7 金属単結晶の引張変形(矢印の方向)による原子配列の変化模型．PP′ は原子のすべった面を示す

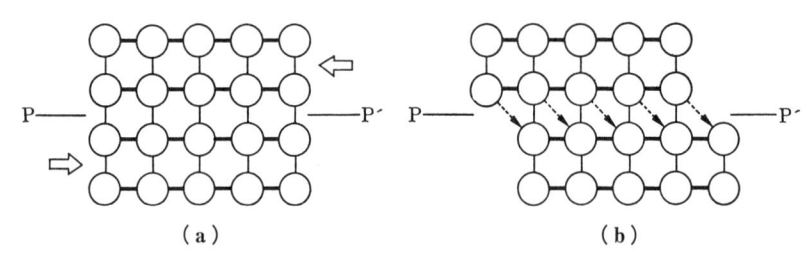

(a)　　　　　　　　　　　　　(b)

図5.8 結晶のすべり現象．P-P′ がすべり面

の結晶面ですべりが生じやすいのは，この面に並んでいる原子の結合力が最も弱いためである．

このすべりによる金属の変形では，原子がすべったあとの表面のくい違い以外は元の原子配置と同じである．したがって，表面のすべり線による凹凸を研摩(けんま)によって平らにすれば，原子がすべった跡はまったく見えなくなる．実験してみると，確かにすべり線は研摩によって，あとかたもなくなる．

以上のような原子のすべり機構を考えることによって，金属の塑性変形に対する疑問は一挙に解決されたと思われた．ところが，金属の変形に要する力をすべり機構によって理論的に計算した値は，実験で得られた値と一致しない．たとえば，図5.8(a)のPP′ 面上にある原子の結合力の1つを V とすれば，これらの原子の結合を切って(b)の状態にするためには，$5V$ の力が必要である．しかし，実験によれば5個の結合を切らなければならないのに，1個の結合 V を切るよりまだ少ない力で図5.8のようなすべりが生ずる．たとえば金の場合，せん断を起こさせるのに必要な力の計算値は 500〜5000 MPa であるが，実測値は約 1 MPa と非常に小さい．

理論計算と実測値の差から，図5.8のように原子を一挙にすべらせるのではなく，もっと少ない力でたやすく原子を動かす"何物か"が存在する，と考えた．今世紀初頭の金属学者たちは，すべりが起こる結晶面の中に，ちょっとした力でも動いてしまうような弱い部分がある(**図5.9**)，と指摘した．しかし，この"弱い部分"の正体はなかなか明らかにならなかった．

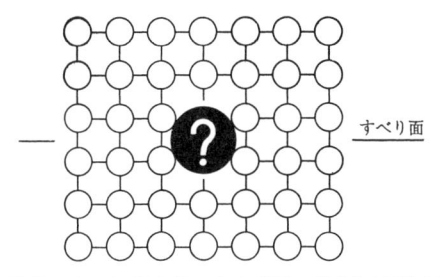

図5.9 結晶のすべりを容易にする"弱い部分"は何であろうか

5.3 転位の発見

　向い合った2つの原子面をすべりやすくするにはどうしたらよいであろうか．原子面の間がすべりやすい液体になっているのではないか，といったような種々のアイデアが出された．

　少ない力で原子面をすべらせる方法を考えるために，原子面ではなく，図5.10 (a)のように2枚の重い板 A, B に矢印のような力を加えてすべらせることを考える．板をそのまますべらせるより，2枚のすべり合う面にワックスを塗ったほうが容易に板は移動する．ワックスですべりやすくなったのを原子面のすべりと対応させると，個々の原子の結合力が小さくなったことに対応するが，原子の結合が突然小さくなることは考えられない．

　2枚の板をすべらせるときに，板の接触面に生ずるのは摩擦力であり，摩擦力を減らすために，図5.10(b)のような丸棒"ころ"がよく使われる．ころを使用すると，かなり楽に板をすべらせることができる．これは，板の接触面における摩擦抵抗が減少するためである．ころを使用しないで板を長さ l だけ移動すると，図5.11(a)のように接触している面全体の摩擦抵抗を受けるが，ころを使用すると，同じ l の長さを移動するのに，ころの回転した部分だけですむ(b)．このようにして原子面をずらすことができれば，結晶の変形は容易に行われるのではないだろうか．

　ころの代わりに，図5.12(a)のように原子を1個原子面の間にはさむと，ころの

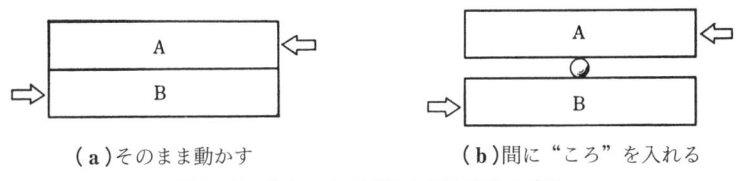

(a)そのまま動かす　　　　(b)間に"ころ"を入れる
図5.10　少ない力で重ねた板を動かす方法

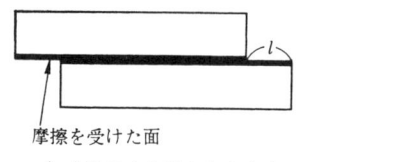

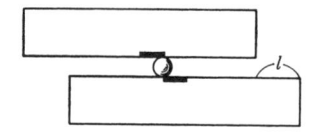

(a) そのまま動かしたとき　　　　**(b)** "ころ"を使ったとき

図5.11　l だけ板を動かしたときの摩擦を受けた面

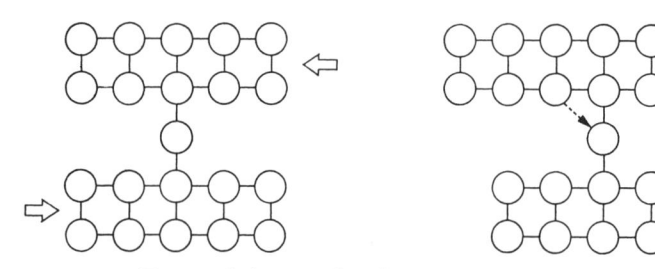

図5.12　"原子のころ"を使って結晶をすべらせる

代わりの原子の左右に原子のない空間が存在しなければならないので，現実の結晶では考えにくい．

　そこで考えられたのが，原子の結合を1個ずつ切ってゆく方法である．**図5.13**(a)の結晶に矢印のような力が加えられ，PP′で示した原子面ですべりが起こると仮定する．まず，左端の原子列 aa′ の結合を1個だけ切ると，すべり面より上の原子は矢印の力により右へ移動し，右隣の原子列を押す(b)．押す力が原子の結合1個を切るのに十分な大きさであれば，押された右隣の原子列 bb′ の結合が切れ，押した左端の原子列 a は b′ と結合する(c)．押し出された原子列 b′ は結合が切れた状態で，結晶の中に入ってゆく．さらに力が加えられると，原子列 b′ が cc′ を押してこの結合を切り，b′ と c が結合する(d)．押し出された原子列 c′ は原子列 dd′ を押す．このようにして，原子の結合を1個ずつ順次切ってゆくことによって結晶を変形することができる(f)．この方法では，原子の結合を1個切る力さえあれば結晶を変形することができるので，すべり面上のすべての原子の結合を同時に切らねばならない変形の方法に比べて，非常に少ない力で結晶を変形することができる．この機構を使って結晶を変形するのに要する力を計算すると，実験で得られた値にかなり近づく．

　上記の変形機構は，前述のテイラらが考えだしたもので，原子の結合が切れて結晶の中に原子列が1つ余分に入ったような構造をディスロケーション(dislocation)と呼んだ．ディスロケーションとは，断層，脱臼などのように，正常な位置にあったものが移動して，くい違いができた状態を示す．すべりが起きたあとの原子面のくい違

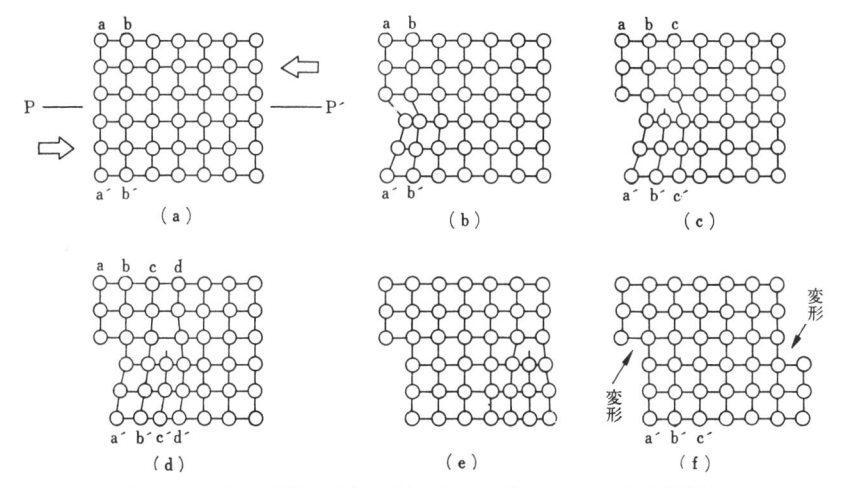

図 5.13 すべり面上の原子の結合を 1 つずつ切ってゆく変形方法

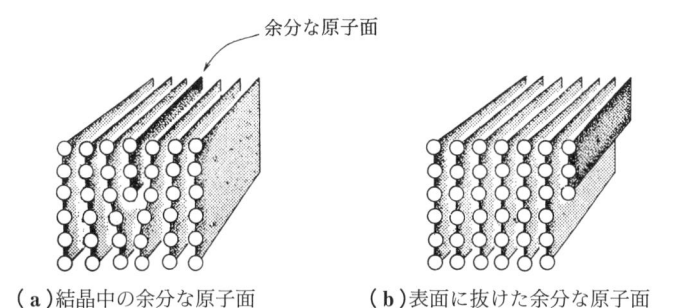

(a) 結晶中の余分な原子面   (b) 表面に抜けた余分な原子面
図 5.14 転位の立体的な構造

いは，地震で生ずる断層に似ているし，原子面が途中から抜けているのを見れば，脱臼という表現もぴったりしている．ディスロケーションは，当初"結晶のしわ"などと訳されていたが，現在では転位（てんい）という訳が使われている．

　結晶は立体的に原子が並んだものであるから，実際の転位は図 5.14(a)に示すように，原子面が 1 枚余分に入ったような状態となる．したがって，転位の移動は原子面の移動であり，転位が結晶表面に出たあとは，(b)のように変形（表面に段ができる）される．これが前述のすべり線である．

　結晶中の転位を図で示す場合，原子を 1 つずつ描いていたのでは手間がかかるので，原子面が 1 枚余分に入っているという記号"⊥"を転位の略号として使う．たとえば，図 5.15 のような使い方をする．また，余分な原子面結晶中で途切れている ⊥

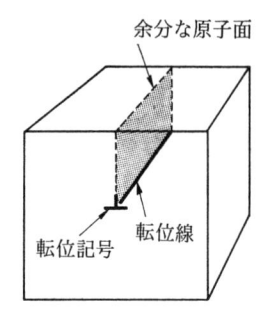

図 5.15 転位の記号"⊥"と転位線

の部分は結晶中を線状につき抜けており,この部分を転位線(てんいせん;dislocation line)*と呼び,1本の線で示す.

テイラらの考えた転位は多くの研究者の関心を呼び,精力的な研究が続けられた.現在では,金属の変形の大部分が転位によるものであることがわかっている.

5.4 転位の種類とバーガース・ベクトル

(1) 刃状転位とらせん転位

転位には刃状転位(はじょうてんい;edge dislocation)とらせん転位(螺旋転位;screw dislocation)とがある.前節で述べた転位は,余分な原子面が1枚,結晶中にナイフを入れたような状態(**図 5.16**)で入っているので,刃状転位と呼ばれる.テイラの刃状転位の発見に刺激されて,刃状転位以外にも同じような構造はないか,と考えられたのがらせん転位である.

らせん転位は**図 5.17**に示すような構造で,らせん階段を下るように原子面上をひとまわりして元のところに戻ったとき,1枚下の原子面に到達しているような原子面

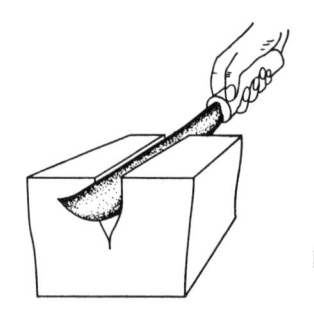

図 5.16 余分な原子面は刃物を入れたようになっているので刃状転位と呼ばれる

---

* 転位と転位線は同じ意味であるが,三次元的に考えた場合には転位線といったほうが理解しやすい.

5.4 転位の種類とバーガース・ベクトル　71

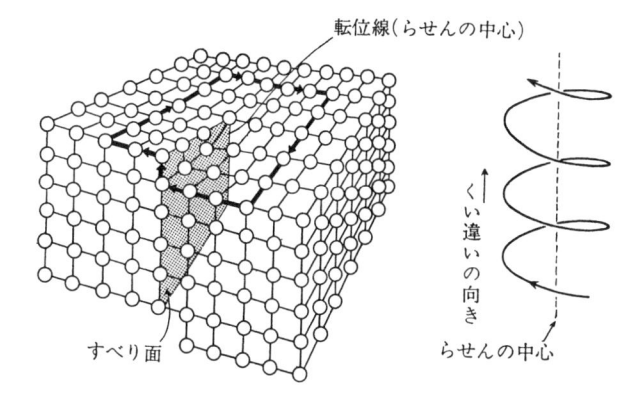

図 5.17 らせん転位．矢印のようにひとまわりすると 1 原子面ずれる

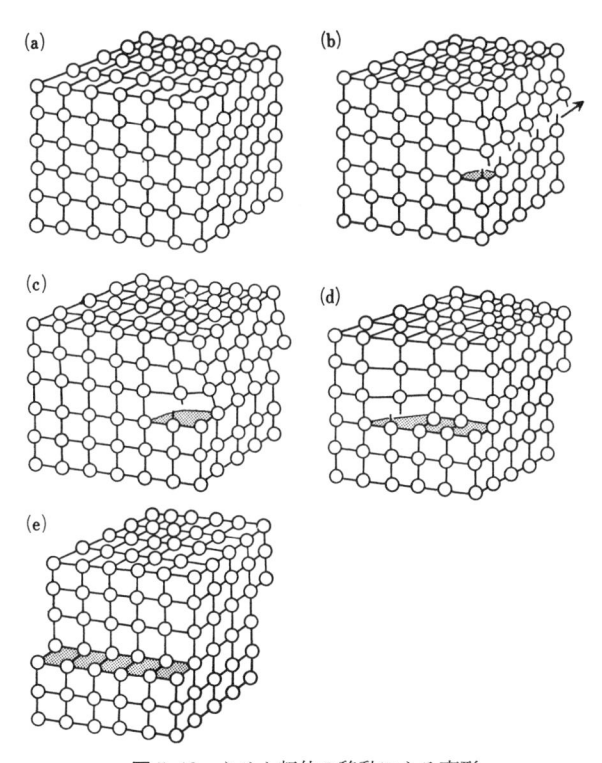

図 5.18 らせん転位の移動による変形

のくい違いである．らせん階段の中心にあたる部分が原子面のくい違いの中心で転位線である．らせん転位による変形では，図 5.18(a)で示す結晶の右端の原子面の結合が切れて矢印の向きにずれる(b)．つぎに，右端から2枚目の原子面の結合が切れて右端の原子面と同様にずれ，転位線は1原子間距離だけ移動する(c)．同じようにして原子のずれが起きると，転位線は左方へ移動してゆき(d)，刃状転位で生じたものと同じような結晶の変形が行われる(e)．

(2) バーガース・ベクトル

転位のくい違いの大きさ，あるいは転位による変形の大きさは，結晶の原子間隔や結晶の方向によって異なる．結晶の変形の様子を考えるときには，転位のくい違いの大きさを簡単に表現すると便利なことが多い．転位の主な性質は，くい違いの大きさと結晶中でどの方向を向いているかである．このような場合には，ベクトル* を用いると便利である．

刃状転位の場合は図 5.19 の矢印が転位1個によってできる結晶のくい違いの大きさであり，くい違いの向きは矢印の向きである．この長さと向きをもつ矢が刃状転位のくい違いのベクトルである．刃状転位の場合，転位線とベクトルの方向は直角である．

らせん転位の場合は，図 5.20 の矢印が転位1個によって生ずる結晶のくい違いであり，この矢の大きさと向きがらせん転位のくい違いのベクトルである．らせん転位の場合，転位線とベクトルは平行である．

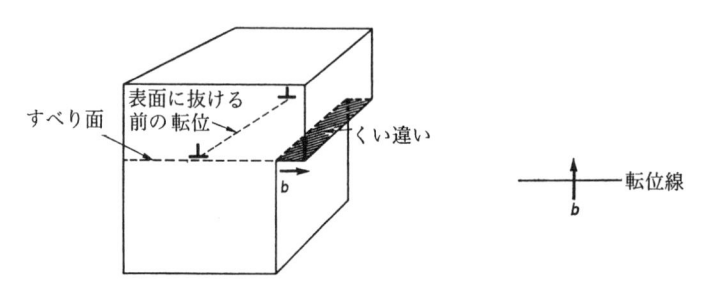

(a) 刃状転位のくい違いの大きさと向きを示すベクトル b．転位線と b は直角である (b) 結晶中の刃状転位を示すときには転位線に直角に矢印をつける

図 5.19　転位が表面に抜けた後にできたくい違い

---

* 大きさと向きをもっている量をベクトルといい，太字 A, a のように表す．矢印で表すこともでき，矢の長さがその大きさを，矢の先端が向きを示す．

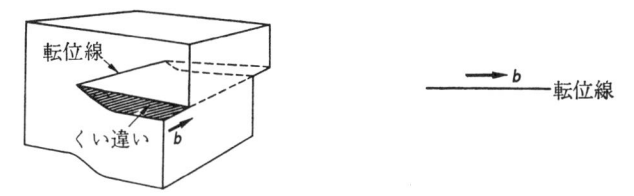

5.4 転位の種類とバーガース・ベクトル　73

(a) らせん転位のくい違いの大きさと向きを示すベクトル **b**. 転位線と **b** は平行である
(b) 結晶中のらせん転位を示すときには転位線に平行な矢印をつける

図 5.20　らせん転位のくい違い

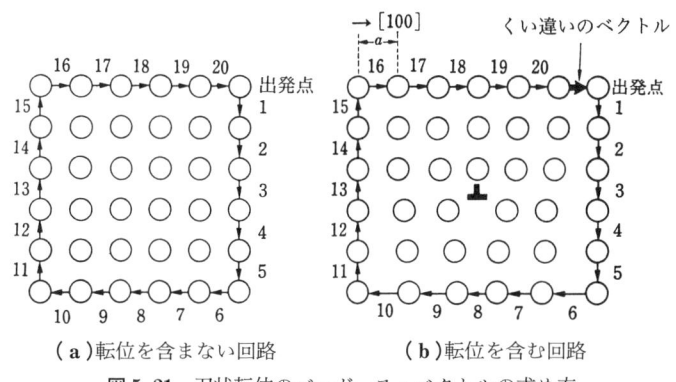

(a) 転位を含まない回路
(b) 転位を含む回路

図 5.21　刃状転位のバーガース・ベクトルの求め方

　ベクトルの大きさは，結晶中に転位がある場合でも定義することができる．まず，転位を含まない結晶で，図 5.21(a) のように出発点を決めてからたとえば縦に 6 個，横に 6 個の原子をたどる 1 周回路を考える．つぎに，転位を含む結晶で同じ回路をつくる．転位を含まない結晶では，1 周するのに 20 個の原子を通るが，転位を含む場合には余分な原子面が 1 枚入っているので，20 個の原子を通っただけでは出発点に戻ることができない．出発点に戻るためにはもう 1 つ原子を通過する必要があり，これが転位が入ったための結晶のくい違いの大きさと向きである．ベクトルで示すと，図 5.21(b) のようになる．以上のような回路によって定義されるベクトルを研究者の名をとってバーガース・ベクトル (Burgers vector) と呼び，通常太字の **b** で示す．上記の回路をバーガース回路といい，**b** は結晶のくい違いの大きさと向きを示す．実際には **b** を結晶方位と原子間隔を使って表す．たとえば，図 5.21(b) のバーガース・ベクトルは [100] の向きにあり，くい違いの大きさは原子間隔 a に等しいから，**b**$=a[100]$ である．

(3) 転位の正負と反応

刃状転位は原子面が1枚余分に入った構造であるが,図5.22(a)のように原子面を上から入れるか,下から入れるかで周囲の結晶のひずみなどが異なる.ただし,結晶の上下を逆にしてもまったく同じ転位の配置となるので,バーガース・ベクトルの大きさは変わらない.しかし,バーガース回路をつくると,バーガース・ベクトルの向きは反対になる.上下を逆にすれば同じ転位であるが,後述するように転位の反応などを考えるときには,向きが異なれば反応するので区別しなければならない.図5.22(b)において,原子面が上方にある転位(⊥)のベクトルの向きは[100]方向なので $b=a[100]$ であるが,転位(⊤)では $[\bar{1}00]$ を向いており $b=a[\bar{1}00]$ となる.らせん転位の場合も同様で図5.23に正負の関係を示す.転位の正負は結晶を逆さまにすれば逆転することからわかるように相対的なもので,図5.22(b)の転位(⊥)を負と考えれば転位(⊤)を正としてもよい.通常は転位(⊥)を正,転位(⊤)を負とする.

転位は結晶の中で他の転位に出会うと,反応することがある.たとえば,図5.24

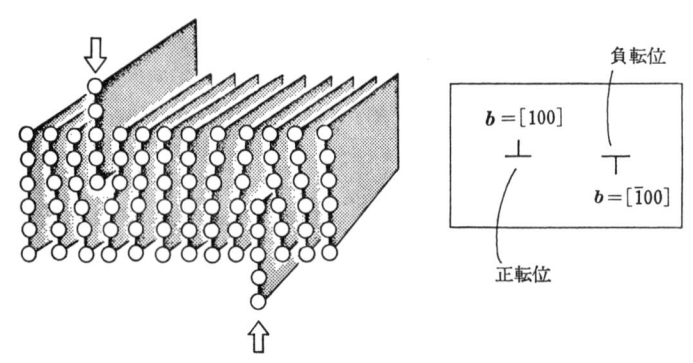

(a) 余分な原子面を逆方向から入れた場合の刃状転位

(b) 逆向きの転位のバーガース・ベクトル

図5.22 転位の正負

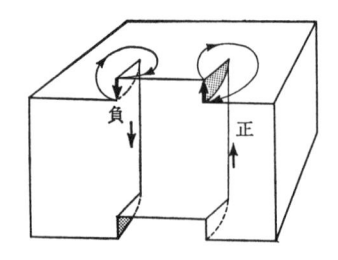

図5.23 らせん転位の正負(太い矢印はバーガース・ベクトルを示す)

5.4 転位の種類とバーガース・ベクトル　　75

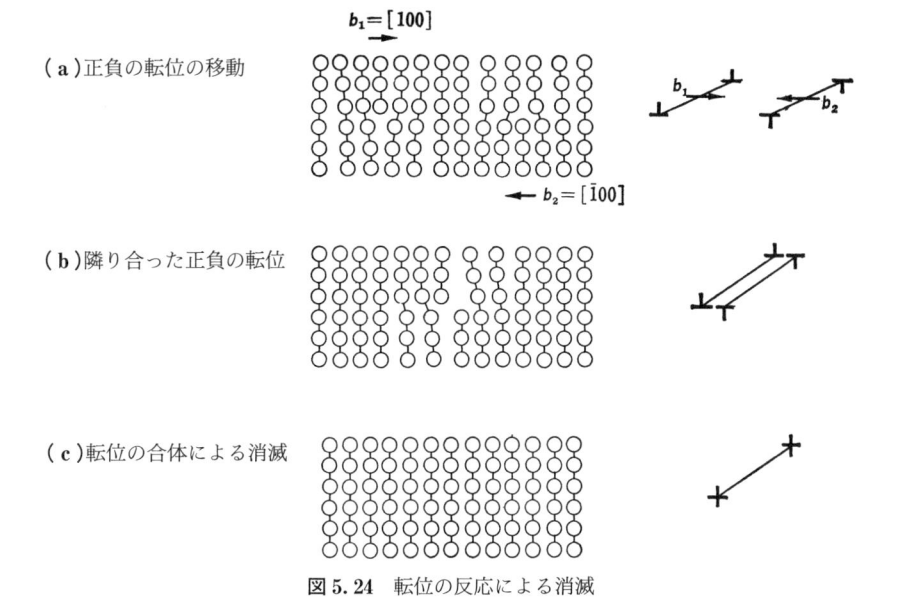

(a) 正負の転位の移動

$b_1 = [100]$

(b) 隣り合った正負の転位

$b_2 = [\bar{1}00]$

(c) 転位の合体による消滅

図 5.24　転位の反応による消滅

(a)のように正，負の転位が上下の位置にくると(b)，余分な原子面が一致するので余分な原子面はなくなり，転位は消滅する(c)．この反応を上述のバーガース・ベクトルで示すと，$b_1 + b_2 = a[100] + a[\bar{1}00] = 0^*$ となる．

転位は結合して消滅したり他のバーガース・ベクトルをもつ転位に変わることができるとともに，$b = b_1 + b_2$ のように分解することもある．金属の加工による変形や硬化を考えるときには，これらの転位の反応が非常に重要である．

(4)　転位線の終端

転位線の終端は結晶の表面に抜けているか，あるいは結晶中で終端のない輪になっており，結晶中で途切れていることはない．たとえば，刃状転位が結晶の中で終わっているとすれば，途切れた転位線の先では転位を含まない完全な結晶となっているはずである．そこで図 5.25(a)，(b)のように転位を含む結晶と完全結晶とを考え，これを接合してみる．すると，転位の余分な原子面 $a_1 \sim a_3$ の原子は完全な結晶の原子面の原子 $a'_1 \sim a'_3$ に対応するが，転位の下では原子面が1枚抜けているので，完全な結晶の原子面には $a'_4 \sim a'_6$ に対応する原子がない．このため $a'_4 \sim a'_6$ は転位を含む結晶に対して余分な原子面となる(c)．したがって，従来の転位線に直角な転位が新

---

*　$[hkl]$ の h, k, l をそれぞれ足し算する．

76　第5章　金属の転位

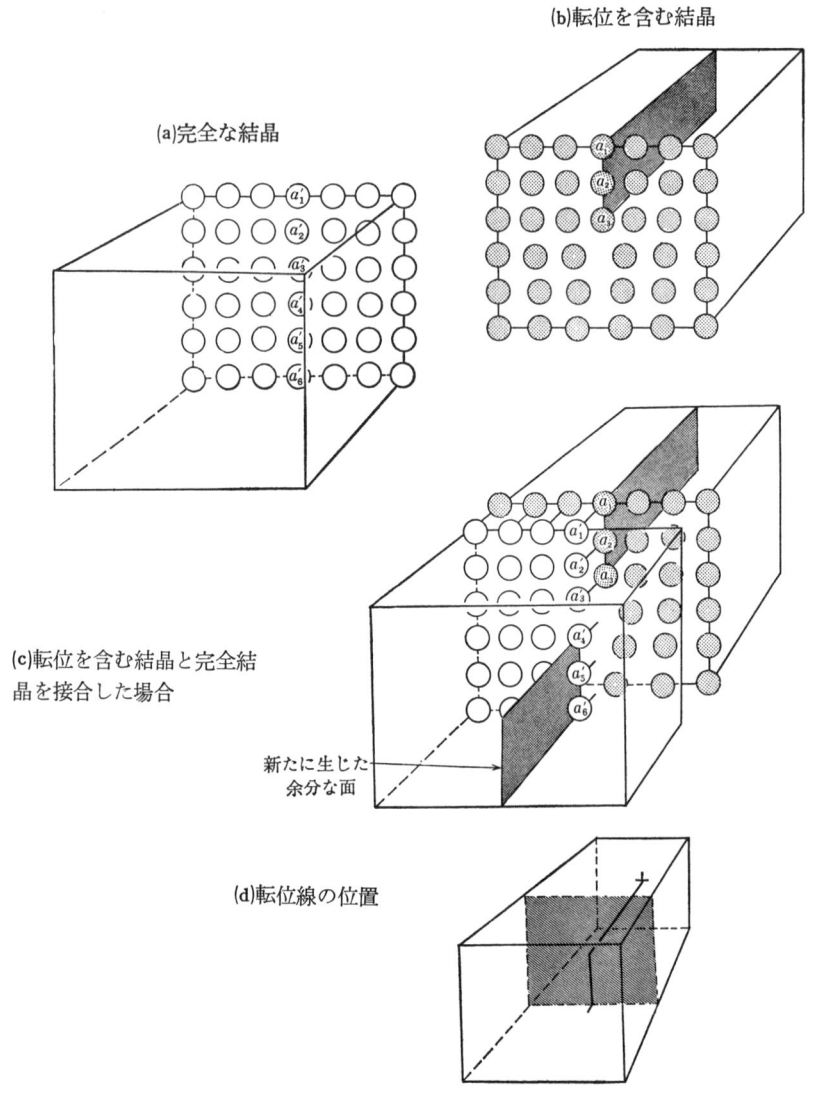

(a)完全な結晶

(b)転位を含む結晶

(c)転位を含む結晶と完全結晶を接合した場合

新たに生じた余分な面

(d)転位線の位置

図5.25　転位線の終端は必ず結晶の表面に抜けている

たに生じ，この転位線は結晶の底面に抜けている．この例のように，転位線を結晶の中で終わらせることはできない．

図5.25(d)のように転位線は曲がることができるから，結晶中で図5.26のように曲がって途切れのない転位線をつくることは可能である．このように結晶中で終端を

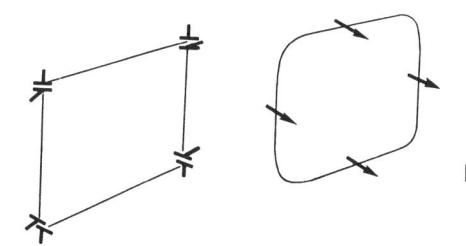

図5.26 結晶中で輪をつくっている転位線(転位環).矢印はバーガース・ベクトルを示す

もたない転位の輪を転位環(てんいかん;dislocation loop)と呼んでいる.

5.5 転位の確認と観察

(1) エッチピット法とデコレーション法

　テイラらによって提案された転位は金属の変形機構をきわめて巧妙に説明することができた.しかし,転位の存在に対して疑問を抱く人も多く,転位の存在を信ずる人たちは,その存在を実証するために努力を続けた.
　転位の直接的な証明は,1950年初めに発表されたジェバー,フォーゲル(米)らの腐食法による.転位は結晶格子の乱れであるから,転位周辺の結晶は,完全な結晶に比較すると物理・化学的に非常に不安定となっている.たとえば,図5.27(a)のように転位線が結晶の表面に顔を出している場合,表面はエネルギ的に不安定になっている(第13章).したがって,酸やアルカリ溶液などの腐食液に浸漬すると,周囲の完全な結晶格子の領域に比較して転位部分は優先的に腐食され凹みを生ずる(c)~(d).これをエッチピット(etch pit)という.
　ジェバーらは,図5.33に示すように,ほんのわずかに傾いた2個の結晶の境界には,結晶の傾きに比例して一定数の転位が存在すると考え,境界に存在する転位の数

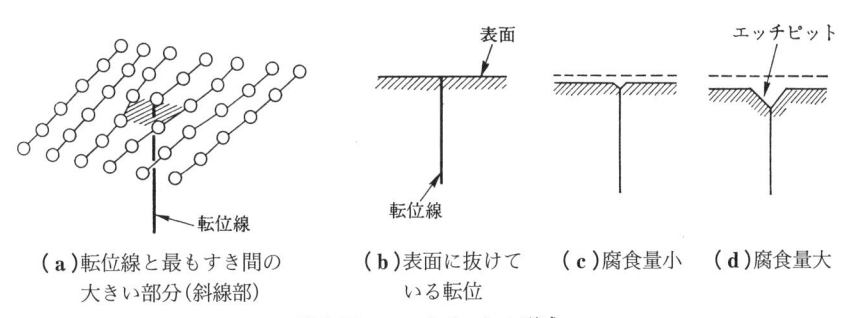

(a) 転位線と最もすき間の大きい部分(斜線部)　　(b) 表面に抜けている転位　　(c) 腐食量小　　(d) 腐食量大

図5.27 エッチピットの形成

78　第5章　金属の転位

を計算した．つぎに，この結晶を上述の優先腐食が起こるような溶液に浸漬して顕微鏡で観察した．その結果，計算と観察の結果が見事に一致した．図5.28に代表的なエッチピットの像を示す．結晶の腐食の程度は結晶面によっても異なるので，エッチピットの形は観察している結晶面によって異なり，通常(111)面では三角形，(100)面では四角形，(110)面では長方形になる．面によってエッチピットの形状が異なるので，多結晶の結晶面を決めるのにも使える．

　エッチピット法では，転位の移動を観察することもできる．この場合，最初に転位のエッチピットを形成し，つぎに結晶が少し変形する程度に力を加える．すると転位が動いて，エッチピットの位置から他の位置へ移る．この状態で再び腐食液中に浸漬

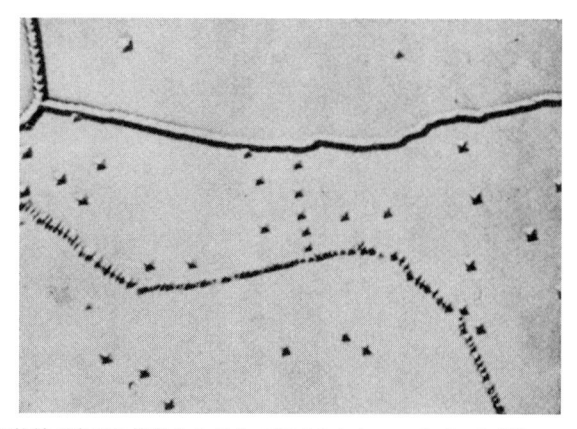

図5.28　転位線が表面に抜けたところで形成されたエッチピット(ギルマン氏による)

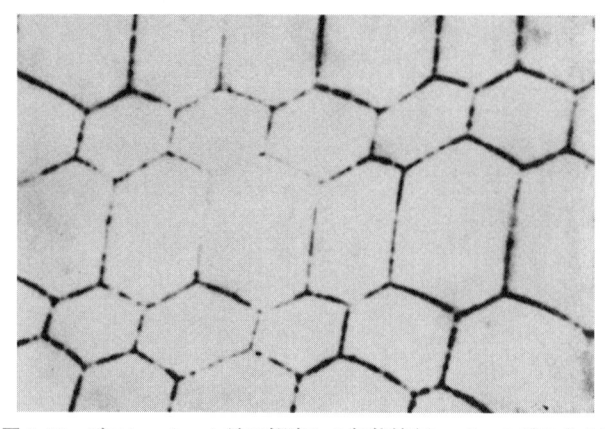

図5.29　デコレーション法で観察した転位線(ミッチェル氏による)

すると，最初のエッチピットの部分には転位が存在しないので優先的な腐食は行われず，底の平らなエッチピットとなる．これに対して，転位の移動した場所では新たな優先腐食が生じ，底のとがったエッチピットが生ずる．これにより転位の移動が実証された．

同じ時期，ヘッジズらは転位線の部分に不純物が集まりやすいとの考えから，転位を不純物原子で飾る（デコレーション；decoration）方法を見出した．図5.29はデコレーション法で現出した転位線の例である．エッチピットは転位を点でしか表現しないが，デコレーション法は転位線を立体的に表している．

（2） 電子顕微鏡による観察

転位の観察を最も決定的にしたのは，1956年にハーシュらが行った透過電子顕微鏡法（とうかでんしけんびきょうほう；transmission electron microscopy）である．この方法は，金属結晶を通常 0.1 μm 以下の薄い膜状とし，真空中で電子線を透過させ，電磁場を利用したレンズで拡大する．図5.30(a)のように，結晶中に転位がなければ電子線は均一に通過するので蛍光板（硫化カドミウムの粉を塗った板で，電子線が当たると光る）は均一に光る．これに対して，転位が存在すると，転位周辺の結晶格子の乱れた部分の原子面に電子線が強く曲げられ（回折（かいせつ）という），転位

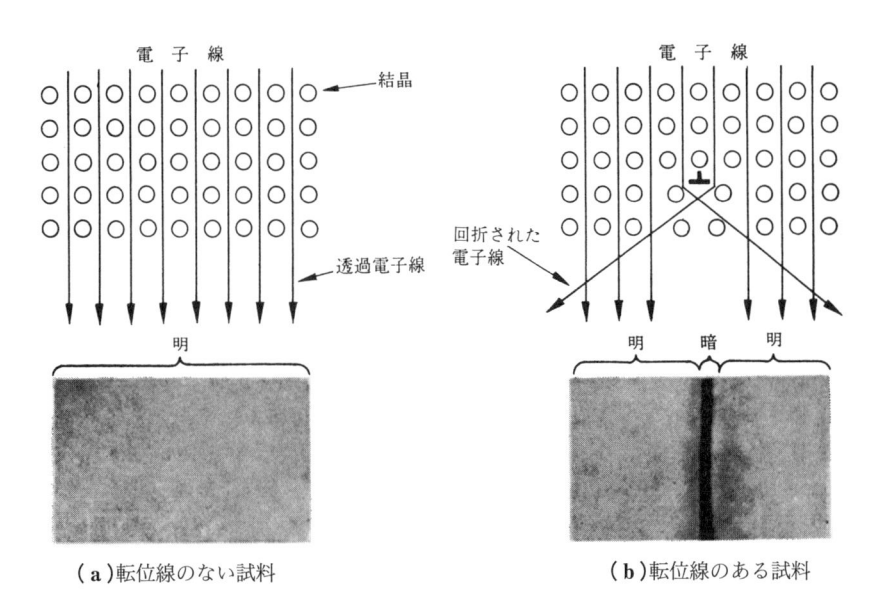

(a) 転位線のない試料　　　　　　　(b) 転位線のある試料

図5.30　電子顕微鏡による転位線の観察法（透過法）．試料を透過した電子線の多少により転位線の像ができる（北田による）

の存在する部分から蛍光板に向う電子線透過量*が少なくなり蛍光板は暗くなる(b).通常,数万倍の像として観察する.したがって,蛍光板の明暗から転位の有無や形状,性質などがわかる.蛍光板の下にフィルムやCCDカメラを置いて感光させ,写真にとる.

電子顕微鏡の使用により,転位の詳細な性質はもちろんのこと,転位と析出物(せきしゅつぶつ)との相互作用なども明らかとなり,転位論の著しい発展の端緒となった.このほか,分解能は低いが,X線などでも同じような観察ができる.

5.6 転位の起源と増殖

(1) 転位の起源

金属に永久変形をもたらす転位は,図5.13で示したように,金属結晶の表面から導入することができる.しかし,表面から転位が導入されたと仮定して計算した変形に要する力は,実測値よりきわめて大きい.この計算値と実測の不一致から,一般の金属結晶中には,もともと多量の転位が存在しているのではないか,という推測が生まれた**.

刃状転位の場合,原子面が1枚余分に入っているが,転位の下方では原子面が1枚抜けている状態になっている.原子が抜けている状態は,第3章で述べた空孔である.空孔の場合は1個の原子が抜けただけであるが,空孔が何個か集まれば原子面が

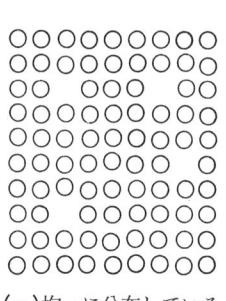

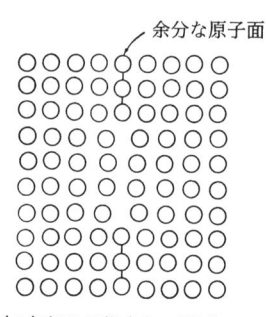

(a) 均一に分布している空孔　　(b) 空孔が集合して形成された刃状転位　　(c) 余分な原子面の配置と転位線.矢印はバーガース・ベクトルを示す

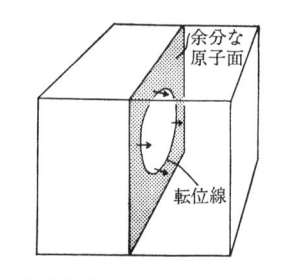

図5.31　空孔の集合による転位環の形成

---

*　回折された電子線を蛍光板に映し出すと,透過法の場合と像の明暗が逆転する.
**　研磨などで表面から導入された転位も観察されている.

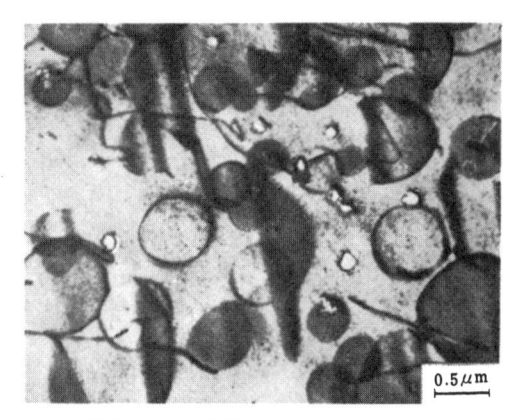

図5.32 電子顕微鏡によって観察された転位環(パートリッジ氏による)

(a)方向の異なる結晶粒　　　　(b)境界にできた転位

図5.33 結晶方位の異なる結晶粒が衝突した境界にできる転位

抜けた状態となる．融点近くの温度に熱した金属中には多量の空孔が存在し，温度が下がると空孔の平衡濃度が減少する．したがって，高温から急冷した金属中には過剰な空孔が存在し，図5.31のように空孔が集合して転位をつくる．図5.32は電子顕微鏡によって観察された転位環である．

　一方，金属が凝固(ぎょうこ)するとき，図5.33(a)のように結晶方位の異なった結晶が成長して接触する場合，その境界では結晶格子が一致せず，(b)のように転位が導入される．図5.34はその一例である．

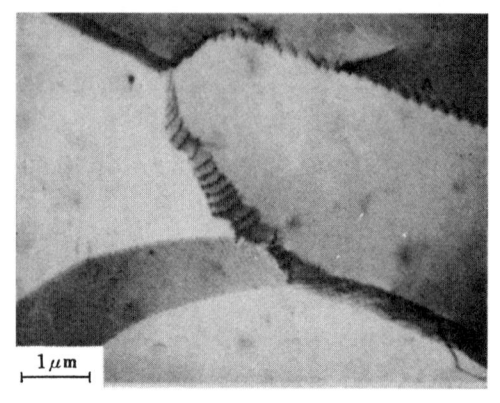

図5.34 結晶の境界に存在する転位の列（ホールドー氏による）

このように，金属結晶の中にはもともと多数の転位が存在しており，これらの転位が変形の役割をになっている．

（2） 転位の増殖

結晶中の転位の数（密度*）は前述の腐食像や透過電子顕微鏡像などから求めることができる．転位の密度がわかっている金属を変形すれば，転位の密度に相当するだけの永久変形ができるはずである．ところが，実際には転位の密度より数桁も大きい変形が容易にできる．また，変形後の転位の密度を測定すると，変形後の転位密度は変形する前よりきわめて高い．これらの実験事実は，変形中に転位の数が増えたことを示している．では，どのような機構で増えるのであろうか．

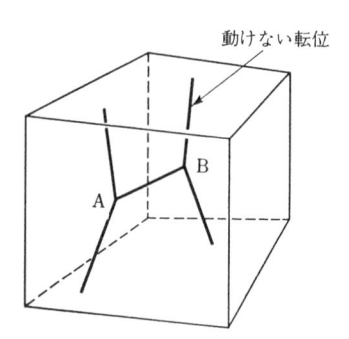

図5.35 両端 A, B を固定された転位．転位線 AB だけが動くことができる

---

* 最も簡単には，金属結晶を任意の場所で平坦に切ったとき，その結晶表面 $1\,\mathrm{cm}^2$ 中に顔を出している転位の数を転位密度とする．

5.6 転位の起源と増殖　83

(a) 両端を固定された刃状転位に力が働く

(b) 中央の部分だけ移動する

(c) 両端を固定されているので丸くなる

(d) 後側へ巻き込むようにして拡がる

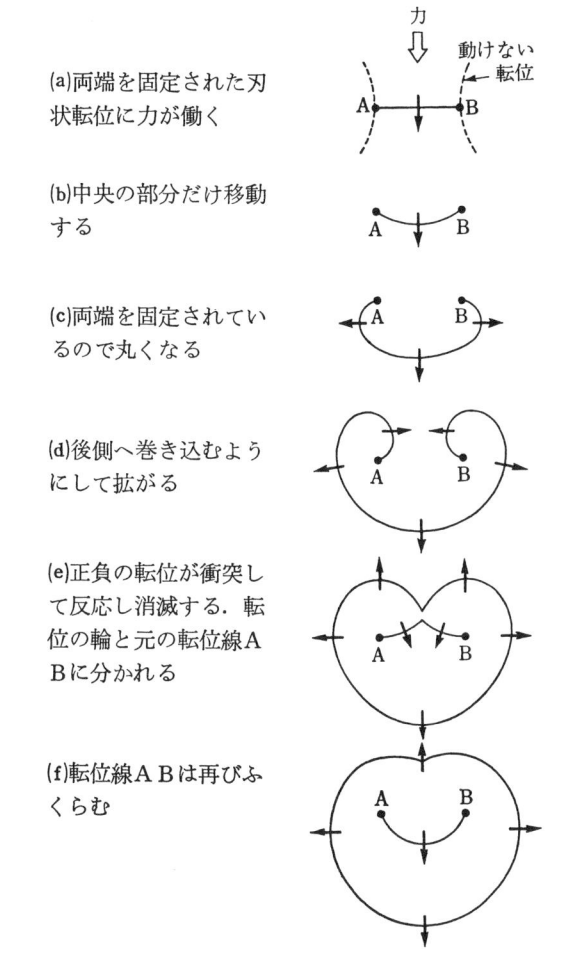

(e) 正負の転位が衝突して反応し消滅する．転位の輪と元の転位線ABに分かれる

(f) 転位線ABは再びふくらむ

図5.36　転位の増え方(増殖法)．矢印は転位の拡がる方向を示す

　そこで，転位の増える方法について述べる．図5.35は他の転位と反応している転位線A-Bで，反応している転位線のために両端が強く固定されており，A-B間の転位線だけが動けると仮定する．この転位A-Bを刃状転位とすれば，バーガース・ベクトルは転位線に直角であるから図5.36(a)の矢印で示される．この転位線に力が加わると，両端が固定されているので中央の部分だけがふくらむようにして移動し((b),(c))，両端を巻き込むようにして後側へ回り込んでくる(d)．刃状転位であるから，転位線のバーガース・ベクトルは転位線に対して常に直角であり，後側へ回り込んだ左右の転位のベクトルの向きは互いに反対になっている．これらの転位が衝

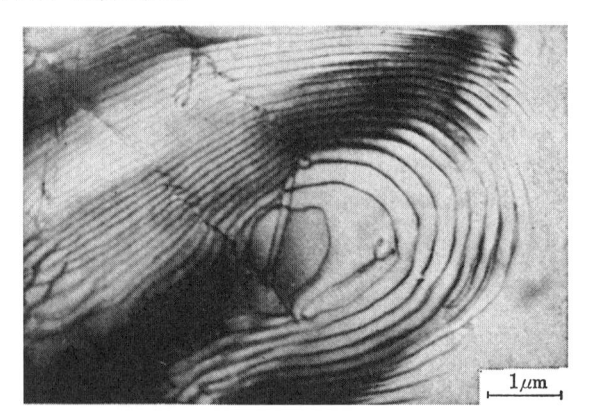

図5.37 電子顕微鏡で観察されたフランク-リード源(ビルスビ氏による)

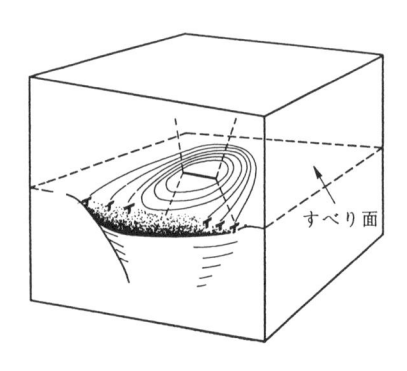

図5.38 フランク-リード源のはたらきで生ずるテラス状の変形

突すると，$b_1 + b_2 = 0$ なる転位の反応が起こって転位線は消滅する(図5.24参照)．この転位の反応により，転位環と元の転位線 A-B に分かれる(f)．この結果，元の転位線 A-B はそのままで転位環の分だけ転位線が増えたことになる．このような転位環は同じ機構で転位線 A-B からつぎつぎに生ずるから，転位の生まれる源であり，転位源と呼ばれ，発見者の名をとってフランク-リード源(Frank-Read source)ともいう．図5.37 はその証拠となる透過顕微鏡像である．

フランク-リード源がはたらくと，図5.38で示すように，増殖した転位がつぎつぎに表面に抜け，大きな変形をすることが可能になる．

実際の金属結晶では，フランク-リード源のほかに，結晶粒界や析出物(図5.39)が転位源となっているのが観察されているが，その機構については不明な点が多い．

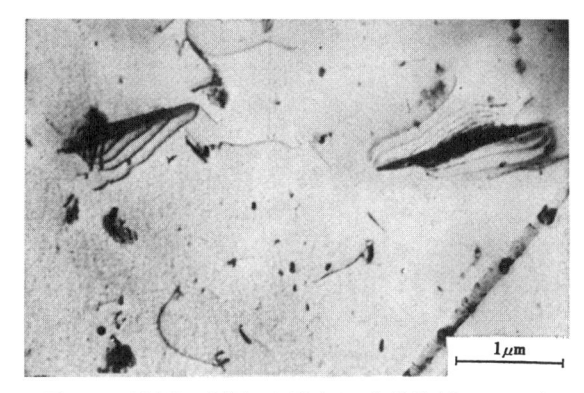

図5.39 析出物の周囲から発生する転位線(北田による)

5.7 拡散に及ぼす影響

　刃状転位の直下のすき間は，転位線とともにトンネルのようにつながっている．完全結晶の中を格子間原子が拡散するためには，図5.40のように通り道にある原子を強く押し拡げてゆかねばならないが，転位線の下に形成されているすき間を通る場合には図5.41のようにわずかに押し拡げるだけで通過できる．このため，4.3(5)項で述べた活性化エネルギなどは完全結晶の場合に比較して数分の1になる．したがっ

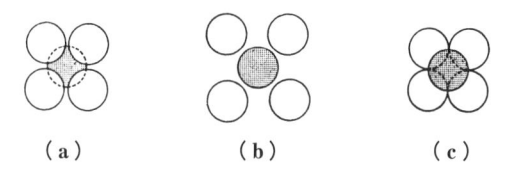

図5.40 通り道の原子を強く押しのけて拡散する原子．原子は手前に向かって移動する

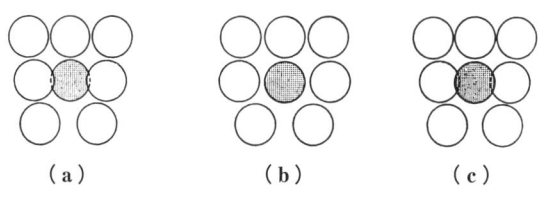

図5.41 転位直下のトンネルを拡散する原子．原子は手前に向かって移動する．通り道をふさいでいる原子の変位は図5.40に比較して小さい

て，転位線を使って移動する不純物原子の拡散速度は，完全結晶中の拡散速度の数倍になる．

結晶粒界も転位などの欠陥が多いので，粒界を使って移動する不純物原子の拡散速度は速くなる．転位や粒界を使った拡散によって拡散速度は速められ，あたかも短い通路を通ったような状態となるので，これらを短回路拡散(たんかいろかくさん；short circuit diffusion)と呼んでいる．

第6章
金属の変形と加工硬化

　針金の曲げを繰り返していると，針金は次第に硬くなってくる．このように，加工することによって金属が硬くなる現象を，加工硬化(work hardening)という．
　紀元前数1000年前，自然銅を石で打って変形していると次第に硬くなり，ある程度以上変形が進むと割れてしまう現象を人類は初めて知った．古代人は，変形加工による硬化を不思議な現象と感じたであろうが，硬化する理由を知らなくても，加工を金属材料を硬くする方法として利用してきた．転位の発見により変形の機構が明らかにされ，加工硬化にも転位が重要な役割を果たしていることがわかった．

6.1　応力-ひずみ曲線

　加工硬化の機構について述べる前に，金属を変形したときの，加えた力(荷重；かじゅう)と変形量(たとえば伸びた長さ)の関係を示す曲線，荷重-変形量曲線について説明する．
　たとえば，金属棒の両端に引張(ひっぱり)力を加えて変形したときの荷重を縦軸，変形量(伸び)を横軸にとると，図6.1(c)のような曲線が得られ，これを荷重-伸び曲線(load-elongation curve)と呼んでいる．荷重-伸び曲線は，試料の太さや長さによって異なるので，他の試料と比較する場合には不便である．そこで，荷重を試料の断面積で除した単位面積あたりの力・応力(stress)と，伸びた長さを変形前の試料の長さで除した変形割合・ひずみ(strain)とで表した応力-ひずみ曲線(stress-strain curve)にすると便利である．
　応力-ひずみ曲線は変形の様式によって弾性変形領域，均一塑性変形領域，不均一塑性変形領域に分けることができる．弾性変形領域は図5.4で示したように原子間の距離が拡がる範囲の変形であるが，応力とひずみはA点まで直線関係(比例)を示し，A点を越すと直線でなくなり，B点以上の応力で転位の移動による塑性変形が生ずる．A点を比例限といい，B点までは応力を取り去ると元のひずみのない状態に戻るのでB点を弾性限(elastic limit)という．
　弾性限以上の応力を加えると，転位の移動と転位の増殖が始まり，金属は塑性変形する．均一塑性変形領域では，試料全体で変形が生じており，試料の断面積は一様で

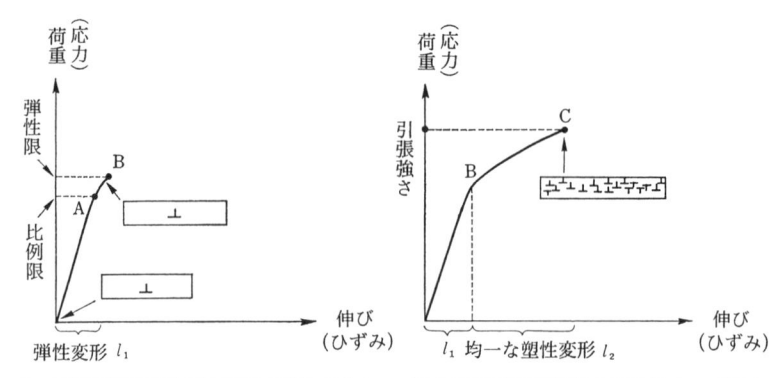

88　第6章　金属の変形と加工硬化

(a) 弾性変形領域では転位の移動はない

(b) 塑性変形は転位の移動によって行われ，試料は一様に細くなる

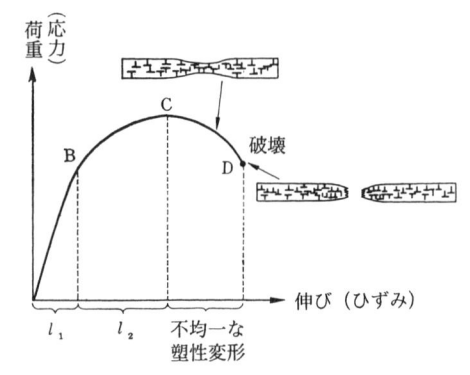

(c) 試料の一部がこまかくなって不均一な塑性変形が起こり，細くなったところで破壊する

図6.1　金属棒を引張変形したときの荷重-伸び（応力-ひずみ）曲線

ある．さらに応力を高くすると，試料の一部に高い応力が加わって局部的な塑性変形が生ずる．この不均一な塑性変形のため試料は局部的に細くなり，破壊（はかい；fracture）に至る．通常，均一変形領域から不均一変形になるときの応力（図6.1(c)のC）が最も大きく，これを引張強さ（tensile strength）と呼んでいる．

6.2　加工硬化の機構

前節で述べたように，金属の塑性変形は転位の移動によるものである．加工が進むにつれて塑性変形しにくくなるのは，転位の移動が困難になってきたことを示してお

り，これは転位を移動するために必要な力が大きくなることでもある．したがって，転位の移動を妨げるような変化が結晶内で起こっているものと考えられる．

実は，転位の移動を妨げるのも主に転位である．今までは，結晶中の転位の移動をきわめて簡単に考えてきたが，転位の移動する結晶面とその方向は1つだけではない．たとえば，転位のバーガース・ベクトルが a[100]としても，[100]，[010]，[001]などの等価な方向がある．変形の初期には最も移動しやすい結晶面(方向)ですべりが起こるが，変形が進むにしたがって他の面(方向)でもすべりが生ずる．これを多重(たじゅう)すべりと呼ぶ．このため，当然のことであるが，結晶中で転位と転位との衝突が起こる．転位間で衝突が起こった場合，転位の性質にもよるが，衝突したまま動けなくなる転位ができる．たとえば，図 6.2(a)のような転位が存在する場合，A方向とB方向に進む．衝突したところで互いに干渉せずに移動してゆけるときには，結晶表面に抜けて転位の総数だけ変形を行うが(b)，衝突を起こしたときに互いに干渉しあって前に進めなくなる場合には，衝突した転位の後に続いている転位はそれ以上移動できないので，変形量が少なくなる(c)．この衝突した転位を動かして，転位の総数だけ変形しようとする場合には，衝突した転位を動かすために互いに衝突した転位の障害を乗り越える余分な力が必要となり，その分だけ硬くなる．塑性変形が始まったばかりのときには，転位の数も少ないので転位の衝突は少ないが，変形が進むにつれて衝突する転位が増え，加工硬化の原因となる．(c)のように障害物のため移動できなくなった多数の転位の列を集積転位(しゅうせきてんい；pile-up dislocations)という．図 6.3 は加工した金属中の転位線を電子顕微鏡で観察したもので，2方向から進んできた転位が互いにからみ合っているのがわかる．

通常使用される金属は多結晶であるから，結晶格子の乱れた結晶粒界があり，移動する転位線は図 6.4 で示すように結晶粒界でも移動を阻止される．したがって，結

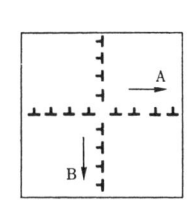

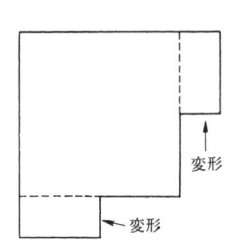

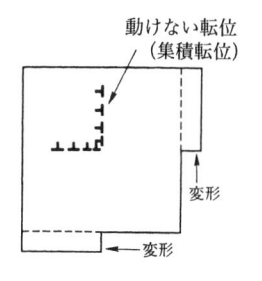

(a) 2方向に転位が移動する場合．矢印は移動の向き　(b) すべての転位の移動によって生じた変形　(c) 転位間の衝突により動けなくなった転位．変形量は減少する

図 6.2　転位の衝突．衝突した転位を動かすには余分な力が必要であり，これが加工硬化となる

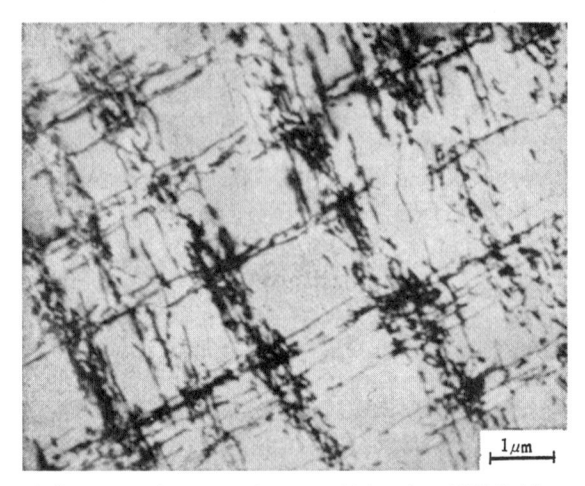

図 6.3 転位のからみ合いを示す加工した金属の電子顕微鏡像(北田による)

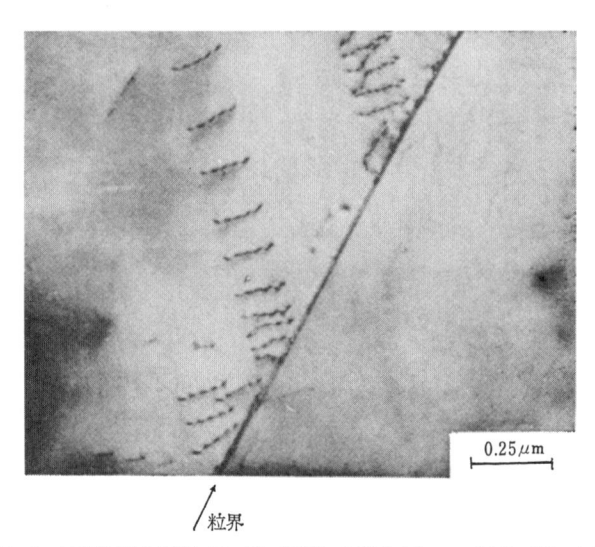

図 6.4 結晶粒界を通過できずに集積した転位(ウェーリアン氏による)

晶粒界も加工硬化の原因となるので，金属の硬さと結晶粒の大きさとの間には図 8.14 で示すような関係が見出される．

6.3 転位と不純物原子

　結晶中に固溶している原子は周囲の結晶格子をひずませており，転位が固溶原子の存在する部分を通り抜けるにはひずみに打ち勝つだけの余分な力が必要となる．固溶原子の存在によって硬化するので，固溶硬化(solid solution hardening)と呼んでいる．空孔も同様な効果を示すが硬化量はきわめて少ない．

　転位の周囲は結晶格子がひずんでいるので，金属中に含まれている不純物原子と転位が互いに強い影響を及ぼしあうことがある．たとえば，正の刃状転位の上側では原子面が1枚余分に入っているので原子間隔はせまくなっており，下側では原子面が1枚抜けた状態なので，すき間ができた状態となる．このため図6.5のように水素，窒素，炭素などの侵入型原子は刃状転位直下のすき間の大きい部分に集まりやすい．置換型不純物原子なども転位近傍に入りやすい．これらの不純物原子は転位のひずみ(エネルギ)を減少させるので，転位と不純物は強く結合した状態となる．したがって転位を移動させるには，この転位と不純物原子の結合を切るだけ余分な力が必要となる．このため，転位の移動が困難になるので変形しにくくなり，硬くなる．たとえば，転位の周囲に不純物原子が集まっていない状態で引張変形すると，図6.6(a)の応力-ひずみ曲線が得られるが，転位の周囲に侵入型原子である窒素や炭素が集まると，(b)のような応力-ひずみ曲線となる．応力-ひずみ曲線のとがった分の応力 σ は転位と不純物原子の結合をこわすのに使われる応力である．結合がこわれると転位が移動できるので塑性変形が起こり，不純物原子と転位との結合がない試料の応力-ひずみ曲線の形に近くなる．以上のように，転位の周囲に溶質原子が集まっている状態を発見者の名をとって，コットレルの雰囲気(ふんいき；Cottrell atmosphere)と呼んでいる．これに似た鈴木効果と呼ばれるものもある．

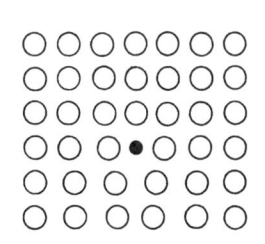

図6.5　刃状転位の近くに集まる不純物原子

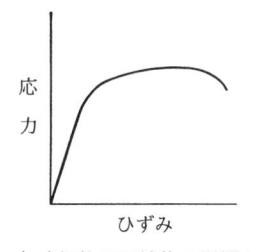

(a) 転位が不純物の影響を受けていない場合

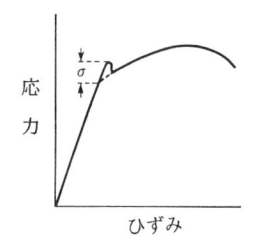

(b) 転位と不純物原子が強く結合している場合

図6.6　応力-ひずみ曲線に及ぼす不純物原子の影響

金属中の母相と異なる組成や結晶構造をもつ介在物や析出物は金属の変形に大きな影響を及ぼすが，これは第10章で述べる．

6.4 金属が変形しやすい理由

　金属結晶が他の非金属結晶より変形しやすい理由は，金属原子の結合が自由な電子によるためである．金属の結合は，金属から飛び出した自由電子が雲のように拡がって陽イオンと引き合っており，転位を含む結晶では図6.7(a)のようになっている．原子の間をつないでいる電子の雲は，陽イオンを球と考えると球の表面に塗った半流動性の接着剤のような役目を果たしており，転位が位置を変えるときにも電子の雲はつながったまま陽イオンの結合は切れない．したがって，破壊することなく変形が進む．

　これに対して，イオン結晶であるNaClなどはNaの電子1個をClに貸して，そのクーロン力で引き合っており，貸借した電子は自由電子のように動くことができない．このためNa原子とCl原子の結合は図6.8で示すようにイオンという球を1点

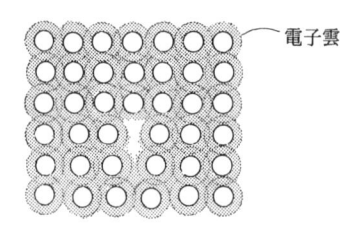

(a) 電子の雲で結びついている金属原子と刃状転位

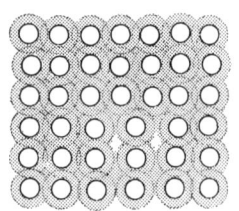

(b) 刃状転位が1/2原子間距離だけ進んだとき．隣の原子とすぐ結合する

図6.7 金属中の転位が移動するときの原子の結合の状態の変化

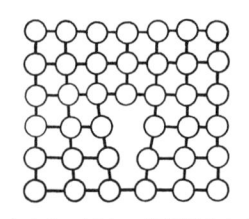

(a) イオン結合，共有結合などで結びついている結晶中の刃状転位

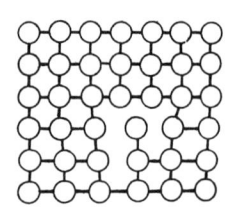

(b) 刃状転位が1/2原子間距離だけ進んだとき．切れた結合はそのままになってしまう場合がある

図6.8 イオン結晶，共有結晶中の転位が移動するときの原子の結合状態の変化

で硬く接着したようになっている．この原子間の結合は，転位の移動に伴う原子の移動によって切れると，自由電子のある金属とは違って容易に修復されない．このため，転位は結晶の中を移動することができず，結晶は割れてしまう．

　金属の塑性変形は大部分が転位によるものであるが，空孔の移動による変形，結晶粒界のすべりによる変形，双晶(そうしょう)変形，変態に伴う変形などがある．これらについては専門的になるので上級書にゆずる．

第7章
金属の破壊

7.1 金属の破壊とは

　細い針金を強く引張ったり，繰り返して折り曲げていると切れてしまう．このような現象を破壊と呼んでいる．通常の金属は結晶であり，金属の破壊は結晶を構成している原子の結合が切れる現象である．

　金属の破壊には大別して二通りある．1つは塑性変形をほとんどしない破壊で，他は塑性変形したのち起こる破壊である．応力-ひずみ曲線で示すと，図7.1中のAが塑性変形を伴わない破壊で，Bが塑性変形を伴う破壊である．

　また，特殊な破壊としては，上述の繰り返し応力による疲労破壊，一定の応力をかけておくと破壊するクリープ破壊などがある．本章では，金属の破壊の基本的な現象である原子の結合が切れることに焦点を当てて破壊の機構を述べる．

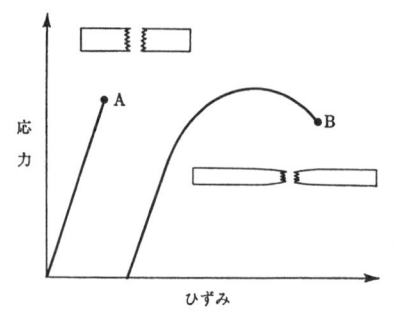

図7.1 応力-ひずみ曲線から見た破壊の分類．Aは塑性変形なく破壊する場合，Bは塑性変形した後破壊する場合

7.2 塑性変形を伴わない破壊

（1） へき開による破壊

　結晶は原子が規則的に並んだものであるが，原子間の距離や隣接した原子との結合力は結晶の方向(原子面)によって異なる．原子間結合力の異方性がきわめて大きい場合，たとえば，図7.2(a)の点線で示す原子面の原子間結合力が他の面に比べてきわ

7.2 塑性変形を伴わない破壊

(a) 原子間結合力の異方性が
　　　大きい結晶

(b) 力(矢印)を加えると，原子間結
　　　合力の小さい原子面で切れる

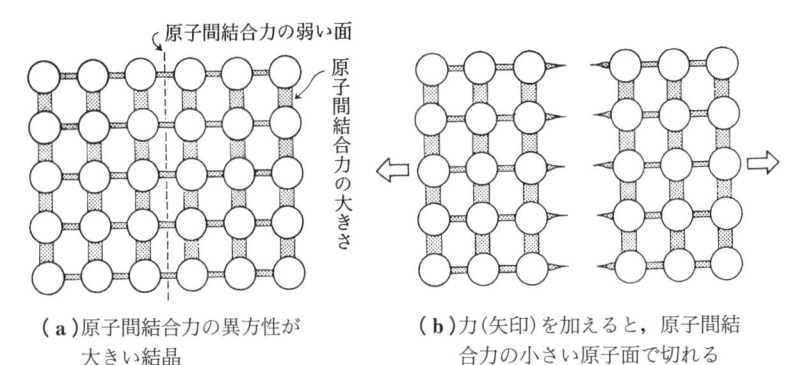

図7.2　原子間結合力の弱い原子面の結合が切れて破壊するへき開

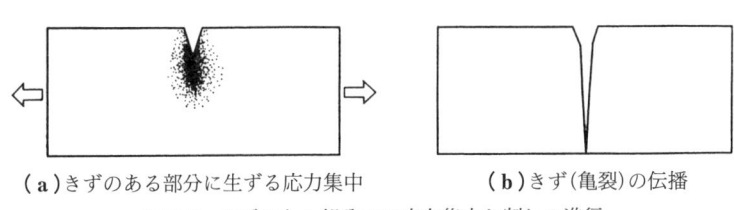

(a) きずのある部分に生ずる応力集中

(b) きず(亀裂)の伝播

図7.3　きずのある部分での応力集中と割れの進行

めて小さいような結晶では，力を加えるとこの原子面の結合が切れて破壊する(b)．このような結晶は，刃物で切(劈；き)り開いたように平坦な原子面を出して破壊することから，へき開(劈開；cleavage)と呼ばれる．

金属結晶の場合には転位の移動が比較的容易で，原子間結合力の異方性も小さいので塑性変形が起こり，へき開しにくい．しかし，室温以下の低温で転位が移動しにくくなる鉄などの体心立方型金属や亜鉛などの六方晶金属では，へき開による破壊がみられる．

図7.2(a)の点線で示した原子間結合力の小さい原子面は結晶中に多数存在しているが，その中の1つの原子面だけでへき開が起こる理由はなんであろうか．通常考えられるのは，結合力の弱い多数の原子面の中で，さらに破壊しやすい場所が存在することである．この1つは結晶の表面にある図7.3(a)のようなきず(疵)である．きずの部分では結晶の等方性が崩れるので，力を加えたとき，きずの周囲に力が集中し，きずに沿った原子面がへき開を起こす(b)．きずなどのところに応力が集中する現象を応力集中(おうりょくしゅうちゅう；stress concentration)と呼んでいる．

応力集中により，小さい応力で金属材料が破壊することがある．したがって，実用材料の場合きわめて重要な現象なので，応力集中現象について述べる．きずの部分の

(a) きずのある結晶

(b) 力が加わり，きずの部分に力が集中した状態

(c) 応力が集中した部分の結合が切れた状態

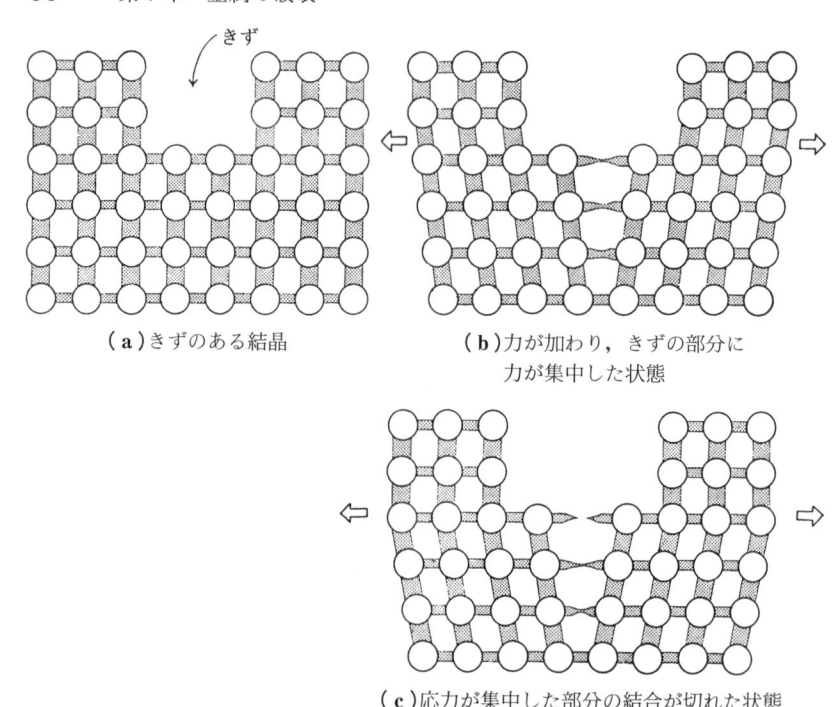

図 7.4　応力集中による破壊を原子結合からみた機構．矢印は変形の方向を示す

　原子の配列は図 7.4(a)のようになっており，きずに面している原子の結合は切れている．この状態で結晶の両端を引張ると，きずがなければ引張方向の原子間結合のすべてに均一な力が加わるが，きずがある場合，きずの部分には原子間結合がないので，きずの部分は拡大し，きずに近い部分の原子間結合に余分な力が加わる．この結果，きずに近い部分の原子間結合は，引張方向へ強く伸ばされる(b)．引張る力がさらに大きくなると，きずに近い部分の原子間結合は伸びて切れてしまう(c)．この現象は，きずのある部分にかかるべき応力が，きずの底に近い部分の原子間結合に集中したと考えればよい．応力集中は，きずの底に近い部分の原子間結合ほど大きいので，この部分の原子間結合は，きずのない領域の結合に先立って切れ，きずの拡大を招く．きずの拡大によって応力集中の位置が移動し，きずはますます大きくなり材料の破壊に至る．

　応力集中は結晶表面のきずばかりでなく，図 7.5 のような結晶内部の空洞や後述する析出物の周囲などでも起こる．したがって，空洞や析出物もその状態によっては金属を破壊するきっかけとなる．

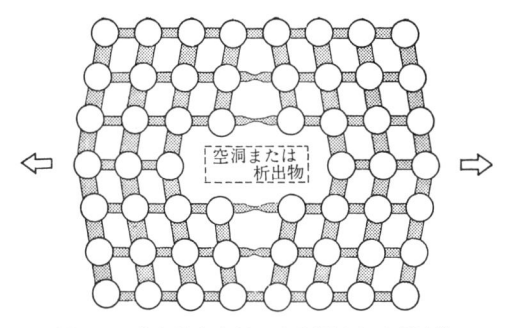

図7.5 応力集中を起こす空洞または析出物

（2） 不純物原子の集合による破壊

　原子間結合力に異方性の少ない金属でも，不純物原子が特定の原子面上に偏(かた)よって集合しているような場合，へき開のように破壊することがある．たとえば，図7.6(a)のように，原子間結合力が均一な結晶の特定の原子面に沿って侵入型不純物(たとえば水素)などが集まる場合，水素の侵入によって原子間距離が若干長くなり，この面の原子間結合力が減少する．その上，金属原子(陽イオン)の原子間結合力に寄与している電子を水素が奪うために，水素が存在する原子面の原子間結合力は非常に小さくなる(b)．このため，へき開の場合と同じように，水素が集まった原子面の原子間結合が切れて破壊する(c)．水素原子の集合による破壊を特に水素割れ(hydrogen cracking)と呼んでいるが，特定の原子面に不純物原子が集合し，この面の原子間結合力を弱くすれば水素でなくても同じような破壊が起こる．

　不純物の少ない金属では，転位の移動が容易であるから塑性変形が起こったのち破壊するが，上記の水素割れなどでは塑性変形をほとんど行わないうちに破壊するのでぜい性破壊(脆性破壊；brittle fracture)という．"脆"はもろいという意味である．大型船が真ん中からポッキリ折れたり，化学プラントが破壊するような事故ではぜい性破壊を原因とする場合が多い．

　不純物の集合は特定の原子面に限らない．前章で述べたように，転位のすき間の部分には不純物原子が入り込むし，多結晶では結晶粒界にも入りやすい．転位の周囲に集合した不純物原子は転位の移動を妨げるので塑性変形を困難にし，ぜい性破壊を助長することがある．

　日常使用されている金属材料は多結晶であるから，特定の原子面に不純物が集まってぜい性破壊する場合には，図7.7(a)のようにいくつかの結晶粒の特定の原子面を伝わって破壊が進む．これを粒内ぜい性破壊と呼んでいる．一方，結晶粒界に不純物や析出物が集まり粒界の結合力が低下した場合には図7.7(b)のように粒界を伝わっ

98　第7章　金属の破壊

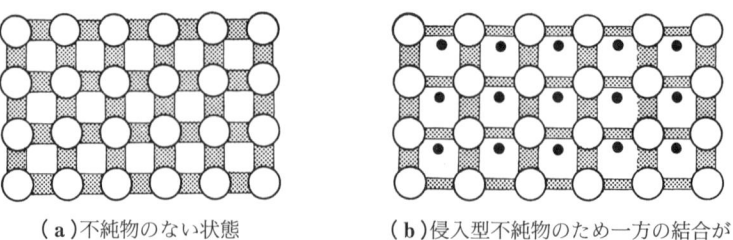

(a) 不純物のない状態

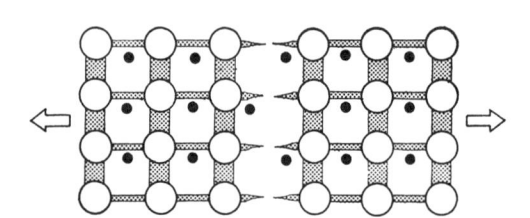

(b) 侵入型不純物のため一方の結合が弱くなる

(c) 弱くなった原子面で破壊する

図 7.6　不純物原子の侵入による破壊の促進

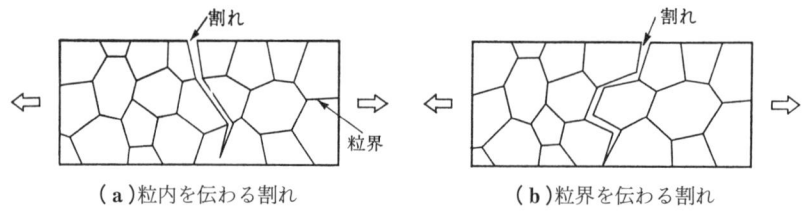

(a) 粒内を伝わる割れ

(b) 粒界を伝わる割れ

図 7.7　粒内破壊と粒界破壊

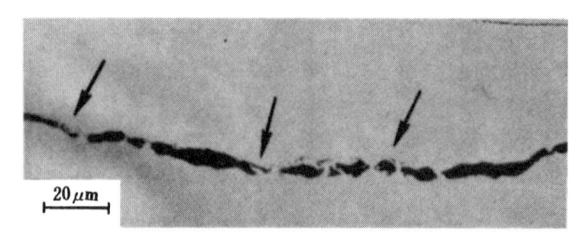

図 7.8　結晶粒界にあった介在物(矢印)から発生した粒界破壊(ベットナ氏による)

た破壊が起こる．これは粒界ぜい性破壊と呼ばれる．図7.8は粒界にあった析出物(あるいは介在物(かいざいぶつ))から発生した粒界破壊の例である．

（3） 析出物周囲での破壊

　第9章で述べるように，実用金属では，強度を増大させるために故意に母結晶と結晶構造および組成の異なる析出物を分散させることがある．析出物の種類によっては，図7.9で示すように母結晶とまったく異なる結晶構造をもち，母結晶を形成している原子との原子間結合力のきわめて小さいものもある．このような場合，結晶に力が加えられると，析出物と母結晶間の原子間結合が切れて割れ目が生ずる(b)．この割れ目の発生により割れ目の先端に応力が集中して割れを拡大し，破壊に至る．
　結晶粒界には粗大な析出物が生じやすく，しばしば粒界破壊を起こす原因となる．

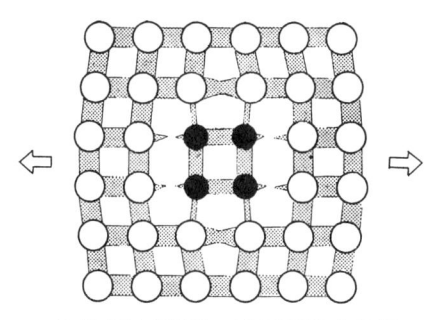

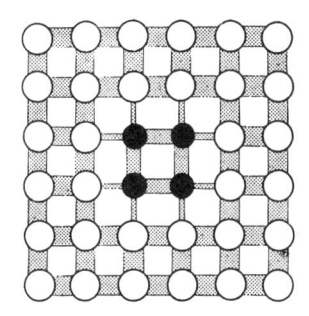

（a）母相との結合力が弱い析出物　　（b）母相と析出物の結合が切れた状態

図7.9　析出物周囲での破壊

7.3　転位を考えた破壊

　通常の金属は塑性変形したのち破壊する．このとき，金属材料は伸び（延性；えんせい）を示してから破壊するので，延性破壊といわれる．延性破壊では，破壊するまでに多くの転位が運動しており，転位の移動が不可能となるくらいに転位密度が増大したとき破壊に至る．したがって，転位が破壊に関与していることは容易に予想できる．現在まで転位が原因であるような破壊機構が数多く考えられている．しかし，実験的確証を得られていないものが多く，不明な点も多い．ここでは，転位の寄与を考えた基本的な破壊機構について述べる．

（1）　同符号の刃状転位の合体

　結晶の破壊は，原子の結合が切れることであり，これに転位がどのように関係しているかを模型的に述べる．原子の結合が最も切れやすいのは原子間距離が大きくなっている場所である．加工された結晶の中でこのような場所といえば転位の部分であ

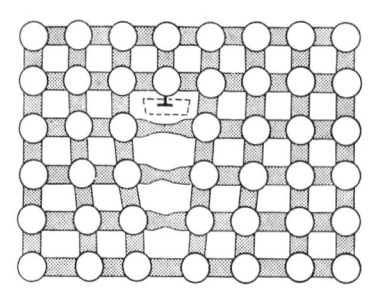

(a) 刃状転位直下のすき間(点線)と原子間結合力の様子

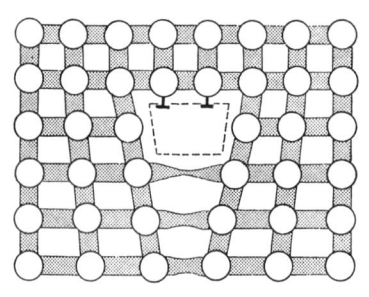

(b) 同じ符号の転位が2個集積し合体したときのすき間

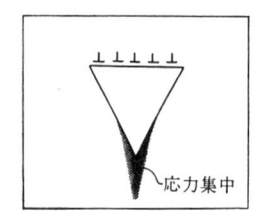

(c) 大きなすき間の形成と応力集中

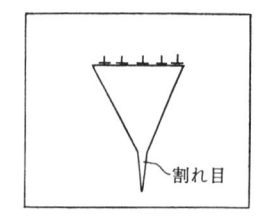

(d) 応力集中による割れの発生

図 7.10 同じ符号の転位の合体による割れ目の発生

る．図 7.10 (a)で示すように，刃状転位の1列下の原子間距離は他の部分よりかなり伸ばされており，原子間結合力は小さくなっている．したがって，この部分の原子間距離がさらに大きくなれば，原子間結合が切れる可能性がある．

　ここで，加工硬化を思い出してみよう．加工硬化が起こるのは，転位が集積して移動できなくなるためである．そこで，転位が集積したとき，原子間結合力がより小さくなるような現象が起こるかどうかを考える．図 7.10 (b)は何らかの原因で先行している刃状転位の移動が困難になり，後から追ってきた同符号の刃状転位が先行する転位に合体した状態である．2個の刃状転位の合体により，転位直下の原子列における原子間距離は通常の2倍近くとなり，原子間結合力は非常に低下する．原子間結合力を単純に見積れば，電子のクーロン力は距離の2乗に反比例するから，転位の合体により 1/3～1/4 の結合力となる．さらに多くの転位が集積すれば，刃状転位直下の原子列における原子間距離だけではなく，そのいくつかの原子列の原子間距離が大きくなり，原子間結合力は低下する．このような刃状転位の合体により，図 7.10 (c)のような三角形状の空洞が発生する．

　この空洞の大きさが小さいうちは，集積した転位が動けるようになれば，空洞のない元の状態に戻ることができる．しかし，ある程度以上大きくなると，前章で述べたように空洞の先端の応力集中のため割れ目(crack)が生じ(d)，割れ目の拡大により

(2) 異符号の刃状転位の合体

　同符号の刃状転位が合体した場合には,三角形状の空洞が形成されるが,図7.11 (a)のように数原子面離れたすべり面上を移動している異符号の転位が合体したときには,図7.11(b)のように1原子面抜けた状態ができる.この状態では抜けた原子面の両側の原子間結合力は十分に大きいので割れ目などとはいえないが,同じすべり面上を移動する後続の原子がこの部分でつぎつぎに合体すれば,断面が四角形状の空洞が形成される(c).この四角形の空洞の一隅に応力集中が生じれば,図7.11(d)のような割れ目ができ,破壊の端緒となる.

　また,刃状転位が図7.12(a)のように2方向から集積して合体すれば,(b)のような空洞が発生し,応力集中による割れの発生につながる.

(a) 数原子面離れた符号の異なる刃状転位.矢印は転位の移動する向き

(b) 符号の異なる刃状転位の配置

(c) 多数の転位の合体による空洞の形成

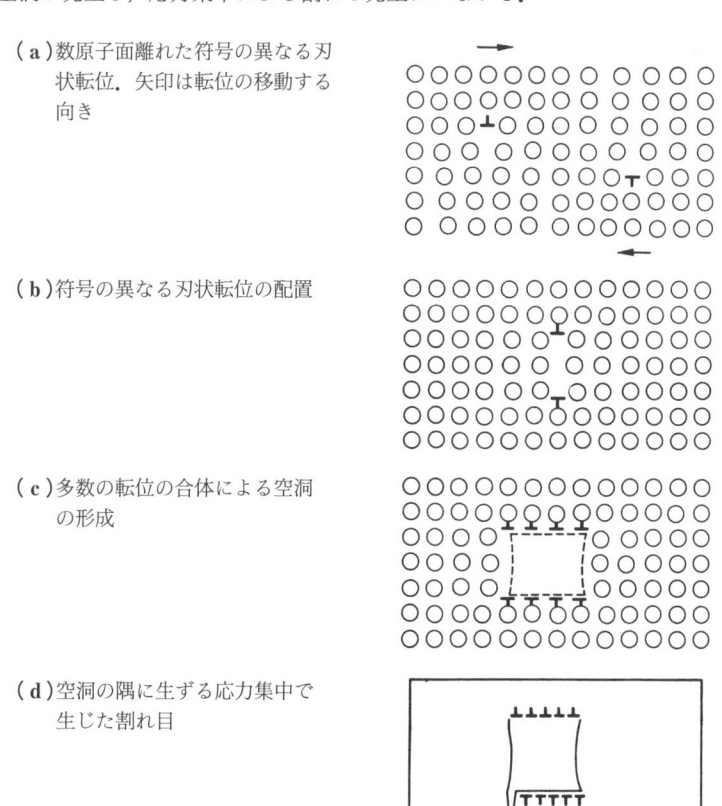

(d) 空洞の隅に生ずる応力集中で生じた割れ目

図7.11　符号の異なる転位の合体による割れ目の発生

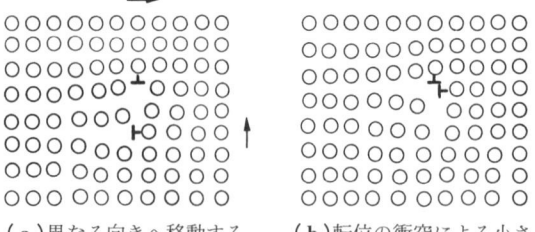

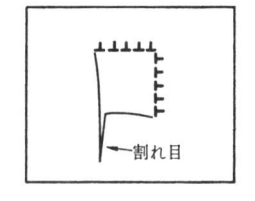

(a) 異なる向きへ移動する
　　 転位
(b) 転位の衝突による小さなすき間の発生
(c) 大きなすき間の発生と応力集中による割れ目の発生

図 7.12　異なる向きへ移動する転位の衝突による空洞と割れ目の発生

（3）　粒界・析出物周辺での転位の合体

　結晶粒界で転位の集積が起こることは前節で述べたが，粒界で集積した転位が合体すれば，図 7.13 (b)のように粒界に沿って空洞が形成される．結晶粒界には転位や不純物が存在するので，粒界をはさんだ原子間の結合力は結合粒内より弱く，粒界に沿って割れ目が入りやすい (c)．

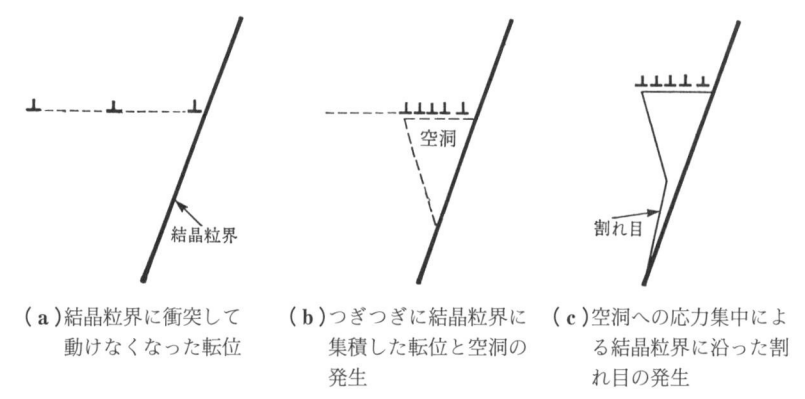

(a) 結晶粒界に衝突して動けなくなった転位
(b) つぎつぎに結晶粒界に集積した転位と空洞の発生
(c) 空洞への応力集中による結晶粒界に沿った割れ目の発生

図 7.13　結晶粒界に集積した転位による空洞と割れ目の発生

　また，析出物によって転位の移動が妨げられ，集積した転位群が合体すると，図 7.14 のような空洞が生じ，析出物に沿って割れ目が入る．析出物の場合，析出物の大きさと形状，転位の移動しやすさ，その他の性質によって転位との相互作用が変化するので，常に割れ目が入るとは限らない．また，析出物自体が割れ，母結晶へ割れが伝わる場合もある．

7.3 転位を考えた破壊　103

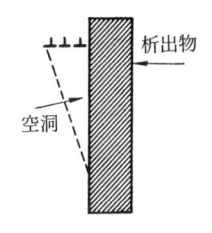

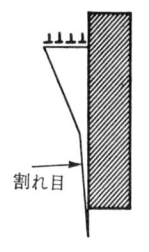

(a) 析出物に衝突して集積した転位と
　　空洞の発生

(b) 析出物に沿って生じた割れ目

図7.14　析出物に集積した転位による割れ目の発生

(4) 内在する空洞と転位

　実在の金属結晶中には，凝固するとき急激な収縮によって生じた空洞(大きなものは巣(す)といわれる)や，溶け込んだ水素や窒素などが集まって形成された空洞が内在している．これらは，それ自体応力集中を起こす場所となるが，転位が空洞へ流れ込んで消滅すると空洞が拡大され，応力も集中しやすくなる．たとえば，図7.15(a)のように空洞に向かって転位が移動し，空洞の表面の近くで合体すると，(b)のように空洞は拡がって異方性をもった形状となる．空洞の形状が異方性をもつほど応力集中が起こりやすく，破壊のきっかけとなる．ただし，空洞が転位による応力集中をゆるめることもある．

(a) 結晶内部に存在する空洞へ
　　衝突した転位

(b) 空洞の拡大

図7.15　結晶中に存在する空洞に衝突した転位による空洞の拡大

(5) 疲労破壊

　金属は破壊応力以下の力でも，繰り返し力を加えていると破壊することがある．身近な例として，針金を手で折ろうとするとき，一度では折れなくても，繰り返し曲げていれば折れてしまう．これを疲労(fatigue)という．
　疲労の機構についても決定的な答は得られていないが，疲労した金属の表面には多数小さな割れ目の生ずるのが特徴である．この割れ目は，転位が表面に抜けたすべり線の近傍に生じており，転位と金属表面の相互作用とみられる．

104　第7章　金属の破壊

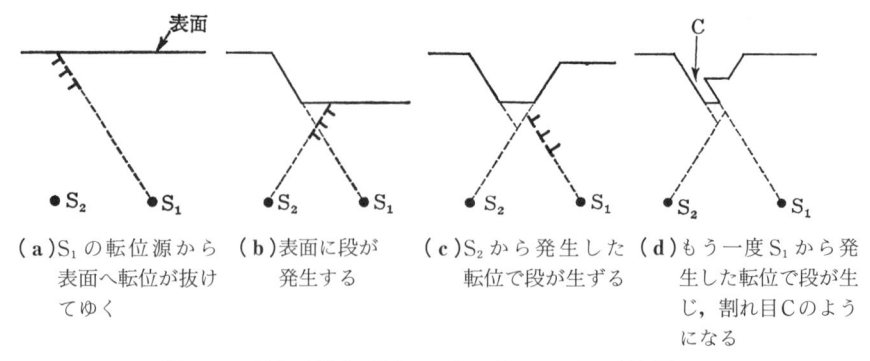

(a) S_1 の転位源から表面へ転位が抜けてゆく
(b) 表面に段が発生する
(c) S_2 から発生した転位で段が生ずる
(d) もう一度 S_1 から発生した転位で段が生じ，割れ目Cのようになる

図7.16　転位が表面に抜けることによってできる割れ目

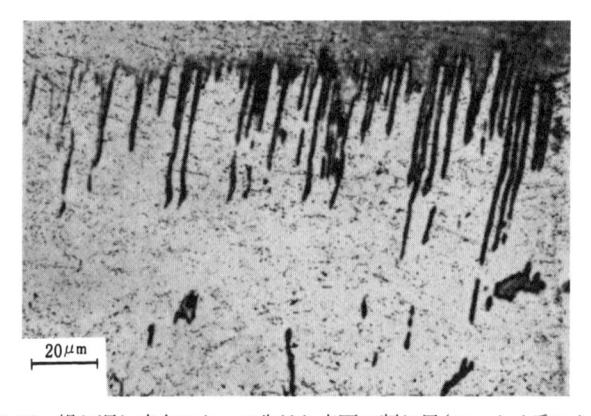

図7.17　繰り返し応力によって生じた表面の割れ目(ローナイ氏による)

　金属に繰り返し応力，たとえば引張りと圧縮応力をかけたとき，表面に割れ目が入る機構の1つとしてつぎのようなものが考えられる。引張応力が加えられたとき，図7.16(a)のように S_1 の転位源から発生した転位群が表面に抜けて段をつくり(b)，つぎに S_2 から発生した転位群が表面に抜けて段をつくる(c)。この状態で圧縮応力が加えられ，S_1，S_2 から符号の異なる転位群が発生して表面に抜けると，すべり面は最初のすべり面からずれているため，(d)のような割れ目が生ずる。図7.17はこのような機構で生じたと考えられる割れ目の例である。この割れ目が拡大して破断に至る。航空機，船舶，車両などのように繰り返し応力が加わる装置では，疲労の限界を知るとともに，疲労強度を大きくすることが重要である。

(6) クリープ破壊

短時間では顕著に塑性変形しないような応力でも，長時間一定の応力を加えたままにすると時間の経過とともに塑性変形が進む．このような塑性変形の時間依存現象をクリープ(creep)という．

原因は，転位のすべり，転位の上昇運動，空孔の拡散などにより塑性変形が起こるためで，転位の合体による割れ目の生成，空孔の粒界などへの集合による空洞の発生，などが破壊の直接的原因である．クリープは空孔の移動が容易になるような温度で顕著になる．金属によって若干異なるが，クリープ破壊が顕著になる下限温度は金属の融点を T_m(絶対温度で示す)とすれば $0.4 \sim 0.6\ T_m$ 程度である．

(7) 応力腐食割れ

金属材料に応力が加えられた状態で，金属を腐食するような環境におくと表面から割れが入り，短時間のうちに破壊する．これを応力腐食割れ(おうりょくふしょくわれ；stress corrosion cracking)という．

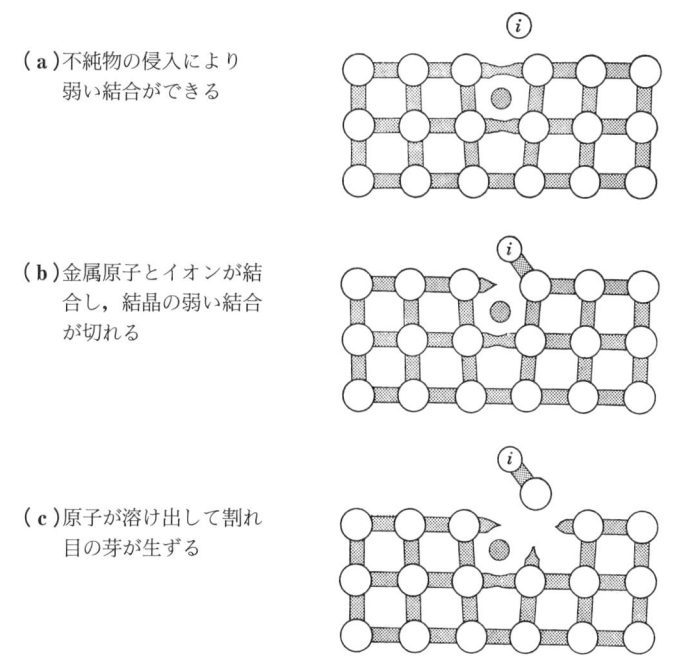

(a) 不純物の侵入により弱い結合ができる

(b) 金属原子とイオンが結合し，結晶の弱い結合が切れる

(c) 原子が溶け出して割れ目の芽が生ずる

図 7.18 不純物によって結晶に応力がかかっている場合の溶液中での腐食と割れ目の発生．i は腐食性の強いイオン

第7章　金属の破壊

金属に加えられる応力は外部から与えられる場合もあるし，加工や溶接のときに残った応力(残留応力)，金属内部の不純物原子による応力，析出物，割れ目などに起因する応力もある．

最も簡単な例として図7.18(a)のように不純物原子が存在する金属表面を考えてみよう．不純物原子の周囲の原子間距離は(b)のように正常な部分より長くなっており，原子間結合力は小さくなる．このような状態の存在する金属を，金属との反応性が強いイオンを含む水溶液などに浸漬すれば，原子間結合力の小さい原子は隣接した金属との結合を切って，イオンと反応し，水溶液中に溶け出す．このようにして，応力のかかった部分が選択的に腐食され，さらに応力集中が生じて大きな割れ目へと発達し，破壊に至る．

第8章
焼なまし・回復と再結晶

8.1 "なまし"の発見

"鈍(なま)る"という言葉は刃物の切れ味が悪くなったときや，加工して硬くなった金属が加熱されて軟らかくなったときに使う表現である．物を焼くように金属を加熱すると軟らかくなることから焼なまし(annealing)といわれる．

"なまし"の技術はきわめて古く，少なくとも紀元前2000～3000年頃には利用されていた．当時のアラビア半島周辺に産出した自然銅は，銅以外の不純物元素をかなり含んでいたので，石斧(おの)でたたいて加工するとたちまち硬くなり，無理をすると割れたり砕けてしまった．初期の銅製品を調べてみると，砕ける寸前のぎりぎりのところまで加工されている．その後，おそらく偶然であろうが，火の中で焼けるほど強く熱すると，元の軟らかさを取り戻すことを発見した．この"なまし"技術の発見により，金に比較して加工しにくかった銅の用途は飛躍的に拡がり，金ではつくることのできなかった硬い道具をつくることもできるようになった．これと同時に"鉄は熱いうちに打て"という諺があるように，灼熱(しゃくねつ)しているうちに金属をつち打ち(熱間加工)すれば，容易に変形することも知った．

これらにも増して大きな収穫は，金属を加熱して性質を変える熱処理技術の発見につながったことである．現代の金属技術の柱の1つとなっている焼入れや時効析出技術なども，その基本は遠く紀元前に源を発している．

8.2 焼なましを起こす力

（1） 焼なましによる硬さの変化

図8.1は金属(多結晶)を強く変形して硬くしたのち，焼なましたときの温度と硬さとの関係である．加工硬化した金属を低温から徐々に加熱してゆくと，金属の種類によって決まるほぼ一定の温度 T_1 から軟化が始まり，$T_1 \sim T_2$ になると硬さは急激に低下し，この温度範囲を通り越すと，再び硬さがゆるやかに低下する温度領域に入る．

図8.2は焼なまし温度を一定にして，焼なまし時間を変えたときの硬さの変化で，焼なまし時間の経過とともに硬さは低下する．

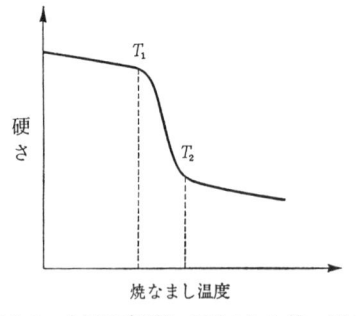

図 8.1 金属を変形して硬くした後,異なる温度で一定時間焼なましたときの硬さと温度の関係

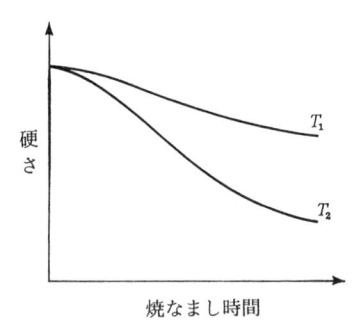

図 8.2 金属を変形して硬くした後,一定温度で焼なましをしたときの硬さと時間との関係.$T_1 < T_2$

以上のように,温度と時間によって焼なましの程度が異なる.これは金属の内部で温度と時間に関係した何らかの反応が進行していることを意味している.では,何が変化しているのであろうか.

(2) 焼なましを起こす力

図 8.1 および 8.2 から明らかなように,焼なましする前の金属の硬さは,焼なまし後よりかなり高い.では,もともと十分に軟らかい金属を焼なまししたらどうか.当然のことだが,いくら長時間焼なましても,少しも軟らかくならない.つまり,焼なまし効果を示す金属は,焼なましする前に硬化していることが必要である.しかも,この硬化は塑性加工によって与えられた硬化である.

ここで,塑性加工された金属結晶の内部はどんな状態になっているかを思い出してみよう.金属が塑性変形されるのは転位が移動するためであり,変形が進むほど転位密度は増え,転位の中には互いに反応したり,からみあって身動きのとれなくなるものもでてくる.加工硬化を起こすのは,身動きのとれなくなった転位が増えて,変形するのに,より大きな力が必要となるためである.焼なましによって軟らかくなるのは,再び塑性変形が容易にできる状態になったことであるから,身動きできなかった転位が移動できるようになったことを示している.上述の"何らかの変化"とは,転位の移動を邪魔している障害(転位のからみ合い)が取り除かれる反応である.

一般に,物質の反応は物質のもつエネルギ(厳密には自由エネルギ)の変化であり,エネルギの少なくなる方向に反応は進む.鉄,銅など,室温で十分加工硬化する金属のエネルギ的に安定な状態とは,熱平衡状態で導入されるきわめて少量の空孔を含む状態である.塑性加工によって導入された転位は周囲の結晶格子をひずませており,いわゆるひずみエネルギをもっている.このため,塑性加工された金属はエネルギ的

に不安定な状態である．これらのエネルギを少なくして，低いエネルギ状態になろうとするのが自然のなりゆきであるから，条件さえ許されれば，加工硬化した金属は転位などを減らす向きへと変化する．ところが，鉄や銅中の原子は室温のような低温でほとんど拡散できないので，不安定なエネルギ状態のままとなっている．

転位などが大量に導入されたエネルギ的に不安定な状態の金属を加熱すると，温度の上昇とともに原子の熱振動が活発となり，原子の拡散が可能な状態となる．加工硬化した状態はもともと不安定な状態であるから，原子が動けるようになれば，転位が減少する向きへ変化しようとする．逆の見方をすれば，加工によって導入された転位などが焼なましを起こす力になっていると考えることもできる．この意味で，加工によって導入された転位などのもつエネルギを，焼なましを起こすために必要な駆動力（くどうりょく；driving force）と呼んでいる．

加工されたエネルギ的に不安定な状態は，焼なましによって加工前の状態に近い安定な状態に戻る．安定な状態へ戻るには原子の動きやすいほうが有利であるから，焼なまし温度の高いほど速く，より安定となる（図8.1）．また，原子の移動量は焼なまし時間の長いほど多いので，より長時間焼なました試料のほうが軟らかくなる（図8.2）．原子の動きやすさの温度依存性は金属によって異なる．1つの経験的な目安として，絶対温度で表した金属の融点を T_m とすれば，$0.6T_m$ 前後で原子の動きが活発となり，焼なまし効果が出てくる．

焼なましを加工硬化した金属結晶内部の変化として分類すると，塑性加工によって導入された転位などの欠陥密度が減少する温度領域と，欠陥のきわめて少ない新しい結晶が生まれて成長する温度領域に大別することができる．前者を回復（recovery），後者を再結晶（さいけっしょう；recrystallization）と呼んでいる．

8.3 回　　　復

(1) 格子間原子の消滅

低温*で塑性加工され，転位，空孔などの欠陥密度が高くなった金属を加熱してゆくと，結晶を構成する原子は熱エネルギを吸収して次第に激しく熱振動するようになる．

塑性加工された金属を加熱すると，最初（低温側）はより小さな熱エネルギの供給で起こる反応から始まる．塑性加工によって導入された欠陥の中で最も小さなエネルギで反応することができるのは格子間原子**である．しかし，格子間原子は室温程度

---

* ここでいう低温とは空孔の移動が起こらない温度で，これは金属によって異なる．
** 転位と転位が交差するとき，その転位の性質により格子間原子や空孔が形成される．

の熱エネルギでも容易に移動できるため，加工で生じた直後に消滅し（annihilation），一般の塑性加工状態（室温での加工）で残っているものはきわめて少ないとみられている．したがって，極低温で加工された金属などの場合を除けば，格子間原子の挙動は考えなくてもよい．

格子間原子が消滅しやすいのは，拡散に必要な活性化エネルギが空孔型拡散の数分の1以下のためである．格子間原子の消滅機構には，空孔との合体，転位や粒界などへの落ち込み(sink)がある．図8.3は刃状転位への落ち込みの例で，格子間原子が落ち込んだ分だけ転位線は迂回（うかい）した形状となる．格子間原子の消滅により結晶のひずみは減少し，きわめてわずかだが軟らかくなる．

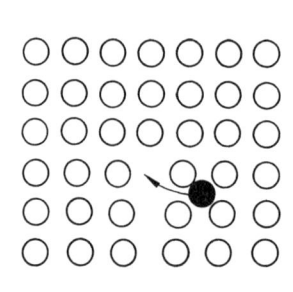

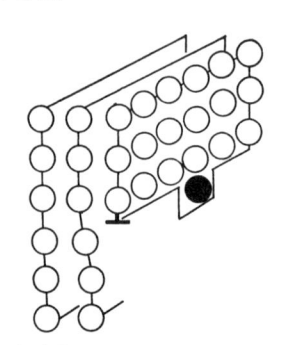

　（a）格子間原子と転位　　　（b）格子間原子が落ち込んだ
　　　　　　　　　　　　　　　　　部分の転位線の形状
図8.3　格子間原子の刃状転位への落ち込み

（2）　空孔の消滅

格子間原子の次に移動しやすいのは空孔である．空孔は転位線の移動を若干妨げるので，空孔が適当な場所へ落ち込んで消滅すれば，加工硬化した金属はわずかながら

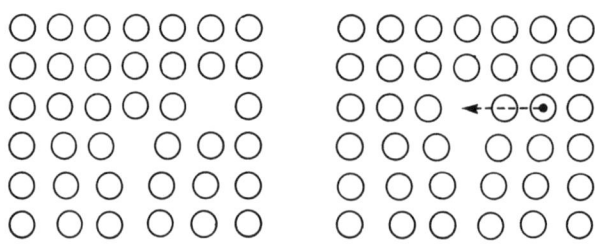

（a）転位の近くにある空孔　　（b）転位に落ち込んだ空孔　　（c）転位線は凹んだ
　　　　　　　　　　　　　　　　転位線は1段上昇する　　　　　形状となる
図8.4　刃状転位に落ち込む空孔

軟らかくなる．

　空孔の消滅する場所は結晶表面，転位線，結晶粒界である．図8.4は刃状転位の部分へ空孔が移動して転位線に吸収された状態で，格子間原子の場合とは逆に，転位線が凹んだ形状となる．結晶粒界を転位線が著しく多い場所と考えれば，結晶粒界での空孔の消滅も図8.4と同じような機構で考えることができる．結晶表面近くにある空孔は表面まで移動して消滅する．

（3） 転位の再配列

　空孔が転位に落ち込んで消滅することにより，図8.4で示したように空孔の落ち込んだ部分の転位線は折れ曲がる．これは空孔の落ち込みにより，転位線が移動したと考えてもよい．このとき，転位線は1段上のすべり面に上昇したことになるので，これを転位の上昇運動（climbing motion）という．空孔1個の落ち込みではきわめてわずかしか移動できないが，多数の空孔が落ち込めば，大きな移動も可能である．

　転位の上昇運動は転位線の長さを短縮する．転位は周囲に大きなひずみエネルギをもっており，その大きさは転位線の長さに比例する．したがって，転位線が短くなるほどひずみエネルギは少なくなり，安定な状態となる．エネルギを少なくしようとするのが自然の法則であるから，転位線も短くなろうとしている．このため転位線が空孔を引きつけて吸収すると考えてもよい．たとえば図8.5（a）のような曲がりくねった刃状転位は，点線のように直線状となったほうがひずみのエネルギが少なく安定である．そのため，空孔を吸収して上昇運動を行い（b），直線状となる（c）．上昇運動により転位密度は減少するから，転位は移動しやすくなり，金属結晶は軟化する．

（a）わん曲した転位．点線のように直線となった方がひずみエネルギは減少する

（b）空孔の落ち込みによる転位の上昇運動

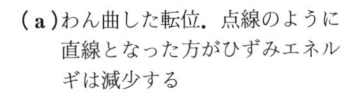

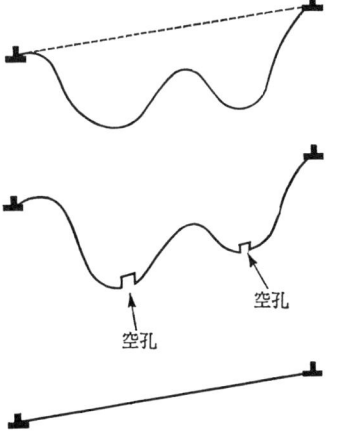

（c）多数の空孔が落ち込んで直線状になった転位

図8.5　刃状転位の上昇運動による長さの減少

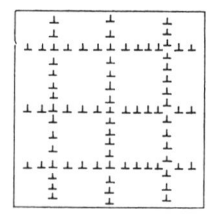

(a) 強加工(曲げ加工)された金属中の転位分布

(b) 強加工(曲げ加工)した後熱処理して転位が再配列した状態(ポリゴニゼーション)

図8.6 転位の再配列とポリゴニゼーション

加工硬化した金属では，集積した転位が図8.6(a)のように多数存在し，互いに大きな力を及ぼし合っているので身動きがとれない．これらの転位に空孔が吸収されることにより，転位は互いに及ぼし合っている力を最小にするような離れた位置に移動し，身動きできる状態となる．この転位の再配列(reconfiguration)のため，加熱前より小さな力で転位が移動し，再び大きな塑性変形を示す．これは軟化にほかならない．転位が(b)のように垂直に再配列すると，転位のひずみエネルギは非常に小さくなる．(b)の転位の並び方は小傾向境界と同様で，転位が多角形(polygon)状に並ぶことから，ポリゴン化(polygonization)と呼ばれる．

(4) 転位の消滅

転位が移動できるようになれば，転位間の反応が起こるであろうし，空孔(焼なまし温度において平衡状態で導入された空孔)などの助けを借りて転位線を消滅することも可能である．

たとえば，近接した正負の刃状転位に空孔が落ち込むと，余分な原子面が取り去られ転位が消滅する．転位の消滅によって転位密度が減少すれば，その分だけ残った転

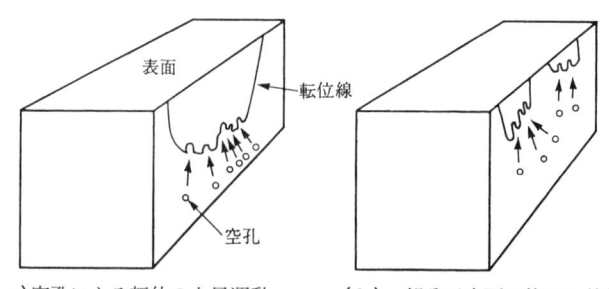

(a) 空孔による転位の上昇運動

(b) 一部分が表面に抜けた状態

図8.7 転位の上昇運動によって結晶表面へ抜け出す転位

位の運動は容易になるから加工硬化した金属は軟らかくなる．結晶表面の近くに存在する転位は，空孔の落ち込みによって上昇運動を行い，図8.7のように次第に表面に近づき，表面に抜けて消滅する．結晶粒界も表面と同様な消滅場所となる．

（5） 回復によるエネルギの放出

以上のように，室温での加工によって導入された転位や空孔などの欠陥が減少してゆく過程を，元の安定な状態へ戻るという意味で回復と呼ぶ．この回復過程では，ひずみエネルギをもっている欠陥が消滅するから，欠陥の消滅とともにひずみエネルギが熱となって結晶外へ放出される．

図8.8は，加工で生じた欠陥が移動することができないような低温で強く塑性加工した金属を，加熱して回復させたときの熱放出曲線である．通常2個の熱放出ピークがみられる．低温側は空孔の消滅によるもので，高温側の熱放出は転位の消滅などによるものである*．

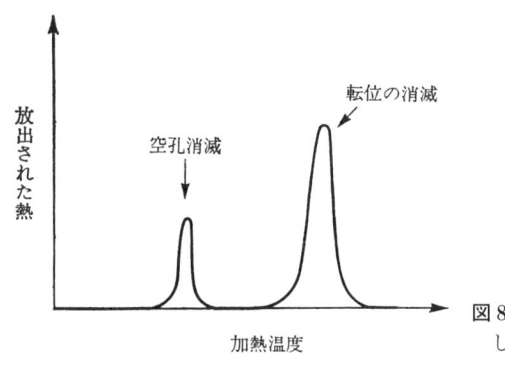

図8.8 強加工された金属を加熱したときの熱放出曲線

8.4 再結晶と結晶成長

金属をどんなに強く加工しても導入される転位密度は $10^{12}\,\mathrm{cm}^{-2}$ くらいが限度と考えられている．この状態では，結晶格子が破壊されたとはいえないから，再び結晶化するなどという現象は考えられないかもしれない．しかし，測定によれば，転位は数100 μm 程度の範囲にまでひずみを及ぼしており，転位密度が $10^{12}\,\mathrm{cm}^{-2}$ になるとひずみエネルギの量は結晶が受け入れられるぎりぎりの大きさとなる．これは結晶の形を保っているのが精一杯の状態である．強加工された結晶はひずみエネルギ過剰で不

---

* 格子間原子の消滅による熱放出もみられるはずであるが観測するのは難しい．通常電気抵抗の変化で調べている．

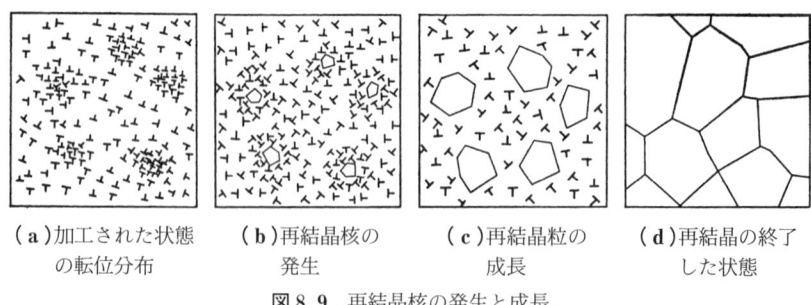

(a) 加工された状態の転位分布　(b) 再結晶核の発生　(c) 再結晶粒の成長　(d) 再結晶の終了した状態

図8.9　再結晶核の発生と成長

安定な状態にあるから，前述のように安定な状態，すなわち転位などの欠陥のない状態へ戻ろうとする．比較的温度が低い場合には，空孔や転位の移動程度でエネルギを放出せざるを得ないが，温度が高くなって原子の拡散が十分に行われるようになると，一挙に転位などのない安定な結晶をつくろうとする．これが再結晶である．図8.9(a)で示す転位などの欠陥が多数存在する部分に，(b)で示すように欠陥のない新しい結晶が生まれる．新しい結晶のでき始めは10 nm前後程度の非常に小さいものとみられ，再結晶核（さいけっしょうかく）と呼ばれる．この欠陥のない小さな結晶が成長（growth）して次第に大きくなり(c)，最終的には試料全体を占領する(d)．

再結晶が起こるのは，原子が十分に動き回れる程度に熱エネルギが供給される温度であり，回復が始まる温度より若干高い．再結晶でもひずみエネルギが放出されるので，回復と同様に熱の発生が観測される．

(1) 再結晶核の発生

再結晶核が発生する場所は，結晶が最も強くこわされた転位などの多い部分と考えられる．しかし，再結晶核が発生する機構の詳細については不明な点が多い．ここでは，初歩的な，ごく簡単な機構について述べる．

強加工した金属を再結晶させるために加熱した場合，瞬間的に目的とする温度に加熱することは不可能であるから一度回復の過程を通る．また，瞬間的に温度が上がったとしても動きやすい空孔などの消滅が先に始まると思われるから，再結晶核の形成に先立って回復が起こる．回復はまず転位密度の高いところで起こる．図8.10(a)のように，転位のからみ合った部分で転位の上昇運動が起こり転位が外側にはきだされるならば(b)，中心部に無欠陥の小結晶ができ(c)，再結晶核となる．

上述の再結晶核発生の機構では，再結晶に先立って回復が生じ，その過程で再結晶核が発生すると考えた．しかし，加工によって導入された転位が不均一に分布する結果として加熱する前から図8.10(c)と同様な領域（核）ができている機構も考えられる．たとえば，図8.11のように転位が互いにもつれ合って転位の壁をつくることが

8.4 再結晶と結晶成長　115

(a) 転位密度のとくに高い場所　　(b) 上昇運動により転位は外側に押し出される　　(c) 転位のない再結晶核の形成

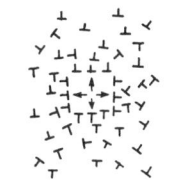

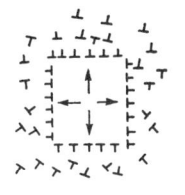

図 8.10　再結晶核形成の転位模型．矢印は再結晶粒の成長の向きを示す

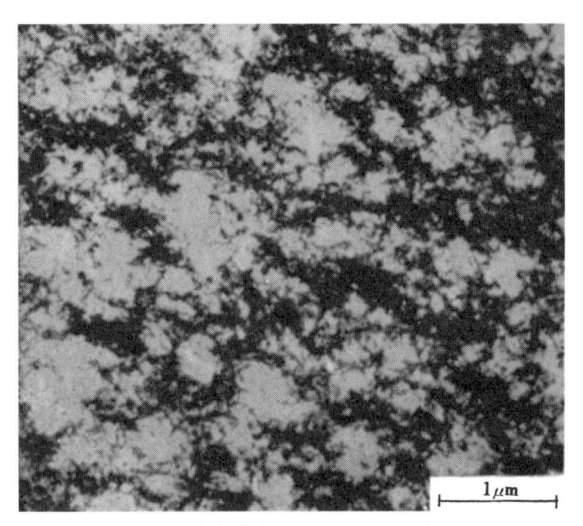

図 8.11　転位の壁に囲まれた転位密度の低い部分(セル)(エディントン氏による)

あり，このような転位の壁に囲まれた部分(セル；cell)は転位などが比較的少なくなっている．これらのうち，欠陥のきわめて少ないものが再結晶核となる可能性をもっている．再結晶核の発生を観察するのは非常に難しく，種々の考え方や模型があり，上述の機構以外にも多くの過程が考えられている．

(2)　結晶粒成長

　欠陥の少ない新しい結晶が全体を占めるようになると，塑性加工によって導入されたひずみエネルギは大部分放出され，再結晶は一段落する．しかし，これで再結晶が終わったわけではない．確かに再結晶粒の欠陥は少ないが，隣の結晶粒との境界，すなわち結晶粒界には転位などの欠陥があり，結晶全体としてはまだひずみエネルギが

残っている．そこで，結晶粒界を少なくしようとする変化が起こる．結晶粒界の面積は結晶粒の小さいほど大きいから，結晶粒が大きくなるような変化，すなわち結晶粒成長(grain growth)あるいは2次再結晶が起こる．

結晶粒界をはさんだ2個の結晶粒は図8.12(a)で示すように結晶方位が異なっている．結晶粒成長は，どちらか一方の結晶の方向に沿って隣の結晶の原子が並び変えを行う(b)．この原子の並び変えとともに結晶粒界は移動し，最終的には片方の結晶粒が隣の結晶粒を食べつくすようにして単一の結晶となる．

結晶粒が大きくなった結果，結晶粒界の面積は減少し，余分なひずみエネルギは放出される．理想的には結晶粒界がまったくなくなるまで結晶粒成長が続くはずであるが，通常は図8.13で示すように途中で終了する．これは，互いに逆向きのひずみが見かけ上エネルギを消しあった状態になったり，不純物原子が結晶粒界に集まってひずみエネルギを低減するためである．一般に焼なまし温度が高くなるほど空孔の移動

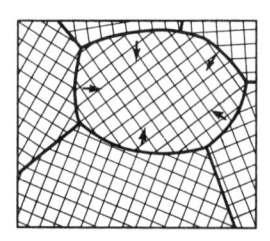

(a) 結晶方位の異なる結晶粒．粒界の移動方向(矢印)は粒界面積を少なくするような向き

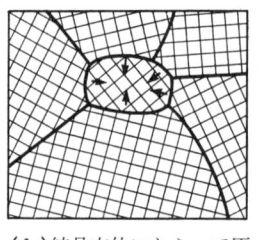

(b) 結晶方位にならって原子の配置換えが起こり，粒界が移動する

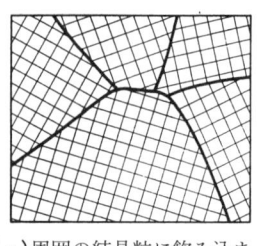

(c) 周囲の結晶粒に飲み込まれる

図8.12　結晶粒の成長

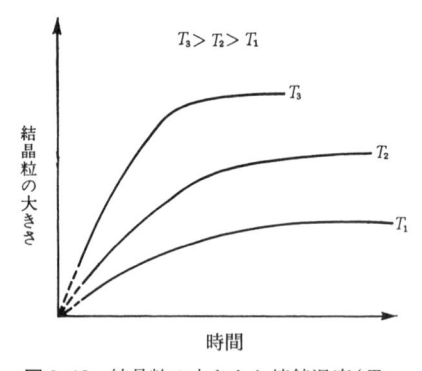

図8.13　結晶粒の大きさと焼鈍温度($T_1 \sim T_3$)，時間との関係

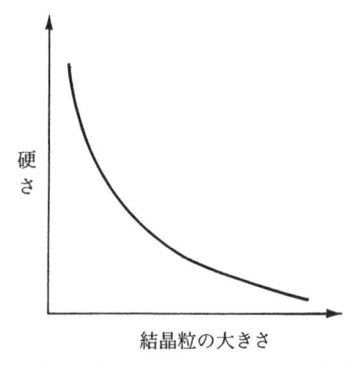

図8.14　結晶粒の大きさと硬さとの関係

や粒界の移動が容易なので，高温で焼なますほど再結晶粒は大きくなる．

結晶粒界の減少によって，転位の移動の障害が少なくなるため，結晶粒度が大きくなるほど硬さは減少する．図8.14に結晶粒の大きさと硬さ(強さ)の関係を示した．

8.5　回復・再結晶に及ぼす因子

(1)　加工度の影響

加工によって導入された空孔や格子間原子が合体したり転位線に消滅する回復は，空孔や格子間原子が移動できる温度であれば，量の多少にかかわらず起こる現象である．これに対して，再結晶は新しい結晶が生まれる現象であり，再結晶粒を生み出す力となる程度までひずみエネルギが蓄積されねばならない．加工によって導入された

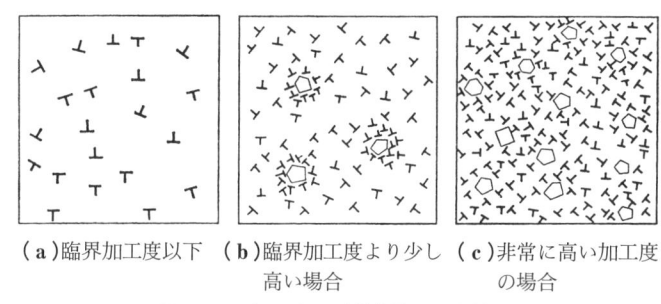

(a)臨界加工度以下　(b)臨界加工度より少し　(c)非常に高い加工度
　　　　　　　　　　　高い場合　　　　　　　の場合

図8.15　加工度と再結晶核の発生状況

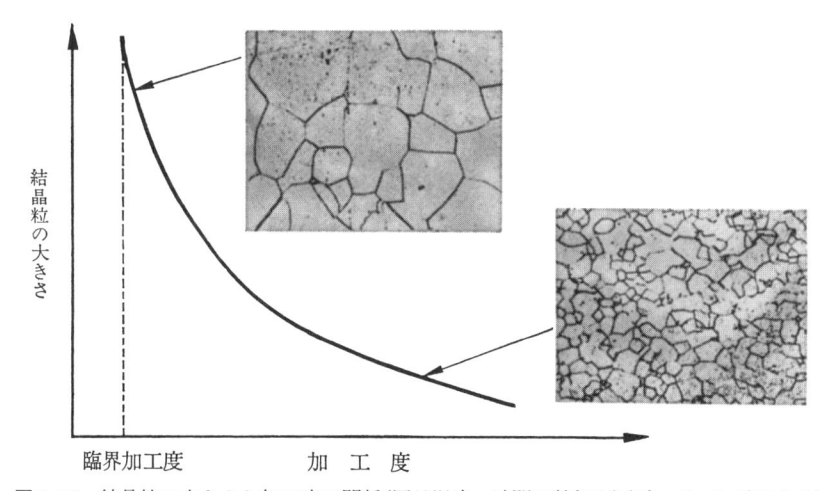

図8.16　結晶粒の大きさと加工度の関係(同じ温度，時間で熱処理)(グッドマン氏による)

転位は，加工度が高くなるとからみ合って局部的な分布をとるので，結晶全体にひずみエネルギが蓄積する必要はない．すなわち，図8.15のように局所的に転位密度の高い場所で再結晶核が発生する．金属の種類によって異なるが，通常20〜30%加工されると転位のからみ合う場所ができ再結晶が起こる．この加工度を再結晶に必要な臨界加工度（りんかいかこうど）という．

加工度が高くなるほど転位は増え，再結晶に必要なひずみエネルギをもつ場所も多くなる．このため，再結晶核の密度は増大し，再結晶粒は細かくなる．図8.16に加工度と再結晶粒度との関係を示した．

強度の高い金属材料を得るためには，できるだけ結晶粒を小さくする．一般に，再結晶前の加工度が高く，熱処理温度の低いほど結晶粒は微細になる．

(2) 不純物の影響

回復および再結晶が開始される温度は，T_mを絶対温度で示した融点とすれば約$0.6T_m$であるが，金属の純度などによって若干変化する．前述のように，回復や再結晶は空孔の移動による寄与が大きいので，空孔が動けないような状態が生ずれば回復と再結晶開始温度は上昇し，逆に動きやすくなれば低下する．この空孔の動きやすさに影響を及ぼしているのは主に金属中の不純物原子である．

たとえば，図8.17のように空孔の近くに母結晶原子より原子直径の大きな不純物原子がある場合を考える．空孔の部分では，あるべき格子点に原子がないから，周囲の原子の位置は空孔を押しつぶすようにして空孔側にずれる．一方，原子直径の大きな不純物原子は周囲の原子を押しのけるようにして入り込んでいる．このような不純

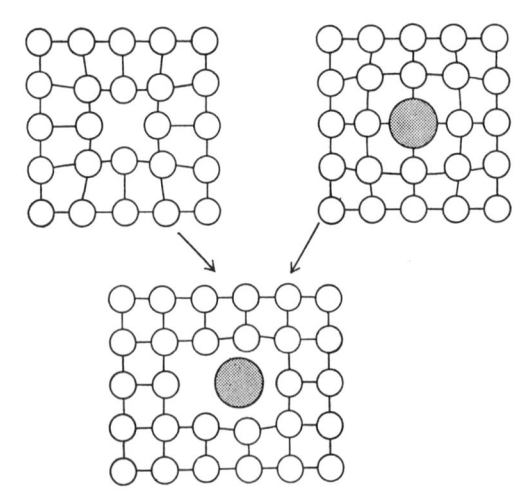

図8.17　不純物原子と空孔の結合によるエネルギの低下（ひずみが少なくなる）

物原子と空孔が隣り合うと，空孔は不純物原子周囲の押し拡げるような力をやわらげ，逆に不純物原子は空孔周囲の押しつぶすような力をやわらげる．このようにして，互いに不安定な要素，すなわち余分なひずみエネルギを消し合うので，空孔と不純物原子は仲よく隣り合って対（つい；pair）をつくり，安定なエネルギ状態となる．不純物原子と対を形成した空孔は，不純物原子と結びついたまま一緒に移動しようとするので，単独の空孔より移動しにくく転位への消滅もしにくい．不純物原子と対になった空孔を動かすためには，より大きな熱エネルギの供給が必要である．このため，上記のような不純物原子を含んでいる金属の回復および再結晶温度は，一般に，不純物の少ない原子より高くなる．

不純物の存在によって回復および再結晶温度が高くなるのは，ごく一般的な傾向であるが，場合によっては空孔を動きやすくして回復および再結晶温度を低くする例もある．

同じような現象であるが，刃状転位の直下はすき間が空いているので不純物原子が集まりやすい．これによって，転位に消滅しようとする空孔の移動は妨げられ，転位の上昇運動が困難になり，回復および再結晶温度は上昇する．また，結晶粒成長にあたっても，粒界に存在する不純物原子は粒界移動を困難にするので，結晶粒成長の妨げになることがある．

（3） 析出物の影響

析出物が存在すると回復，再結晶の温度は変化する．析出物は転位の移動を阻止するので，図 8.18（b）のように析出物の周囲には転位が集積しやすく，析出物周辺ではひずみエネルギの蓄積が大きい．このため，析出物の周囲に再結晶核が発生しやすい（c）．

再結晶核を発生しやすくするような析出物が多数存在する場合には，再結晶粒の数が増え，結晶粒は小さくなる．また，析出物が粒界移動を妨げる場合には，再結晶粒を小さくする原因となる．また，再結晶温度で析出物が再固溶する場合には，再結晶

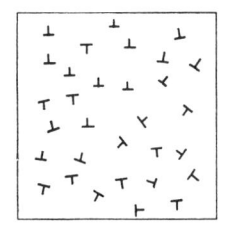

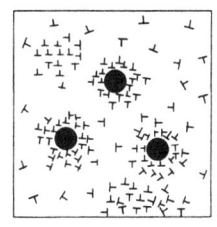

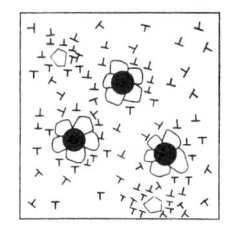

（a）析出物のない場合の転位分布　　（b）析出物の周囲で集積している転位　　（c）析出物の周囲から発生する再結晶核

図 8.18　再結晶に及ぼす析出物の影響

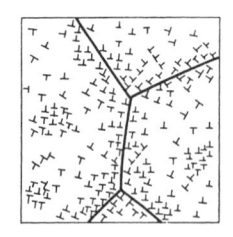

(a) 結晶粒界の近くに集積した転位　　　(b) 結晶粒界に発生した結晶核

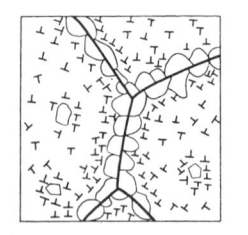

図 8.19　再結晶に及ぼす粒界の影響

核の発生状況が異なってくる．

　結晶粒界にも転位が集積しやすいので，粒界近傍では再結晶核が発生しやすい．図 8.19 に粒界における転位の集積と再結晶核発生の状況を示した．

8.6　焼なましの応用

　加工硬化した金属は，焼なましによって，加工前の軟らかい状態に戻るから，高加工度を必要とする金属製品では，加工の途中で焼なましを何回か行う．焼なましのもう 1 つの重要な役割は，金属材料の均質化である．第 9 章で述べるように，るつぼなどに凝固(ぎょうこ)(鋳造*)させた合金では，成分(不純物原子も含む)の分布が不均一であり，結晶粒の大きさも図 8.20(a) で示すように一定ではない．鋳造用として開発された合金の一部を除けば，凝固したままの合金は成分と結晶粒の不均一性に基づく材料特性の不均一性が大きく，良好な金属製品はつくれない．このため，鋳造し

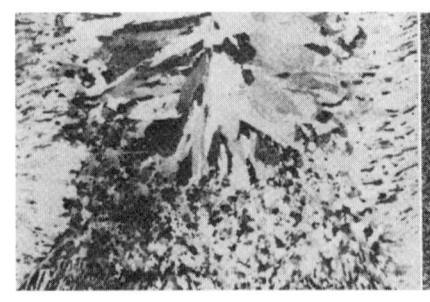

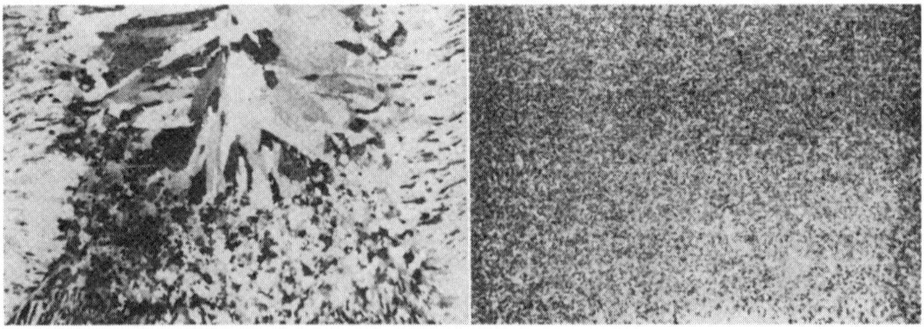

(a) 凝固組織　　　(b) 加工した後，焼なました組織

図 8.20　凝固組織の均質化処理(モランド氏による)

---

*　砂などを固めてつくった容器に，溶けた金属を注ぎ込み，凝固させる方法．

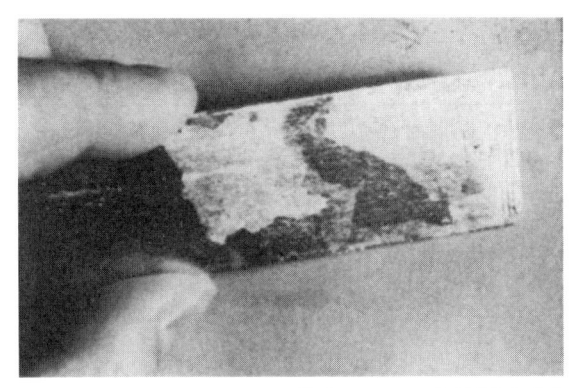

図 8.21 結晶粒成長を利用して大きな結晶にした Al 板(松浦圭助氏による)

た合金を加工して一度凝固組織をこわし，焼なまし過程での拡散と再結晶化を利用して成分の不均一性をなくし，適当な結晶粒度とする(b)．これを特に均質化焼なましと呼んでおり，金属材料の製造には欠くことのできない技術である．

　焼なましの特殊な利用法の1つとして，単結晶の作製がある．焼なましによって再結晶した結晶粒径は，高々数 100 μm の大きさであるが，再結晶した金属に 10% 未満のわずかな加工を行うと，新たに導入されたひずみエネルギを少なくするために粒界移動が起こる．このため，結晶粒は粗大となり，大きさ数 cm にも達する結晶が得られる．この結晶粒を1個だけ切り出せば，立派な単結晶として種々の研究に使用できる．図 8.21 には，このような方法で作製したアルミニウムの粗大結晶粒を示す．

第9章
金属の変態と状態図

9.1 状態図の基礎事項

(1) 状態図の必要性

　何種類かの金属を混ぜ合わせると，融点や蒸発温度はさまざまに変化する．純金属であっても，圧力が変われば融点，蒸発温度が変化する．そこで，温度，圧力，金属の混合量（組成）などを横軸や縦軸に使って，融点や蒸発温度を図示すると非常にわかりやすく，金属を研究したり実用化するときにきわめて便利である．

　ある種の金属を混ぜ合わせると硬さなどの性質が変わり，単独のときよりも非常に使いやすくなる．この事実は青銅器時代にすでに知られていた．青銅器以前は主に銅を使用していたが，銅に錫を加えると溶ける温度が低下し，鋳込（いこ）みなどが非常に簡単になった．また，錫の量を増やしてゆくと黄色から白色の光沢に変化し，硬くなることも知った．白色の青銅は磨かれて鏡に使用された．銅に錫を加えたときの変化を図に示すことができれば，この図を指導書にして常に品質のよい製品をつくれたろうし，品質の改善にも有効であったに違いない．残念ながら，何種類かの物質を混ぜ合わせたとき，状態や性質がどのように変わるかを図に描く方法，すなわち状態図が発明されたのは 19 世紀になってからである．この後，金属学は急速な発展を遂げた．状態図を主に取り扱う金相学あるいは金属組織学は現在でも金属の研究および実用化にとって欠くことのできない道具であり，金属工学の柱の1つとなっている．

　状態図を理解するには，まず，変態，相，成分，系，金属組織などの基礎的事項を学ぶことが必要であり，これらから話を始める．

(2) 物質の状態と変態

　私たちの生活にとって最も重要な物質の1つである水は，冬の寒い日には氷となり，春の暖かさで溶けて水になり，強い太陽に照らされると蒸発し空に吸われてゆく．空に吸われた水蒸気は高空で冷やされて雲となり，雨を降らせる．同じ水（H_2O）という物質でありながら，さまざまの形となり，まるで生き物のようである．氷が水，水が水蒸気になるような物質の形態的変化を変態（へんたい；transformation）という．transformation は形（form）が変わる（trans）ことである．若干意味は異なるが，昆虫も卵から幼虫，幼虫からさなぎ，さなぎから成虫へと変態する．昆虫でも水でも観察した状態は変化するが，昆虫は昆虫であり，水は水であって，他の虫や物質に変化するわけではない．

　状態というのは，私たちの感覚器を通して認識した形や様子そのものを指す言葉で，「状態」の状とは「ものがととのっているありさま」を意味し，「態」は「つくられた姿」という意味である．では，水は何が原因で氷や水蒸気に変化するのであろうか．誰にでもすぐ答えられるように，これは水の温度が変化したためである．温度のように物質の状態を決める因子（いんし）を条件（condition）という．

　人類が物質の状態を科学的（あるいは哲学的）にはっきりと認識したのは紀元前500～1000年と思われる．たとえば，ギリシアでは，すべての物質は目で見た状態とは違っていても，元をただせば土，水，火，空気の四元素からなると考えた．これらの四元素の混じり合う割合ですべての物質が決まり，これらが分解あるいは集合して，さまざまな物質や状態になると考えた．四元素説を周期律表に載っている元素に拡張すれば現在と同じ考え方であるし，デモクリトスの原子論も再評価されている．古代中国でも土，水，火，金，木の五元素説が考えられた．物質の本質は変わらなくても，もののありさま，すなわち状態はさまざまに変わるという考え方は，古代から養われていたとみてよい．

　水の話に戻るが，氷の状態は固体（solid），水は液体（liquid），水蒸気は気体（vapour あるいは gas）という．水と同じように，金属においても固体，液体，気体の状態がある．通常，身のまわりで使われている金属はほとんど固体の状態であるが，たとえば，体温計では水銀が液体として使われており，水銀柱の伸び縮みするガラス管の中には，目で見えないが気体の水銀が存在する．液体水銀の体積は温度によって変化するので，体積の増減を利用して温度を測定する．

（3）　相

　大部分の物質には固体，液体，気体（これを三態という）があるが，同じ固体であっても金と銀ではまったく異なる物質である．このような区別をするために相（そう；phase）という言葉を使う．したがって，固相，液相，気相という場合には，どの物質の固相，液相，気相であるかをいわねばならない．これは顔といったときには誰の顔でもよいが，人相といったときには特定の顔を指すことと似ている．

　相は均一でありさえすれば，何種類の原子が集まった物質でもよい．たとえば金と銀を溶かして固めると図9.1（a）のように均一に混じり合った固溶体（solid solution）ができるが，結晶としてみた場合，どの場所でも同じ性質を示すから単一の固相（単相；たんそう）である．しかし，金とゲルマニウムを混ぜたときには混じり合わない

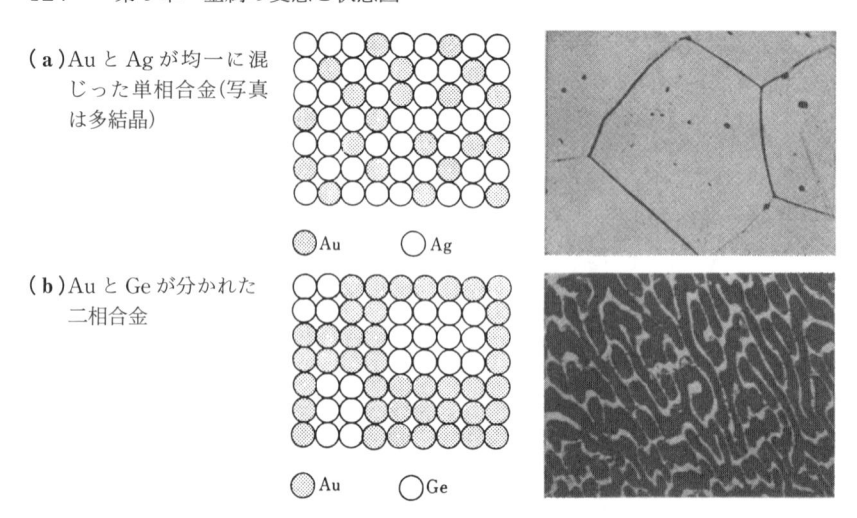

(a) AuとAgが均一に混じった単相合金(写真は多結晶)

○ Au　○ Ag

(b) AuとGeが分かれた二相合金

○ Au　○ Ge

図 9.1　単相合金と二相合金(北田による)

で(b)のように金とゲルマニウムに分かれて固まる．分かれた金とゲルマニウムは異なる結晶構造をもち，その他の性質も異なるのでそれぞれが単相である．したがって，2 つの固相からなる合金，すなわち二相合金と呼ばれる．

　一般に状態図(じょうたいず)と呼ばれる図は，物質の相が温度，圧力，成分(component)の濃度などにより，どのように変わるかを示す図であり，厳密には平衡相図(へいこうそうず；equilibrium phase diagram)といわねばならない．しかし，現在では状態図あるいは平衡状態図(へいこうじょうたいず)という言葉が慣習的に使われているので，本書もこれにならう．

(4) 成　　分

　図 9.1(a)は金と銀が均一に混じり合った単相であるが，純粋な金あるいは銀もまた単相である．同じ単相であってもこれらは皆異なる物質である．したがって，相がそれ以上分けることのできないどのような物質でできているかを示すことが必要となる．成分とは相をつくっている物質で，金属の状態図の場合には周期律表に載っている元素である．

(5) 系

　金属あるいは合金が 1 つの成分からなっていれば一成分系，2 つの成分からなっていれば二成分系という．第 3 章で述べたように，金属の中には必ず不純物原子が入り込んでいるが，きわめて微量な不純物および金属・合金の相変化に影響を及ぼさない

微量の不純物は通常無視している．上述の金と銀の合金は二成分系であり，Au-Ag系(Au-Ag system)と書く．

(6) 金属組織

一成分系の金属(純金属)でも多くは多結晶であり，単相ではあるが結晶粒界がある．また，いくつかの金属が混じり合った多成分系の合金では，多くの場合いくつかの相からなっている．たとえば，日本刀の刃紋の部分は主にマルテンサイトと呼ばれる硬い相であり，他の部分は鉄と鉄炭化物の混合相である．日本刀の紋様は金属内部の相の分布と構造を示しており，目あるいは顕微鏡でみられる紋様を金属組織と呼んでいる．相の分布や変化などから金属の構造や性質を調べる方法を，金属組織学(metallography)という．

16～17世紀にかけて生物の微細な構造，すなわち生物の細胞組織を顕微鏡で調べる方法が盛んとなり，金属の分野にも導入された．最近では第11章で述べる電子論などが発達し，金属を研究する方法はかなり変わってきたが，大部分の研究手法は金

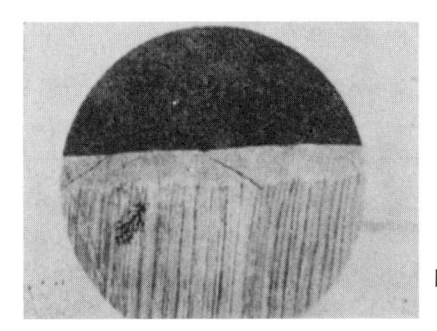

図9.2 17世紀に初めて顕微鏡で観察されたかみそりの刃(フック氏による)

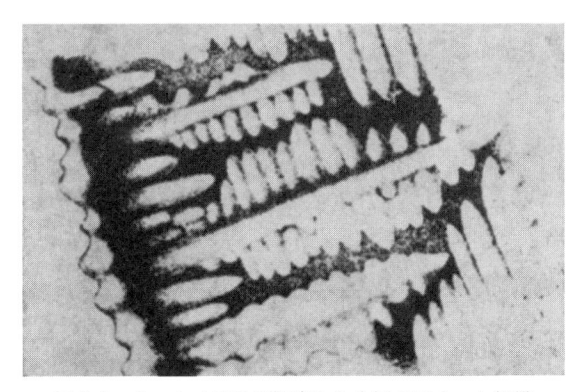

図9.3 チェルノフ氏が観察した金属の固まった組織

属組織学を中心に発展し，ここから独立したものである．現在でも実用合金の研究にあたっては欠くことのできない手法となっている．

金属組織を顕微鏡で最初にのぞいた好奇心の持主は17世紀の物理学者フック(英)で，**図9.2**のようなかみそりの刃先を50倍にして観察している．図9.2は金属組織といえるほどのものではないが，金属の示す組織と金属の物理・化学的性質を関連づけようとする科学的研究の端緒となった．その後，18世紀後半にはグリニョン(仏)が溶鉱炉の底で成長した鉄の結晶を観察し，19世紀初めにはウィドマンステッテン(オーストリア)がいん(隕)石の組織を調べている．顕微鏡を使って本格的な研究を行ったのはアノーソフ(ロシア)，ソルビ(英)，チェルノフ(ロシア)らで，金属の諸性質を結晶とその変化である組織から説明する基礎をつくった．**図9.3**はチェルノフの観察した金属が固まったときの組織である．写真技術がなかった時代は手描きした．

9.2 一成分系状態図

(1) 状態図の表し方

一成分系あるいは一元系とは，1種の金属元素からなる系で，金属の状態を変える条件は温度と圧力である．しかし，通常取り扱う固体および液体金属の圧力に対する依存性は小さいので*，圧力は大気圧(1気圧)で一定とし温度だけを考える．この場合は，**図9.4(a)** のような直線に温度目盛をつけ，目盛上にその金属が固相から液相に変態する温度，すなわち融点(ゆうてん；melting temperature または melting point) T_m と，液相が気相に変態する温度，沸点(ふってん；boiling temperature, boiling point) T_b とを書き込み，固相，液相，気相の存在する温度領域に固相(S)，液相(L)，気相(G)と書き込めばよい．図9.4(b)は鉄の例で，鉄は固相でも変態して結晶構造を変え(同素変態)，α, γ, δ 相という名がつけられている．通常，相の名として α, β などのギリシア文字が使われる．一成分系で温度だけを考えた場合，同素変態がなければ融点と沸点だけなので，状態図もきわめて簡単であり，図を使う利点がないので，圧力一定の一成分系状態図は使用されない．

つぎに，圧力の変化によって状態がどのように変わるかを示すために，図9.4の温度軸を縦軸にして**図9.5**のように横軸に圧力軸をとる．図9.4で示した T_m, T_b は1気圧のときであるが，厳密には T_m, T_b は圧力によって変化するので，各圧力における T_m, T_b を書き込んでゆけば，固相，液相，気相の存在する温度と圧力の関係が図示され，通常，図9.5のようになる．気相と液相の境界線を気化曲線(気相線)，液相と固相の境界線を融解曲線(液相線)と呼ぶ．気化曲線，融解曲線上の温度，圧力で

---

* 真空中あるいは高圧中では圧力を考慮する．

9.2 一成分系状態図   127

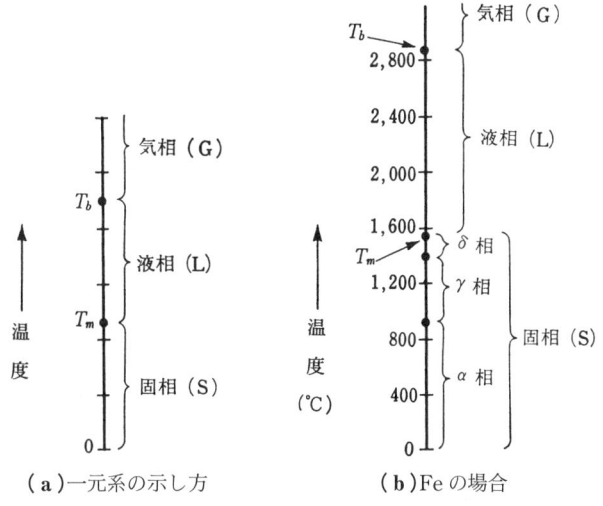

(a) 一元系の示し方　　**(b)** Fe の場合

図 9.4　圧力一定での一元系(純金属)状態図．T_m は融点，T_b は沸点を示す

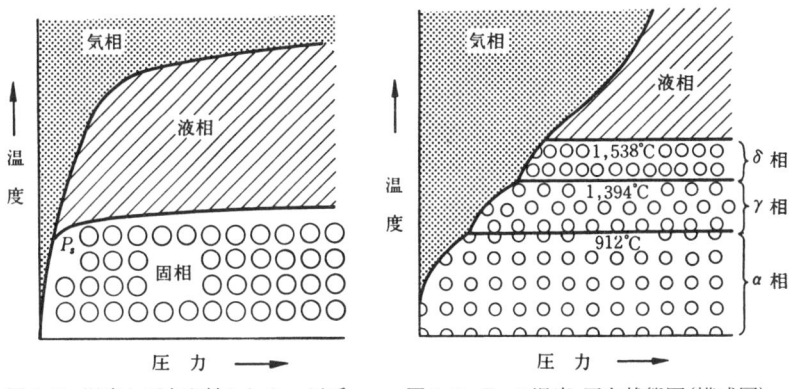

図 9.5　温度と圧力を軸とした一元系状態図

図 9.6　Fe の温度-圧力状態図(模式図)（変態温度は大気圧での値）

は，気相と液相，液相と固相が共存する．圧力が低くなると固相は液相を経ないで直接気相となる．これを昇華(しょうか；sublimation)と呼び，圧力 P_s 以上になると液相を経て気相となる．圧力 P_s では気化曲線，融解曲線が1点に集まっており，ここでは，気相，液相，固相が共存するので三重点(triple point)と呼ばれる．

図 9.6 は図 9.4(b)で示した Fe の一成分系状態図に圧力軸を加えて模式的に描いたもので，気相，液相のほか，固相は α, γ, δ の 3 相に分かれる．

(2) 変態はなぜ起こるか

① 温度の影響・融解現象

　温度や圧力を変えると，なぜ変態が起こるのであろうか．変態の機構は非常に難しく，不明な点が多いが，基本的には原子と原子の結合力の大きさあるいは結合の方向が変化するためである．きわめて簡単にいうならば，金属結晶は金属原子中の電子が原子と原子を結びつける接着剤のような役割を果たしており，これが温度と圧力によって変化する．

　金属結晶は，正に荷電した陽イオンと自由に動ける電子とからなっているが，陽イオンは熱エネルギによって盛んに振動しており，振動は温度が高くなるほど激しくなる*．図9.7に示すように陽イオンの激しい振動のため，陽イオンの占める空間は大きくなり，陽イオンと陽イオンの距離は高温になるほど遠くなる．これを熱膨張(ねつぼうちょう)という．陽イオンと陽イオンは結晶中を自由に動き回っている電子を仲立ちにしてクーロン力で結ばれているので，陽イオン間の距離が遠くなるほど結合力も弱くなる．

　高温になって陽イオンの振動が激しくなるとともに空孔濃度も大きくなり，陽イオンが格子点から飛び出して結晶中を動き回る自己拡散も活発となる．ある温度(融点)に達して一定の熱エネルギを得ると陽イオンは格子点にとどまっていることができなくなる．このためイオンの並び方はきわめて不規則な状態となり，陽イオン間の結合力もきわめて小さくなるので，陽イオンは小さな力でもなだれのように動き出す．これが液体の状態である．固体から液体になるときにはイオンを格子点にとどまらせている原子間結合力に打ち勝ち自由に動けるだけの運動エネルギをイオンに与えることが必要である．このエネルギの一部はイオンを無秩序に配置するようなエネルギでもある**．固体から液体への状態変化に必要なエネルギを融解熱(ゆうかいねつ)または潜熱(せんねつ)という．

　液体になっても電子を仲立ちにしたイオンの結合力は存在しているが，液体の温度を高くすると結合力はますます小さくなる．ある温度(沸点)に達すると，イオン間の結合力よりイオンの運動エネルギのほうが大きくなり，まったく独立した無秩序な状態の原子となる．これらの原子は，空間を自由に動き回る．この状態が気体である．液体から気体になるときには，イオンの結合力を完全に絶つだけのエネルギと空間を自由に動き回るエネルギ(やはり無秩序化するような力)が必要であり，これを気化熱(きかねつ)という．

---

*,**　熱振動が激しくなると原子の配列を無秩序にしようとする力(エントロピ)が強くはたらくが，難しい問題なので，ここでは結合力だけを取り出して述べる．

(a)低温　　　　　　**(b)高温**

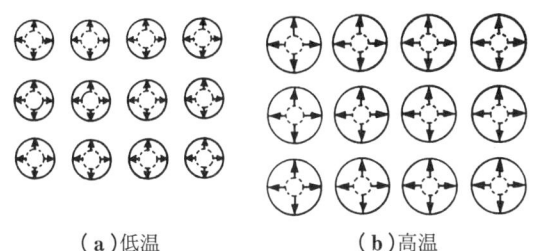

図 9.7　陽イオンの振動量(矢印)の違いによる結晶の大きさの変化(熱膨張)

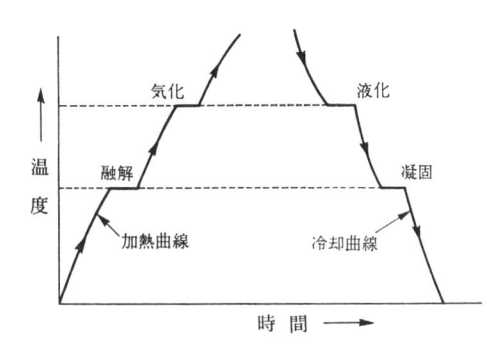

図 9.8　金属の加熱-冷却曲線．これらの曲線から変態点を求めることができ，これを熱分析法という

　金属試料を固体の状態から徐々に温度を上げてゆくと，図 9.8 で示すように融点で融解熱が必要なため，金属試料が全部融解し終わるまで温度上昇が止まる．試料が全部融解すると再び温度は上昇する．融点と同様に沸点でも気化熱の吸収のため液体の温度上昇が停止する．氷が融解するとき，融け終わるまで 0°C であり，沸騰するときの温度が常に(1 気圧で)100°C であることから容易に理解できよう．金属の融点や沸点を知るためには，金属試料を加熱してその温度を測定し，図 9.8 に示すような温度-時間曲線が不連続になる温度を求めればよい．

　液体金属を冷却してゆくと固体に変態するが，この場合には融解といわずに凝固(ぎょうこ；solidification)という．凝固するときには融解熱に相当する余分なエネルギを放出するので，冷却曲線にも図 9.8 のような不連続部分が現れる．このとき放出される熱を凝固熱という．加熱曲線や冷却曲線から融点や沸点などを求める方法を熱分析(ねつぶんせき)法といい，二元系，三元系などの状態図を決めるためにしばしば用いられる．

②　圧力の影響

　圧力とは物体を周囲から押しつけている力である．気体の圧力は空気中を運動している酸素 O_2，窒素 N_2 などの気体分子が図 9.9(a)のように物体に衝突することによって生ずる力である．空気中の気体分子は絶えず物体に衝突しているから，ほぼ一定

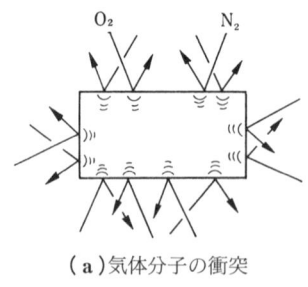

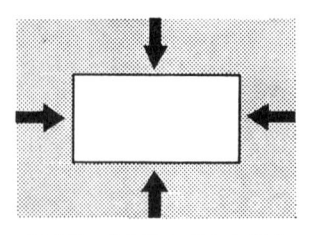

(a)気体分子の衝突　　　　　　　　(b)均一な圧力と考えた場合

図9.9 気体分子の衝突による圧力の発生．衝突は絶えず起こっているから均一な圧力と考えてもよい

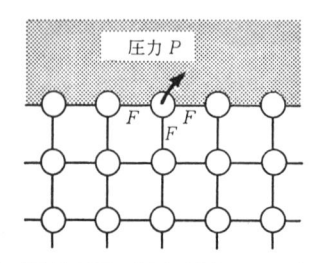

(a)結晶表面から飛び出してゆこうと　　(b)結晶中での結合エネルギ F と圧力
　する原子　　　　　　　　　　　　　　　P に打ち勝って飛び出した原子

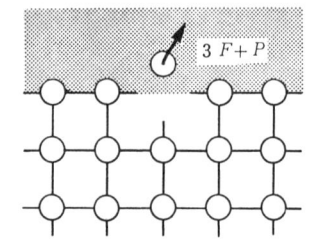

図9.10 変態に及ぼす圧力の影響(二次元モデル)．圧力が大きくなるほど表面の原子は飛び出し(気化し)にくくなる

の値として観測され，(b)のように均一な圧力を受けていると考えてよい．圧力の高低は気体分子のもっている運動エネルギの大きさと，単位時間あたり物体に衝突する気体分子の数によって決まり，これらの値が大きいほど圧力は高くなる．

　空気中に置かれた金属結晶にも空気中の気体分子が絶えず衝突しており，結晶表面の原子は押えつけられている．たとえば，**図9.10**のように結晶表面から原子が飛び出してゆこうとする場合，原子間の結合エネルギ $3F$（二次元モデルの場合）を断ち切るとともに，押えつけられている力 P（圧力）もはねのけねばならない．原子間の結合エネルギが圧力によって変わらないとすれば，圧力の高いほど原子は飛び出しにくくなり，圧力が低くなるほど飛び出しやすい．原子の飛び出してゆこうとする力を熱エネルギに基づく運動エネルギとすれば，圧力の高いほど大きな熱エネルギが必要である．すなわち，圧力の高くなるほど原子の飛び出す（気化する）温度は高くなる．固体から液体への変態では，空間へ原子が飛び出さないので融点に及ぼす圧力の影響はきわめて小さい．通常取り扱う金属・合金は液体と固体であり，相変態に及ぼす圧力の影響は小さいのでこれを無視する．したがって，一般の状態図では特に断わらない限

9.2 一成分系状態図　131

り大気圧下(1気圧)の相変態を示す.

③ 同素変態

固体，液体，気体間の変態は大部分の物質でみられるが，鉄などでは固体でもいくつかの異なった結晶形をつくる．これは，主に金属原子を結びつけている電子の分布状態が温度によって変化するためで，同素変態と呼ばれる．

金属の場合，原子の最も外側を回っている電子が"電子の雲"をつくり，電子を放出した陽イオンを結びつける接着剤のような役目を果たしている．この電子の結合力に方向性がなければ，隣にくる原子はどんな方向に結合してもかまわない．したがって，原子を最も密につめ込む方法である面心立方結晶となる．ところが，"電子の雲"の結合力に異方性があると，特定の方向に結合力が強くなるので面心立方結晶にならない．

たとえば，鉄の場合，低温では図9.11(a)のように最も外側にある"電子の雲"のほかに，その内側の軌道にある電子が強い異方性をもって張り出しており，隣の原子から同様に張り出している電子と互いに重なりあう．この重なり合った電子に基づく結合力の異方性が非常に強いので，原子間結合の異方性が大きい体心立方結晶(α相)となる．温度が高くなると原子の振動が激しくなって原子間の距離が大きくなり，上述の内側から張り出していた電子の重なりがはずれ，図9.11(b)のように最も外側の"電子の雲"による結合力が支配的になる．最も外側の"電子の雲"による結合力の異方性はきわめて小さいので結合する方向を選ばず，最も密につめ込んだ面心立方結晶(γ相)となる．さらに温度が高くなると原子の熱振動の激しさや電子のエネルギ状態の変化により再び結合の異方性が大きい体心立方結晶(δ相)となる．

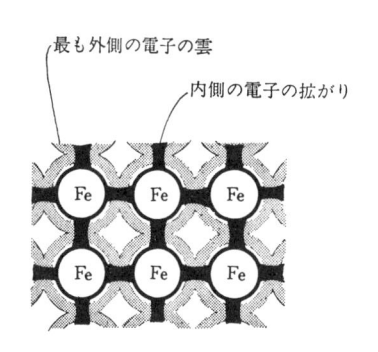

(a)低温相 α(体心立方)　　　　(b)中温相 γ(面心立方)

図9.11　同素変態するFeの原子間結合に寄与する電子の分布モデル

9.3 変態の過程

(1) 凝固過程

　図9.8で示したように，変態には時間がかかる．これは変態に伴って熱の吸収や放出があるためだが，微視的にみると変態の過程はかなり複雑である．

　凝固の場合，冷却された液体金属が凝固点に達すると，**図9.12**(a)のように一般に液体の状態に比較して凝固熱を放出して結晶化しようとする冷えた原子が，ところどころに現れる．冷えた原子の電子分布は異方性が強く，特定の方向へ結合しようとする．結晶は原子が規則正しく整列したものであるから，冷えた原子が複数個集まって整列しなければならない．液体中の原子* は上述の冷えた原子も含めて盛んに動き回っているから，(b)のように，冷えた原子が隣り合うこともある．冷えた原子は固体の状態であるから，その原子間結合力は液体状態の原子間の結合力や冷えた原子との液体状態との結合力より非常に大きい．このため，冷えた原子の結合は他の結合よりきわめて安定で，より長時間存在することができる．この場所にさらに冷えた原子がやってくれば液体の中に小さな結晶ができる(c)．これを結晶の芽(embryo)と呼ぶ．この状態で芽に大きなエネルギをもっている原子が衝突すると，芽の中の冷えた原子はエネルギを得て再び液体状態の原子となって飛び出してゆき，芽が消滅することもある．

　液体金属を冷却すると，液体中の冷えた原子の数は時間の経過とともに増え，結晶の芽も大きくなる．結晶の芽に集まってくる冷えた原子の数が，液体中へ飛び出してゆく原子の数より多くなれば，芽はそのまま大きな結晶へと成長することができる．

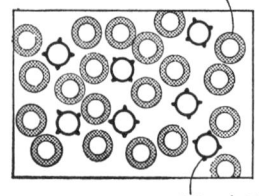

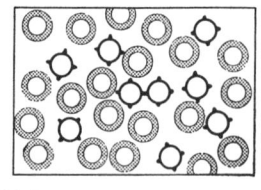

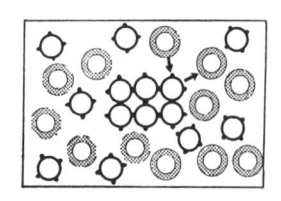

(a) 冷えた原子の出現　　　(b) 冷えた原子の結合　　　(c) 結晶の芽の発生

図9.12　金属の凝固過程．原子が変態点以下に冷えると，電子の分布は固体状態になり結合力は増大する

---

* まったく無秩序ではなく，いくらかの規則的配列を保っている．

これを結晶の核になるという意味で結晶核(crystal nucleus)ともいう．

結晶核の安定性は，結晶を構成する原子が放出した凝固エネルギ(変態エネルギ)の量に比例する．しかし，結晶表面では冷えた原子の結合エネルギが余った状態になっているので，この分だけエネルギ(表面エネルギという)の増加が起こる．表面エネルギは結晶核のエネルギを増す方向にはたらくから，変態エネルギとは逆に結晶核の存在を不安定にする．したがって，変態エネルギと表面エネルギの大きさによって結晶核の安定性が決まる．通常，結晶核の小さいうちは表面エネルギが大きくて結晶核は不安定であるが，ある大きさ以上になると変態エネルギのほうが大きくなる．結晶核の成長とともに，結晶核のエネルギは増加から減少に変わる．このときの結晶核の大きさを臨界核(りんかいかく；critical nucleus)と呼び，臨界核以上になれば，大部分の結晶核は大きな結晶へと成長する．

実際には，液体金属の中に多数の結晶核が形成されて成長し，第2章で述べた多結晶体になる．結晶核の形成，結晶の成長は原子の拡散によって行われるので，変態が終了するまでには，かなりの時間が必要である．このようにして液体から結晶が出てくる現象を晶出(しょうしゅつ；crystallization)という．

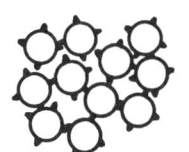

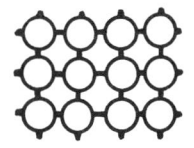

(a)液体　　　　　(b)非晶質体　　　　(c)焼なましによる結晶化

図9.13　液体を超急速冷却した金属の非晶質体の構造

変態に必要な時間を無視して液体を超急冷すると，**図9.13**のように液状のまま固まった結晶化しない固体，非晶質(ひしょうしつ；noncrystalline，あるいはアモルファス；amorphous)になる．アモルファスにおける原子の配置は液体と似ており，欠陥の多い構造であるから一般に硬く伸びが少ない．アモルファス金属を得るためには，変態する時間を与えてはならないので液体金属を冷却された銅板などにたたきつけるようにして急速に凝固させる．純金属はアモルファスになりにくいが非金属元素を添加すると比較的容易にアモルファスとなる．アモルファス金属は，原子の拡散が十分に起こる温度で焼きなますと，結晶核が発生し安定な結晶に変態する．このとき，合金組成などを工夫すると，nm オーダーのきわめて微細な組織が得られる．

(2) 同素変態の過程

① 拡 散 変 態

　固体の状態で結晶構造が変化する同素変態においても，前述の凝固過程と同じような変態過程を示すことが多い．固体の場合，変態点より高い温度から変態点まで冷却すると，図9.14で示すようにエネルギを放出した冷えた原子が現れる．これらの冷えた原子は空孔の助けを借りて拡散し，隣り合う位置にくる．これが新結晶の芽となり成長する．原子の集合が拡散によって支配されているので拡散変態と呼ぶ．新しい結晶の芽の安定性も，凝固の場合と同様に変態した結晶を安定化する変態エネルギと表面エネルギの大きさによってほぼ決まるが，変態が固体の中で行われるので周囲の結晶格子に与えるひずみも考慮に入れる必要がある．結晶の芽が安定に存在するためには，ひずみのエネルギにも打ち勝たねばならないので，ひずみエネルギは結晶の芽を不安定にすると考えてよい．

　拡散変態は文字どおり原子の拡散によって行われるので，変態が終了するまでかなりの時間を要する．拡散による同素変態の過程は第10章で述べる析出の過程と非常によく似ているが，同素変態では同じ原子からなる異なる結晶型の相が出現するのに対し，析出は固溶度の変化によって主に異種原子からなる結晶や金属間化合物が母結晶より分離するのが特徴である．

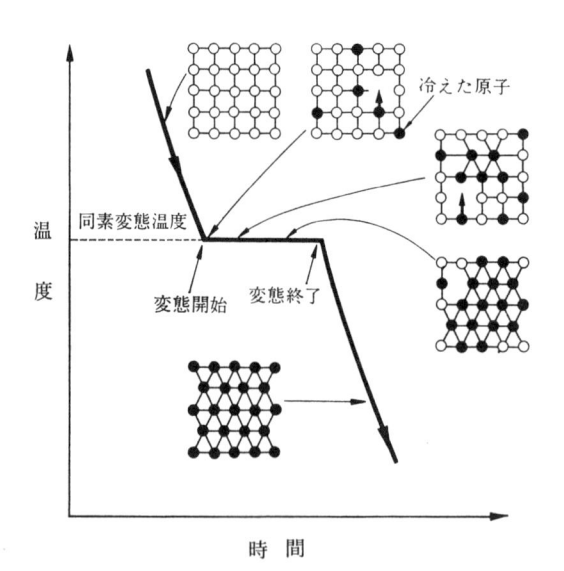

図9.14 拡散による同素変態の過程．変態原子の集合は空孔を使った拡散によって行われる

② マルテンサイト変態

金属の変態が拡散によって進行する場合，変態が終了するまでの時間が必要である．拡散が起こらない低温まで短時間で冷却したときには，**図 9.15** の(b)，(c)で示すように，原子の位置がずれるだけで結晶型が変化して変態する．この現象を無拡散変態という．この場合，急冷直後は図 9.15(b)で示すように結晶型はそのままで，原子だけが熱エネルギを失った状態になる．これに伴って，原子間の結合に寄与している電子の分布も**図 9.16**(a)から(b)に変化する．しかし，低温に冷却された原子は拡散することができないので，原子の並び方(結晶型)は高温相のままで電子の分布だけが低温相のかたちとなる．このため，電子の分布に従って結合しようとする力がはたらき，原子は高温相の格子点から低温相の格子点位置へと引張られる(c)．このような格子点のずれによって起こる変態を，研究者マルテンス(独)の名をとってマルテンサイト変態(martensitic transformation)，あるいは格子変態と呼ぶ．

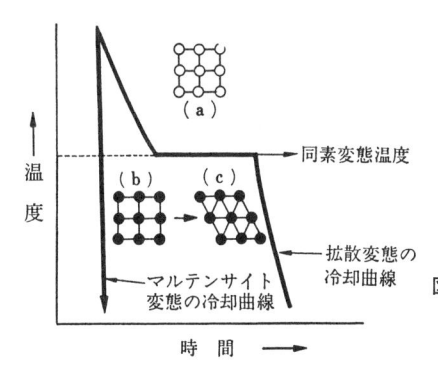

図 9.15 マルテンサイト変態の過程．(a)の高温相は急冷によってそのままの構造で冷却され(b)，(c)に無拡散変態する

マルテンサイト変態の場合でも，最初は局部的な格子のずれ(芽)が生じ，これが周囲に伝わってゆく．このずれの伝播はきわめて速く数 100 分の 1 秒以下で変態は終了する．**図 9.17** はその一例で，格子のずれには方向性があるので，針状(しんじょう)の微細な組織となり，むりやり変態するので格子のひずみも大きく，硬い組織となる．針状晶中には変態のときのひずみによって生じた格子欠陥(転位や双晶)が存在することが多い．

鋼を焼入れすると硬くなるのは，マルテンサイト変態が起こるためで，高温で安定な面心立方晶を急冷*し，格子のずれによって低温相である体心立方晶に変態させる．鋼の場合，多量の炭素が固溶しているので低温相も強制的に炭素を固溶し，正方晶**となる．したがって，格子ひずみはきわめて大きく，硬化も著しいので，刃物

---

* 徐冷すると Fe と Fe_3C に分離する．
** 体心立方晶の 1 軸が伸びた結晶型．

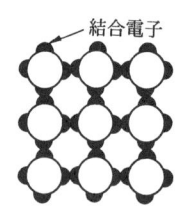

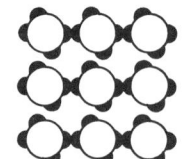

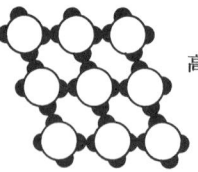

(a) 高温相の結合様式
(b) 急冷によって高温相の原子配列のまま低温相の結合様式になった原子
(c) 結合方向を合わすために移動した後の原子配列
(d) 変態前後の原子位置．矢印の向きに位置がずれた

図 9.16　マルテンサイト変態の機構

図 9.17　マルテンサイト変態により生じた針状の組織（×400，北田による）

などの用途に使われる．図 9.18 は炭素鋼の焼き入れ組織で，針状の微細な結晶粒（マルテンサイト）からなり，粒内には多数の転位が存在する．

9.4　二成分系状態図

(1)　二成分系状態図の表し方

2種の物質が混ざり合うと，一般に元の成分の状態とは異なった状態となる．たとえば水に塩を溶かすと，0℃で氷になるはずの水が0℃以下になっても水(液相)として存在する．これは塩の溶解(ようかい)によって水の凝固点が低下したためである．同じように，金属でも他の金属が混じると変態点が変わったり，金属の性質や結晶構造までも変化する．二成分系状態図は，二成分が混合されたとき，混合の割合(組成)，温度，圧力によって，混合された金属がどのような相になるかを表す．前述の

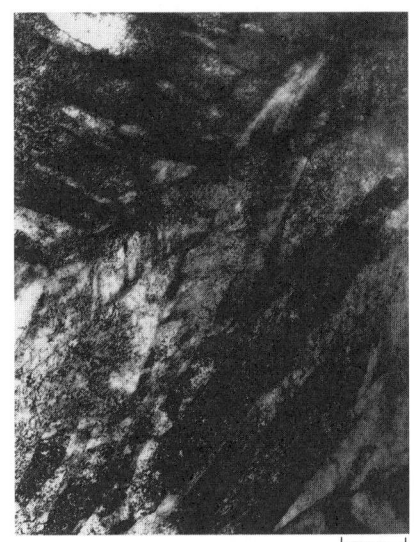

図 9.18 炭素鋼の焼き入れ組織
（マルテンサイト，北田による）

ように，私たちが金属を取り扱うのは大気圧下が最も多く，しかも，液体・固体では圧力の影響が小さいので，大気圧以外の状態図の必要性はあまりない．また，圧力を考えると状態図は，圧力，組成，温度の三次元図となり複雑である．このため圧力は通常大気圧(1気圧)とし，組成と温度によって状態がどのように変化するかを表すのがならわしである．

そこで，まず，温度と混合の割合の示し方を述べる．圧力が一定の場合，A, B両金属の一元系状態図は前節で述べたように，温度を目盛った直線に固相，液相，気相の領域と変態点を書き入れればよい．したがって，A, B両金属のそれぞれの一成分系状態図は**図 9.19**(a)のようになる．つぎに，AとB金属を混合したとき，その混合割合を示す必要がある．混合の割合は重量％(weight％，wt％，mass％で示す)，あるいは原子数の割合を示す原子％(atomic％，at％，mol％で示す)が使用される．この割合を示すには，(b)のようにAとBの一成分系状態図を示す縦軸の間に直線AB(組成軸)を引く．このとき，A点ではA金属の一成分系であるから原子はすべてA金属で，B金属は0である．したがって，A点ではA金属が100％，B金属が0％となる．同様に，B点ではB金属が100％，A金属は0％である．つぎに，直線ABを100等分する(c)．こうすると，A金属はB点の0％から出発してA点に至って100％となる．B金属も同様にA点の0％からB点で100％となる．直線ABは100等分されているから，A金属が70％であればB金属は必ず30％である．すなわち，直線AB上においては，どこでもA金属とB金属の割合の和は100％となる．

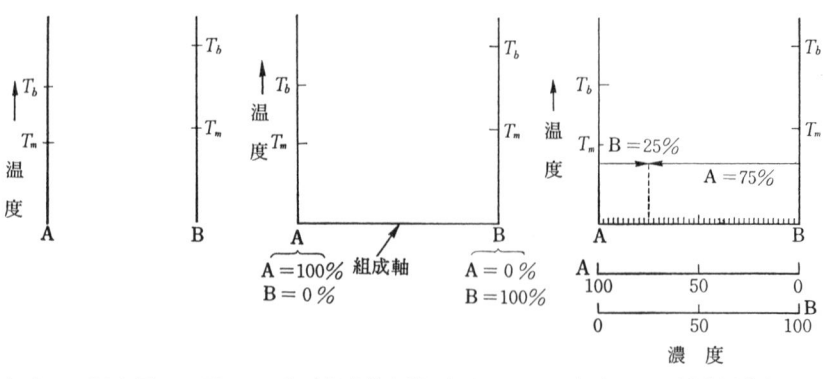

(a) A, B両金属の一元系状態図

(b) 組成軸を付け加える

(c) A, Bの濃度目盛をつける

図9.19 二元系状態図のつくり方（圧力は一定とする）

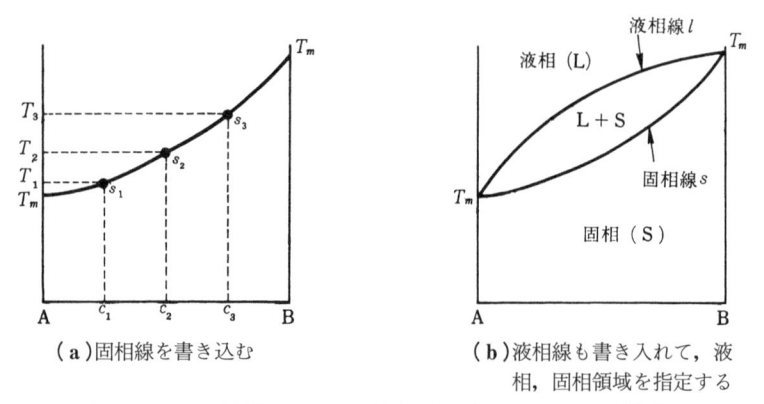

(a) 固相線を書き込む

(b) 液相線も書き入れて、液相、固相領域を指定する

図9.20 A, B両金属がすべての割合で溶け合うときの二元系状態図

以上のようにしてA, B両金属の混合割合を示すことができる．混合の割合を組成（composition）と呼び，混合された金属を合金（alloy）と呼ぶ．

　圧力一定での二成分系状態図は，二成分の温度軸とこれらを結ぶ組成軸で囲まれた領域内で，どんな相が存在するかを示す．たとえば，**図9.20**（a）のc_1, c_2, c_3の組成の合金がT_1, T_2, T_3で溶け始めるとすれば，点線で示した個所にそれぞれの合金が溶ける点s_1, s_2, s_3を書き入れる．s_1, s_2, s_3点を線で結べば，A-B系合金の溶け始める温度がわかり，この線の下では固相，上では液相であることが示される．ただし，二元系になると（b）で示すように，溶け始めの温度から完全に溶けるまでに温度の幅があり，s（固相線；こそうせん）とl（液相線；えきそうせん）で囲まれた固相と液相の共

9.4 二成分系状態図　139

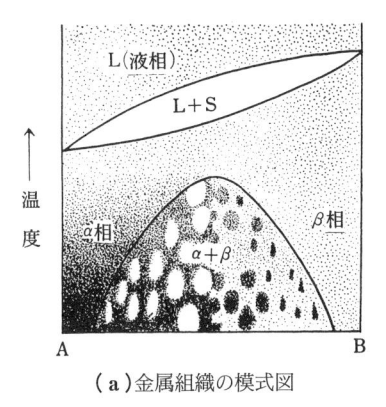

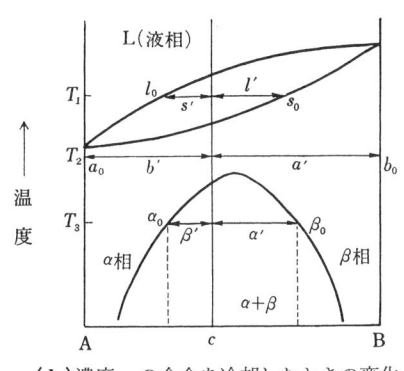

(a) 金属組織の模式図　　(b) 濃度 c の合金を冷却したときの変化

図 9.21 二相分離を示す状態図

存領域 (L+S) ができる．

　状態図上では結晶型，成分，状態などの異なる相が出現する領域を指定し，出現する温度，組成の境界に線を引く．たとえば，図 9.20 (b) で示した固相線は固相から異相である液相が出現する境界である．固相の場合も同様で，**図 9.21** のように，A と B がある濃度以上で溶け合わなくなり，A を主体とした固溶体結晶 (α 相) と B を主体とした固溶体結晶 (β 相) が分離して存在するような場合には，相分離が生ずる温度，濃度上に境界線を引く．これを**相境界**（そうきょうかい；phase boundary）と呼び，相境界以下の温度では二相領域，それ以外の固相領域は単相領域となる．相境界に囲まれた二相領域では，α 相と β 相が混じり合っているが，濃度 c での温度 T_3 における α, β 相の割合は図 9.19 で示したのと同様に直線 $\alpha_0 \beta_0$ の長さを 100% とし，直線 α', β' の長さの割合が α 相，β 相の割合となる．温度 T_2 の固溶体では固溶体中の A, B 原子の割合が直線 $a_0 b_0$ を 100% としてそれぞれ a', b' の長さで示され，温度 T_1 では直線 $l_0 s_0$ を 100% として l' %の液相，s' %の固相が共存する．共存している相は平衡状態（時間が経過しても変化しない）にあり「液相 l_0 は固相 s_0 と平衡している」という．平衡状態にある系では，成分の数，相の数，状態変数の数の間に相律と呼ばれる数式関係がある．

（2） 二元系での凝固過程

　前述のように，二元系合金の融解し始める温度と終了する温度には幅があり，凝固の場合も，凝固開始温度と終了温度には幅がある．一元系では一定の温度で融解，凝固が起こるのに，二元系ではなぜ温度幅が生ずるのであろうか．

　図 9.22 の状態図において，濃度 c_0 の組成をもつ合金を温度 T_0 の液相から冷却す

全率固溶系状態図

冷却時の温度－時間曲線

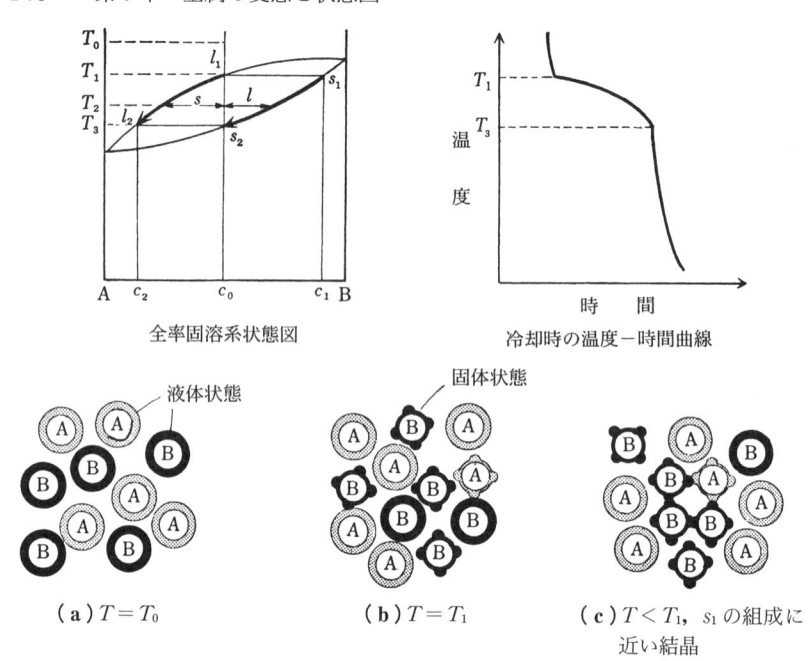

(a) $T = T_0$　　(b) $T = T_1$　　(c) $T < T_1$, s_1 の組成に近い結晶

図 9.22　二元系合金の凝固過程．凝固点の高い B 金属から先に結晶化し始める

る．温度 T_0 では，A, B 両金属原子は激しく動き回っており，原子間の距離は大きく，原子を結びつけている"電子の雲"も A, B 原子で多少の違いはあるが，かなり拡がっている．液相では"電子の雲"の拡がりが大きいので，原子間結合力の異方性は少なく，A, B 原子は均一に溶け合っている(a)*．これを温度 T_0 から液相線と交わる温度 T_1 まで冷却すると，凝固温度の高い B 原子の一部は熱を放出して"電子の雲"の拡がりが小さくなり，固相状態の結合力をもつ冷えた原子になる(b)．また，凝固温度の低い A 原子の一部も B 原子の影響を受けて固相状態の結合状態を示す冷えた原子となる(b)．これらの冷えた原子は拡散している間に隣り合い，c_1 の濃度に相当する固溶体が形成される(c)．冷却を続けると，B 原子に富んだ固相(固溶体)がつぎつぎに形成されるので，液相中の B 原子濃度は減少する．このため，温度が低くなるほど固相の B 原子の量は少なくなる．つまり温度が T_1 から T_3 に変化する過程で，固相の組成は B 原子の多い s_1 から固相線上を B 原子が少なくなる s_2 へと変化し，液相は A 原子の少ない l_1 から A 原子の多い l_2 へと変化する．温度 T_3 に達すると，組成 c_2 の液相が凝固して変態は完了する．図 9.8 と同様にして温度-時間曲線

---

*　特別な場合だが 2 液相に分かれる場合もある．

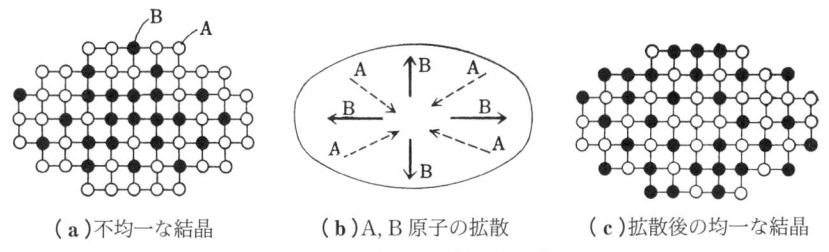

(a) 不均一な結晶　　(b) A, B原子の拡散　　(c) 拡散後の均一な結晶

図9.23　晶出した結晶の均一化反応

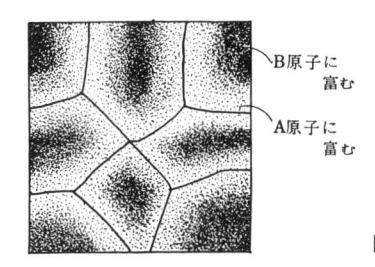

図9.24　二元合金の不均一な凝固組織

を測定すると，$T_1 \sim T_3$ 間では発熱のため冷却速度が遅くなる．以上のように凝固点に温度幅があるのは，凝固温度の異なる原子が混じり合っているためである．温度が T_1 から T_3 へ至る途中 (T_2) での液相と固相の割合は直線 l（液相）と s（固相）の長さで示される．変態が完了したときの固相の組成は c_0 になっていなければならない．ところが，最初に凝固した固相は B 原子に富んでおり，最後に凝固した固相は A 原子に富んでいるので，図9.23(a)のように固相の中心部は B 原子，周囲は A 原子の富んだ構造となる．このような不均一な状態は不安定な状態（非平衡；ひへいこう）であるから，凝固が進むにつれて，中央の B 原子は周囲へ，周囲の A 原子は中央へと拡散し(b)，均一な固相になろうとする(c)．しかし，拡散には時間がかかるので，実際には不均一な状態のまま凝固することが多い．凝固のときには図9.23(a)のような不均一な結晶が多数生ずるので，凝固した多結晶合金は図9.24のように，これらの結晶がぶつかり合った結晶粒界部分に A 原子が，結晶の中央に B 原子が多い不均一な組織となる．通常はるつぼなどの容器中で凝固するので，るつぼ壁などに熱が奪われ，熱流と温度勾配が生ずる．このため晶出する結晶は樹枝状になる．樹枝状結晶の中心は高融点の金属原子に富む．これを凝固組織と呼んでいる．

（3） 二元系での固相分離

図9.25のように，均一な固相（固溶体）が α と β の 2 相に分かれる現象を固相分離という．温度 T_0 では，A-A 結合 (V_{AA})，A-B 結合 (V_{AB})，B-B 結合 (V_{BB}) のどの原

子間結合力も同じ強さであるので均一に混じり合っているが，温度 T_1 に達すると，A, B両原子の電子は同種の原子と結合すると都合がよい状態になり，V_{AA}, V_{BB} が V_{AB} より強くなる*．このため，A原子に富んだ固溶体 α 相と B原子に富んだ固溶体 β 相に分離する．α 相と β 相は同じ結晶構造である．温度を T_1 以下に冷却すると V_{AA}, V_{BB} はますます強くなり，相分離が進む．したがって平衡する相は矢印のような組成変化を示す．第10章で述べる析出も固相分離の一種であり，似たような相分離過程だが，一般には，析出分離する結晶の構造が母相と異なる．

（4） 固溶量を左右する因子

前述の固相分離は，A, B両金属が互いに相手の結晶中に溶け込めなくなったために起こる．固相分離を示す相境界線は溶け込む限界を示すから溶解度曲線（ようかいどきょくせん；solubility curve）と呼ばれ，固溶する限界量を溶解度限（solubility limit）あるいは固溶限（こようげん）という．

固溶限は金属の組み合わせで異なり，すべての濃度範囲で固溶する系やきわめて少量しか固溶しない系がある．このような固溶限の差は次の因子によって決まることが多い．

（1） 原子の大きさ（原子の直径）
（2） 原子の結合に寄与する電子の振舞い
（3） 結晶構造

まず，原子の結合に寄与する電子の振舞いがあまり変わらない2種の金属の固溶体

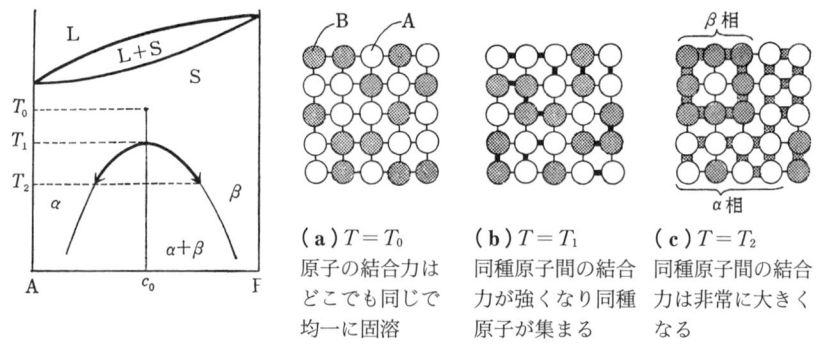

(a) $T=T_0$
原子の結合力はどこでも同じで均一に固溶

(b) $T=T_1$
同種原子間の結合力が強くなり同種原子が集まる

(c) $T=T_2$
同種原子間の結合力は非常に大きくなる

図 9.25 固相分離の過程．原子をつなぐ線は原子間結合力の強さを示す

---

* ここでは理解しやすくするため原子間結合力だけで説明した．厳密には高温になると原子の熱的運動が激しくなるため，2種の金属は無秩序に配列したほうが有利になる．このエネルギ量はエントロピと呼ばれているが，より高度の理解を要するので上級書にゆずる．

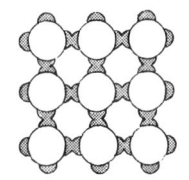

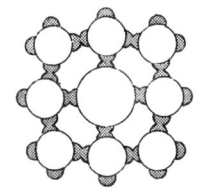

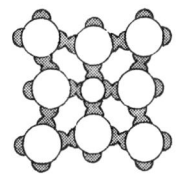

(a) 同種原子　　(b) 大きな原子　　(c) 小さな原子

図 9.26 大きさの異なる原子の固溶による結晶格子の乱れと原子間結合に寄与する電子分布の乱れ

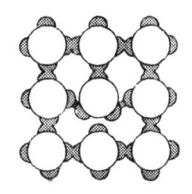

図 9.27 原子結合に寄与する電子の分布が異なる原子の固溶状態

について述べる．原子の大きさが同じくらいであれば，図 9.26(a) のように原子の結合に寄与する電子の分布は同種の原子が整列したものと同様であるが，大きな原子が入ると周囲の原子は引き伸ばされ（ひずみ），結晶の格子定数は大きくなる．格子を引き伸ばされた周囲の原子は引き伸ばされる前の正常な位置が最も安定であるから，正常な位置へ戻ろうとし，大きな原子を押しつぶすような力を及ぼす．母結晶の格子定数の変化が 10～15％以上になると格子の乱れは非常に大きくなって，格子を維持することができなくなる．その結果，乱れの原因となっている固溶原子を押し出し，固溶状態は破れる．押し出すといっても，固体の中にすき間はないので，押し出された原子は互いに集まって別な相をつくる．

一方，原子の結合に寄与する電子の分布が異なる場合も固溶を妨げる．たとえば，図 9.27 のように原子の結合に寄与する電子の拡がりが 4 方向に大きい金属に，3 方向に拡がりの大きい金属が入った場合，電子の拡がりを無視して結合せねばならない．電子の拡がり方向の差が小さい場合には，どうにか拡がりの方向を合わせて結合するが，差が大きくなると結合力よりも反発力のほうが強くなり，溶け込めずにはみ出し，別な相をつくる．結晶構造の違いも原子の結合に寄与する電子の分布の差が主な原因であり，結晶構造が異なると固溶度は小さくなる．

9.5　二元系状態図のいろいろ

(1)　共晶系合金

二元系状態図で最も単純なのは，液相線と固相線だけで示される全率固溶系（図 9.28(a)）で，Ag-Au，Cr-V 系などがある．周期律表の中で同じ族に位置する元素，同じ結晶構造の元素が全率固溶体を形成しやすい．これが少し複雑になったのが，前述の固相分離を起こす場合で (b)，Au-Ni 系などがある．これらの相境界線は金属の組み合わせによってさまざまな変化をする．たとえば，合金することによって両金属の結合力が小さくなると凝固点が低くなり，(c) のように両金属の結合力が最も小

144　第9章　金属の変態と状態図

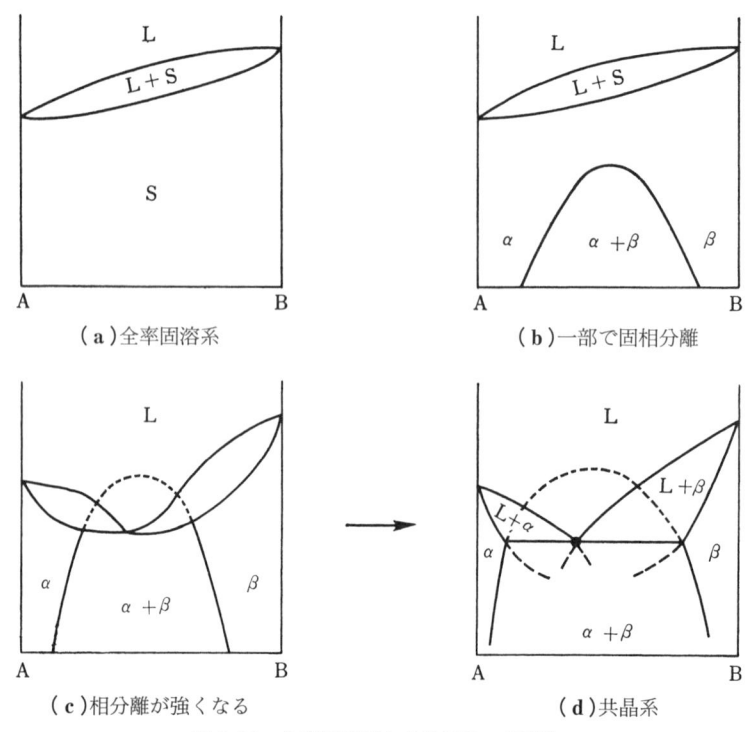

(a)全率固溶系

(b)一部で固相分離

(c)相分離が強くなる

(d)共晶系

図 9.28　全率固溶系から共晶系への変化

さくなる濃度で凝固点が最小値をとる．両金属の結合力が小さくなると，固相でも相分離しやすくなるので，固相分離の相境界線も高温まで拡がり，固相線および液相線と交わる．この結果，（d）で示す共晶系（きょうしょうけい；eutectic system）ができる．

　共晶系はその名のとおり，2種の結晶が共に晶出（凝固）する相変態である．Pb-Sn，Cu-Ag など共晶系を示す合金は非常に多い．共晶系の凝固過程でも液相と平衡する固相が晶出することに変わりはない．図 9.29 の共晶点 E では，液相に対して α，β の2つの固相が平衡しており液相から α, β 相が共に晶出するので共晶反応という．たとえば，c_E の組成（共晶点組成）をもつ液相を冷却すると，共晶温度 T_E で2つの固相 α と β が液相中に同時に核を形成し成長し始める．α が晶出するときには β も必ず晶出するので，α と β は（a）のように層状に並んで晶出することが多い．共晶組成 c_E 以外の c_1 の組成をもつ液相を温度 T_{l_1} まで冷却すると，液相と平衡する固相 α が s_1 で最初に晶出し（初晶という），温度の低下とともに液相の組成は $l_1 \rightarrow E$，固相 α の組成は $s_1 \rightarrow s_2$ と変化する．温度 T_E に達すると，初晶 α 以外の残っている液相は

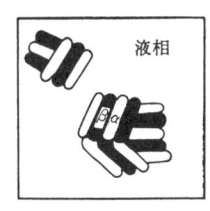

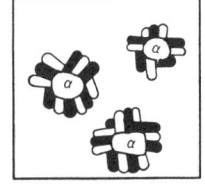

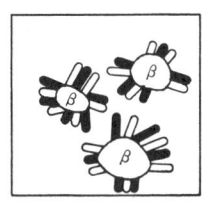

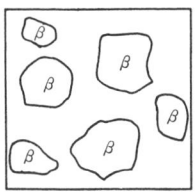

9.5 二元系状態図のいろいろ　145

(a) 濃度 c_E, 共晶　(b) 濃度 c_1, 初晶 α と共晶　(c) 濃度 c_2, 初晶 β と共晶　(d) 濃度 c_3

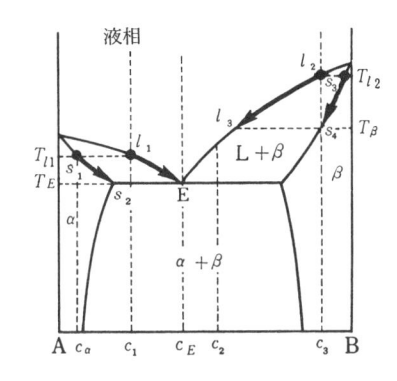

図 9.29　共晶系の凝固過程

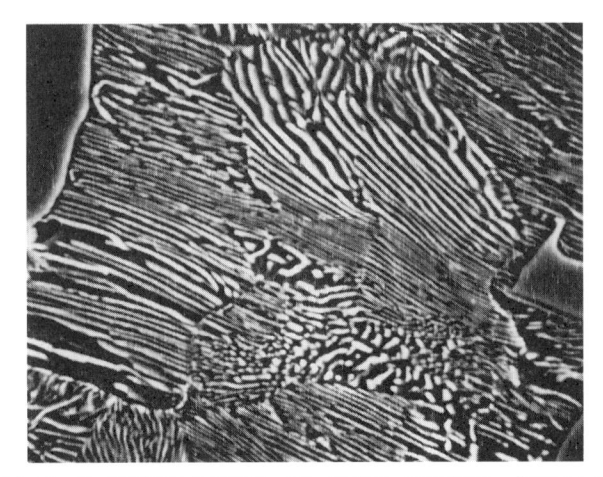

図 9.30　鉄-炭素系の共晶組織. 白い線が Fe_3C（×2000, 北田による）

共晶点の組成 c_E となる. このため，残っている液相は α と β を同時に晶出するので，(b) で示すように初晶 α の周囲に層状の α と β 相が晶出した亜共晶組織となる. 濃度 c_2 では初晶 β と共晶の過共晶組織となる. 濃度 c_3 の液相では温度 T_{l_2} で初晶と

して固相βが晶出し，液相，固相の濃度はそれぞれ $l_2 \to l_3$, $s_3 \to s_4$ と変化し，温度が T_β になると液相はすべて凝固して β 相になる．したがって，共晶は生じないで，(d)のような β 相だけの組織となる．図 9.30 に典型的な共晶組織を示す．ただし，実際の凝固ではるつぼ中に液相が存在するので，るつぼ壁から冷却されて，るつぼ中央へと凝固が進む．また，冷却速度が高いと，液相の温度が共晶温度以下になってから，凝固が始まる．液相が共晶温度以下になったときの共晶温度と液相温度との差を過冷温度という．一般に，過冷温度の大きいほど，共晶組織は微細になる．

(2) 同素変態がある場合

図 9.31(a)は一方の金属 A に同素変態点がある場合で，同素変態点以上では全率固溶体であっても，A 金属が同素変態を起こして結晶型を変える．このため，A 金属に固溶する B 金属原子の量は制限され，二相分離領域が生じる．この例としては Co-Ni 系などがある．(b)は A, B 両金属に同素変態点があり，同素変態点より高い温度でも低い温度でも全率固溶体(S_1, S_2)となる系で，高温相(変態点より高温)と低温相の結晶型が同じである Ti-Zr 系などにみられる．

固相領域で共晶と同じように溶解度に制限がある場合には，固溶体 γ 相を冷却すると，α と β 相が同時に分離する．これを広い意味で析出(precipitation, 第 10 章の析出とは若干意味が異なる)という．変態の過程は共晶と同様であるが，固相から固相への変態であるため共析反応(きょうせきはんのう；eutectoid reaction)という．共析反応では α 相と β 相が同時に分離するので，共晶組織と同様，α と β 相の層状組織になることが多い．図 9.32 に典型的な共析組織(層状部分)を示す．

図 9.33 は一方の金属 A に変態点があり，全率固溶体 β 相領域にも溶解度限があって 2 相分離する場合の状態図で，共析反応の片方が欠けた状態図となる．組成 c の β 相が冷却されると β 相から β_1 と β_2 が析出する．一方，共析点に相当する組成

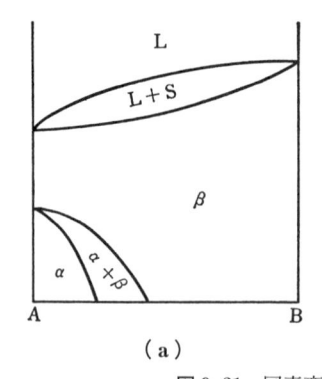

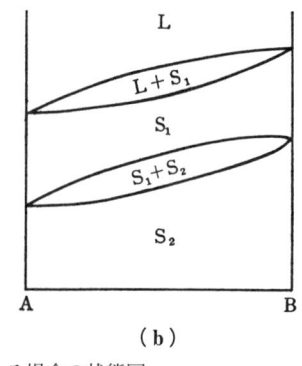

図 9.31 同素変態がある場合の状態図

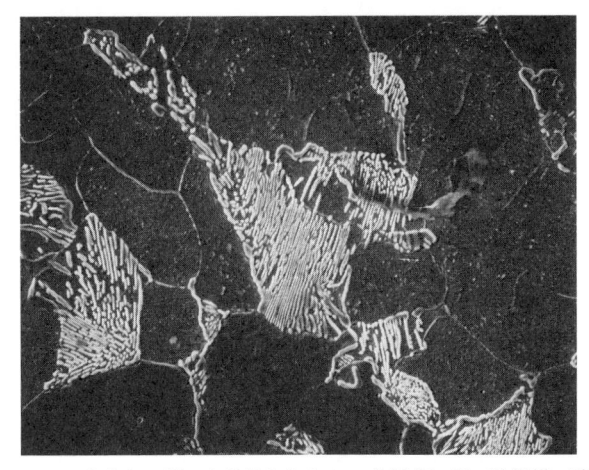

9.5 二元系状態図のいろいろ　147

図 9.32 Fe-0.25%C 合金を γ 相から徐冷したときの共析(Fe-Fe$_3$C)組織．暗い領域は αFe 結晶粒(×480，北田による)

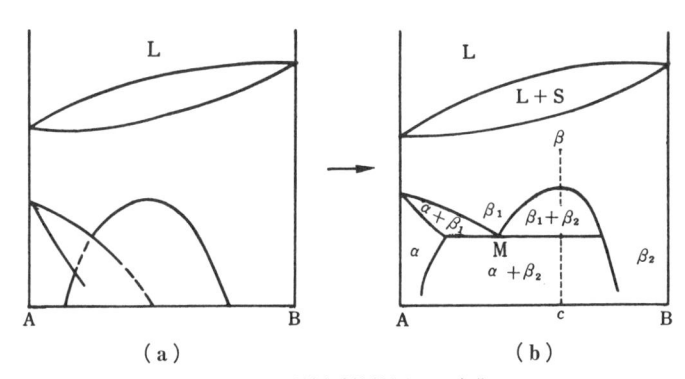

図 9.33 単析系状態図への変化

M 点の β_1 を冷却すると，β_2 と α が出現する．β_2 は β_1 の組成が変わったもので，新たに析出したのは α だけであるから，これを単析反応(monotectoid)といい，Ti-Nb 系などにみられる．

図 9.34(a)のように一方の金属 A が 2 つの同素変態点をもっている場合，溶解度の制限が二重となる．しかし，高温領域の γ 相は低温で不安定である．このため，鉄のように α 相と δ 相が同じ結晶構造をもつ場合，α 相と δ 相の領域がつながって，γ 相領域が半月状となる(b)．これは Fe-Cr 系などにみられる．

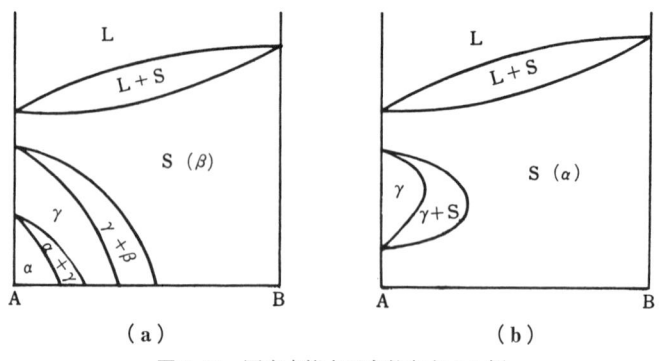

図 9.34　同素変態点が多数存在する例

（3） 金属間化合物のある場合

　金属原子の結合に寄与する電子の分布や強さ，原子半径などが異なる金属の系では，結晶構造や硬さ，電気特性などの性質が元の金属とまったく異なった相が出現する．この相は2つの金属原子の数が互いに整数となる濃度で(たとえば A_2B_3 のように)出現し，2種の金属が反応して化合物をつくったような挙動を示すため金属間化合物(intermetallic compound)といわれる．たとえば，原子間結合に寄与する電子の拡がりと強さが4方向と3方向に大きい2種の金属が均一に混じり合う場合，**図 9.35(a)** のように結合方向がそろわず，二相に分離したほうがよい．ところが，(b)のような配置をとって両者の結合力の方向性が一致すれば二相分離するよりも安定となる場合がある．

　電子のエネルギに関係しては，たとえば，金属間化合物の価電子数と原子数の比が $3:2$，$21:13$，$7:4$ などの特定の場合にそれぞれ同じ結晶構造の金属間化合物ができる．一般に合金のエネルギ状態は自由電子の力学的エネルギに関係しており，これは原子の結合状態を不安定にするはたらきをしている．価電子数／原子数比が大きくなると，合金のエネルギ状態が高くなるので，エネルギ状態の低い結晶構造をとる力がはたらき，金属間化合物が生ずる．

　金属間化合物は，2種の金属が特定の配位をとって強く結合するため，元の純金属より硬く，熱的な安定性もよく，高温まで分解しない場合が多い．したがって，状態図では1本の線として示されることが多い．A, B両金属の間に金属間化合物が生ずると，金属間化合物は安定なため，A, B両金属の間にもう1つの金属が出現したのと同じような状態となる．たとえば，A金属と金属間化合物 A_2B_3，B金属と金属間化合物 A_2B_3 が全率固溶体をつくれば，その状態図は**図 9.36(a)** のようになる．しかし，A, B両金属の性質が異なるために金属間化合物ができたのであるから，Aと

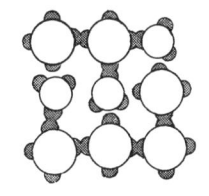

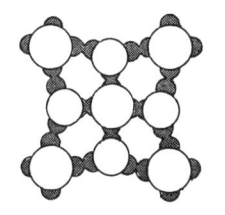

(a) 電子分布の異なる原子の固溶状態　　　(b) 金属間化合物の形成

図 9.35　金属間化合物の構造(電子分布だけを強調してあるが、電子のもつエネルギを低下させる変化でもある)

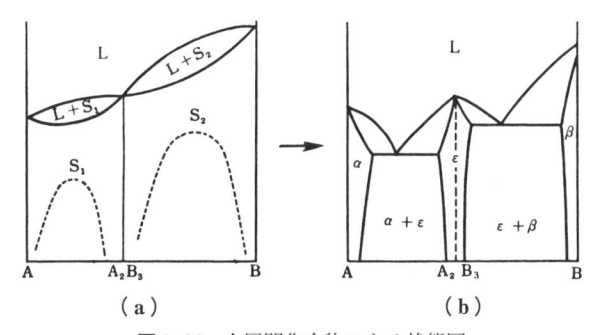

図 9.36　金属間化合物のある状態図

A_2B_3, B と A_2B_3 の間の溶解度には当然制限がある．このため，(a)のような全率固溶体はつくらず，(b)のように2つの共晶反応などを生ずることが多い．(b)は金属間化合物が A, B 両金属を若干固溶する例で，金属間化合物の存在する領域は拡がっている．Au-Te はこの例で金属間化合物 $AuTe_2$ をつくり，Au と $AuTe_2$，$AuTe_2$ と Te はそれぞれ共晶系となる．ただし，溶解度はきわめて小さい．

9.6　実用状態図・Fe-C 系

実際の合金系では，多くの系で状態図が調べられている．その中で，最も多く使われているのが炭素鋼の基礎となる Fe-C 系である．炭素は金属ではなく，大気中では酸化物(気体)になるので，Fe と C の固体系の状態図は成立しない．Fe と C は 6.67 mass%C において Fe_3C で表される金属間化合物を形成する．この Fe_3C が元素のように振舞うので，Fe-Fe_3C 系が二元系状態図として成立する．このように，金属間化合物が基本成分として振舞う場合を擬二元系という．Fe_3C は白色の複雑な結晶構造をもつ硬い化合物でセメンタイトと呼ばれる．ただし，通常，合金中以外で単独に得ることは難しい．

第9章 金属の変態と状態図

図 9.37 Fe-Fe$_3$C 系平衡状態図

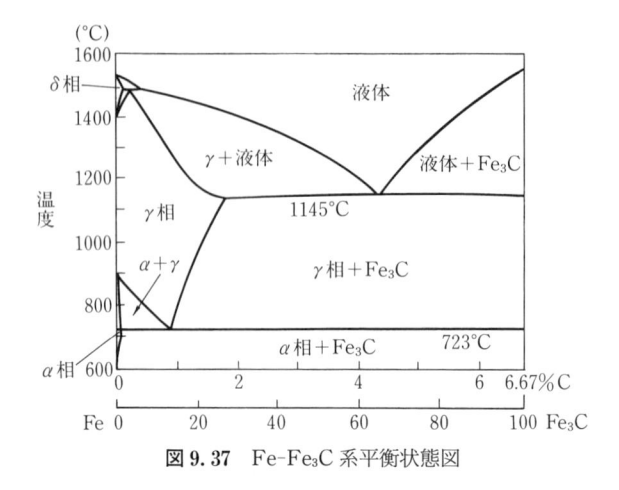

図 9.37 に Fe-Fe$_3$C 系状態図を示す．Fe は α, γ および δ の同素変態をするので，それぞれが炭素を固溶した α, γ および δ 相の3種の固溶体をつくる．ただし，α への C の溶解度はきわめて小さい．C を固溶した α および γ 相はそれぞれフェライトおよびオーステナイトと呼ばれる．実用的に重要なのは，1145℃の共晶反応(4.3 mass%C) と 723℃での共析反応(0.8 mass%C)である．図 9.30 に共晶反応によって生じた組織を示したが，鉄鋳物の製造に関して重要な反応である．不純物が存在するときにはセメンタイトではなく，グラファイトが共晶反応の相手となる．これらの組織によって，鋳物の性質が多く変わる．特にグラファイトが生ずると振動の吸収量が多くなり，制振材料として工作機械の台などに使われれる．

723℃の共析反応は C を固溶した γ 相から α 相とセメンタイトが層状に析出する反応で，この共析組織は図 9.32 で示した．図 9.32 は炭素量が約 0.25 mass%と共析組成(0.8 mass%C)より炭素量が少ないので，共析組織の占める領域の割合が少なく，α 相の結晶領域が多い．共析組成より少ない炭素鋼を亜共析鋼といい，炭素量の増大とともに共析組織の占める領域の割合が多くなる．共析組成で全体が共析組織になる．共析組成より多い炭素を含む炭素鋼を過共析鋼といい，共析組織のほかにセメンタイトの領域が増大する．セメンタイトは硬いので鉄を硬くするのに役立つが，共析組成より炭素量が多くなると，セメンタイトの脆さが現れ，破壊しやすくなる．一般に使われる炭素鋼は靭性の高い炭素鋼が 0.1〜0.7 mass%程度である．共析組織の寸法などは γ 相からの冷却速度などで大きく変化する．これは反応が原子の拡散によって支配されるためで，これを利用して各種の性質をもつ炭素鋼を製造している．

炭素鋼を 500℃/s 以上の冷却速度で急冷すると，共析反応を起こす時間がなく，α 結晶の中に C を強制的に溶解したマルテンサイト晶が生ずる．これが図 9.18 で示し

た針状の微細組織である．マルテンサイト晶の中には高密度の転位が存在し，Cの強制溶解による格子のひずみ効果とともにマルテンサイト晶を硬くする原因になっている．このような相を非平衡相という．

第10章
析出と時効

10.1 析出と時効硬化の発見

　析出の析とは，木を斤（おの）でこまかく切り分けることを意味しており，均一である合金から別のこまかな結晶（析出物）が分かれて出てくる現象である．析出を意味する英語の precipitation も均一な物質から分かれて出てくるこまかな沈殿物（ちんでんぶつ）を示す．一方，時効の効は，力を絞り出すことを意味し，時効硬化（じこうこうか；age hardening）は時間の経過とともに金属の力が増して硬くなること（hardening）である．時効は英語で ageing といい，時間の経過とともに状態あるいは性質が変化するさまを示す．

　金属を放置しておくと，時間の経過とともに硬さが変化し，割れ（時期割れ）が起こる現象は，銅合金で前世紀以前から知られていたらしいが，析出によって時効硬化することが明らかになったのは，今世紀に入ってからである．1906年頃，ドイツ人のウィルムはアルミニウムに銅，マグネシウム，マンガンを添加した合金をつくって硬さの変化を調べていたが，なかば偶然に，焼入れ後数日経つと合金がきわめて硬くなることを発見した．この結果が雑誌に発表されるや一躍注目され，不思議な現象の解明に多くの研究者が興味をもち，まもなく析出物（precipitate）による時効硬化だとわかった．この合金は，ドイツの地名 Düren と Aluminium から Duralmin と名付けられた．鉄鋼や銅に比較してきわめて軽いので，当初，薬きょう用合金として実用化が試みられたが，成功しなかった．その後，軽さを要求する飛行機の材料として検討され，たちまちのうちに実用化された．

　アルミニウム合金の時効硬化は，上述のようにこまかな析出物が生ずるためで，析出物が生ずることによって初めて硬くなる．時間がある程度経過しないと硬化しないのは，析出するのに時間がかかるためである．その後，多くの合金で析出と時効硬化が見出されている．本章では，析出および時効現象の基礎を述べる．

10.2 析出の機構

　均一な結晶から母結晶とは異なるこまかな結晶が生ずる力となるものは何であろう

か．第9章で触れたように，変態点をもつ純金属は，変態点以上の温度から変態点以下の温度に冷却されたとき，変態点以上で安定であった相（結晶）の中に，変態点以下で安定である相の小さな結晶が新たに生ずる．この微細な結晶が拡散により成長し，全体が新しい相で占められると変態は終了する．析出の場合も合金中の一部の原子が集まって新たな結晶ができるので変態の一種ともいえるが，微細な結晶が生じた段階で変態は終了し，そのまま安定（あるいは準安定）な状態となるのが特徴である．

（1） 状態図と析出の関係

まず，どのような合金で析出が起こるかについて述べる．析出は，母結晶中に母結晶とは異なる結晶が出てくる現象であるから，母結晶を構成する原子以外の異種原子の存在が必要である．したがって，2種以上の原子からなる合金でなければならない．つぎに，この異種原子は合金中に均一に溶け込んでおり，時間の経過とともに母結晶の一部に集まる性質をもっていることが条件となる．以上のような条件を満足する合金の一例として Al-Zn 合金を取りあげる．

図 10.1 は Al-Zn 合金のアルミニウム側の状態図の一部で，アルミニウム中に均一に溶け込む（固溶体となる）亜鉛の量は温度の上昇とともに増えている．溶解度曲線

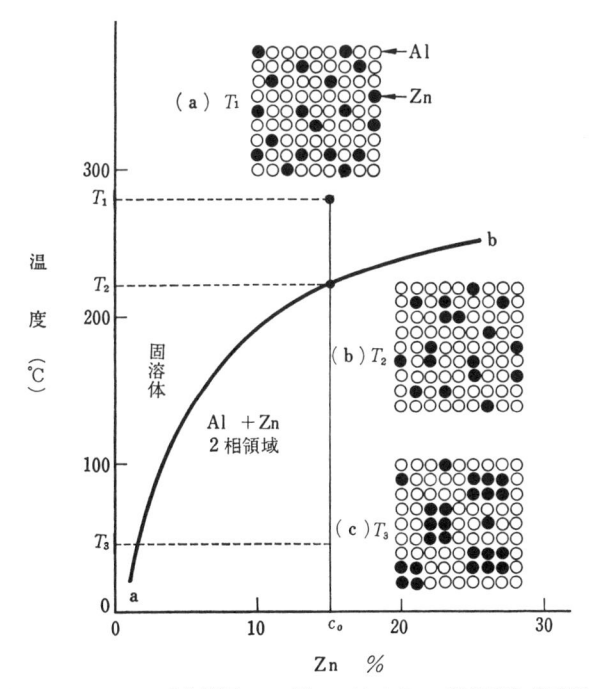

図 10.1　Al-Zn 系状態図の Al 側における Zn の溶解度と相変態

abより高い温度では，アルミニウム結晶の格子点に亜鉛が置換するかたちで均一に溶け込んでおり，曲線abより低い温度では，少量の亜鉛が溶け込んだアルミニウムと亜鉛の結晶が固相分離して平衡を保っている領域である．

まず，濃度c_0の亜鉛を含む合金を，アルミニウムと亜鉛が均一に混合している温度T_1から非常にゆっくり冷却したときの変化を述べる．T_1からT_2までは固溶体の領域であるから変化はないが，T_2以下の温度になるとアルミニウムの中に溶け込めなくなった亜鉛が徐々に集まり，亜鉛からなる結晶(少量のアルミニウムが固溶している)を形成する．温度が低くなるほどアルミニウム中の亜鉛の溶解度は小さくなるから，集まった亜鉛原子の数は増え亜鉛結晶は次第に大きくなる．合金の温度をT_3(室温)まで下ろせばT_3の温度の亜鉛溶解度になるまで亜鉛の結晶が大きくなり，安定な状態となる．このように，温度による溶解度の変化で溶け込んでいた原子が元の結晶からはみ出し，母結晶とは異なる結晶をつくる現象を広い意味で析出と呼んでいる．したがって，溶解度が図10.1のような変化を示す合金であれば，析出はごく普通に起こる現象である．

（2） 析出と時効の関係

前述のように，時効とは時間の経過(数分から数日)とともに効きめが現れてくる現象である．ではなぜ時間がかかるのであろうか．

図10.1で説明したように，T_1の温度から徐々に冷却すると溶けきれなくなった亜鉛の集合が始まる．ばらばらに溶けていた亜鉛原子が集まるために，亜鉛はアルミニウム結晶中を拡散しなければならない．亜鉛原子は置換型で固溶しているから，空孔の助けを借りて格子点を1つ1つわたってくる．亜鉛原子が1個所に集まるためには拡散する時間が必要である．亜鉛結晶を析出するために徐々に冷却するのは，亜鉛原子の拡散が十分行われるような時間的余裕を与えるためである．時間の経過とともに合金の諸性質に変化が起こっているので，時効現象の一種である．ただし，通常は高温から室温などへ急冷したのち放置したときに起こる現象を時効と呼んでいる．それでは，T_1の温度からいきなりT_3の温度まで冷却したらどうなるであろうか．

（3） 溶体化処理と時効

たとえば，図10.2のようにT_1の均一に溶け合った状態から温度T_3の水の中に合金を投げ込んで一気に冷却したとしよう．亜鉛の析出が起こるためには拡散が必要であり，それには時間がかかるから，短時間で冷却すると(d)のように亜鉛が均一に分布した状態のまま冷却されてしまう*．このような冷却処理法を焼入れ(quenching)

---

* アルミニウムは変態点をもたないので，前述のマルテンサイト変態は起こさない．

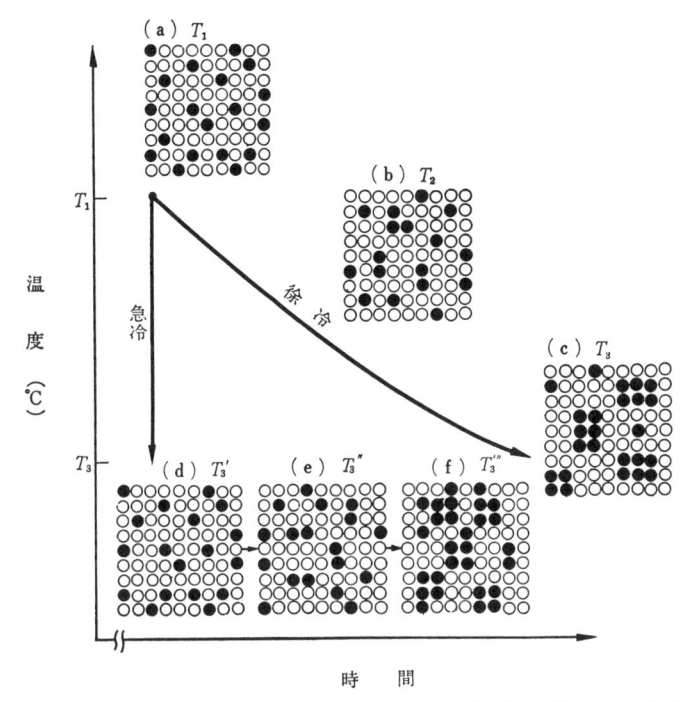

図 10.2 固溶体を徐冷した場合と急冷したのち放置した場合の相変態.（a）～（c）は徐冷，（d）～（f）は急冷後 T_3 で放置した場合

といい，固溶体の状態を室温まで保持するので溶体化処理（ようたいかしょり；solution treatment）とも呼んでいる．このとき，空孔の一部も同時に凍結される．

室温に急冷した Al-Zn 合金の平衡状態はアルミニウムと亜鉛の固相分離した状態であるから，むりやり亜鉛が溶け込まされている状態はエネルギ的に不安定である．したがって，亜鉛は徐冷したときと同様に集合して亜鉛の結晶領域をつくろうとする．Al-Zn 合金の場合，アルミニウム中の亜鉛は室温においても急冷によって凍結された空孔の助けを借りて拡散することができるので，図 10.2（d）から（f）のように室温に放置しておいても亜鉛は集合し始める．時間の経過とともに 1 個所に集まる亜鉛原子の数は増えてくるが温度が低いために大きな亜鉛結晶とはならず，原子が数 10～数 100 個集合した状態で停止する．この析出物は原子の集合の形態，結晶形などから種々の名が付けられており，平衡状態に達する前の安定相に準ずる相なので準安定相と呼ばれる．以上のように，溶体化処理した後，一定の温度で時効析出させる方法をとくに等温時効（とうおんじこう；isothermal ageing）という．

溶体化した後の時効温度を高くすれば亜鉛の拡散が活発になるので亜鉛の集合体

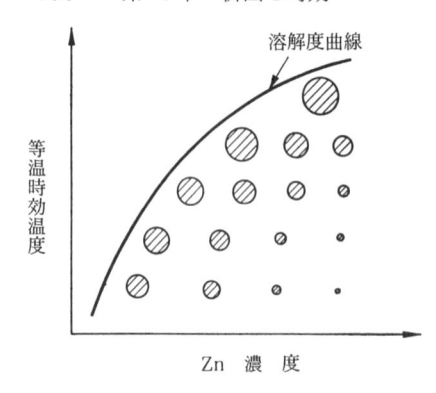

図10.3 析出物の大きさに及ぼす等温時効温度とZn濃度の影響

(析出物)は大きくなる。また，合金中の亜鉛濃度が大きいほど析出物の集合する場所が多くなり，析出物は小さくなる。図10.3に析出物の大きさに及ぼす時効温度と亜鉛濃度の関係を示した。

(4) G.P.ゾーン

原子の集合状態によってG.P.(ジーピー)ゾーンと呼ばれているものがある。たとえば，Al-4%Cu合金の場合，100℃前後で数時間から数日間時効すると，図10.4で示すように，最初にアルミニウムの(100)面上に銅原子が集合してくる。集合体の大きさは直径が5〜10 nm，厚さが1〜2原子層で板状をしている。この集合体は，アルミニウムの(100)面上に整列しているものの，独立した結晶といえるほどの大きさではなく，原子の集合した領域といった状態であり，研究者の名をとってギニエ・プレストン・ゾーン(G.P.ゾーン)あるいはG.P.帯という。このため，きちんとした結晶構造をもつ析出物とは区別する必要があるが，本書では便宜上G.P.ゾーンも析出物と呼ぶことにする。

G.P.ゾーンは準安定状態であり，時効時間の経過などによってより安定な相に変

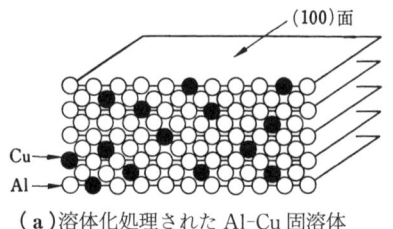

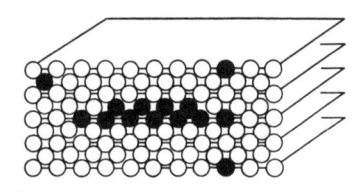

(a)溶体化処理されたAl-Cu固溶体　　(b)時効によってCu原子が(100)面上に集まっている状態。これがG.P.ゾーンといわれる

図10.4　ギニエ・プレストン(G.P.)ゾーンの形成

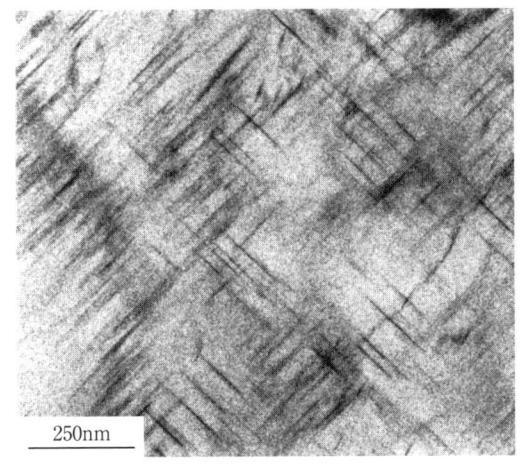

図 10.5 ジュラルミンを時効したときにみられる G.P. ゾーン（北田による）

わることもある．たとえば，図 10.5 に示すジュラルミンでは室温時効により最初に G.P. ゾーンが形成され，つぎにアルミニウムと銅を主成分にする中間化合物（準安定化合物）が析出する．

10.3 析出物の形

　母結晶中に均一に分布していた溶質原子が集合して母結晶中に新たな結晶が形成される場合，母結晶の結晶型や析出物の結晶型，これらの間の結晶方位関係などによって析出物はさまざまな形になる．

　析出現象は合金のもつエネルギを減少させる反応であるから，析出物はエネルギの最も低い安定な形となる．たとえば，図 10.6(a) のような異方性の大きい格子定数をもつ析出物の場合，a の面では母格子と析出物の格子がよく一致しているので両者の境界に生ずるひずみエネルギはきわめて小さく安定な状態であるが，b の面では格子の不一致により格子のひずみが大きく，界面に大きなひずみエネルギが生ずる．このような場合には，エネルギの増加をもたらす b 面の成長が抑えられて a 面の成長が促進される傾向を示す．このため，析出物の形は a 面の発達した (b) のような細長い形となりやすい．

　析出物の格子と母格子の格子が一致している場合，二次元的には四角形（母格子，析出物とも立方格子をもつとき）状の析出物となるが，析出の向きによって母格子の原子との結合力が異なる場合には，結合力の大きな面が発達し，細長い形になる．

　析出物と母結晶の格子がまったく一致せず，しかも析出物を構成する原子と母結晶

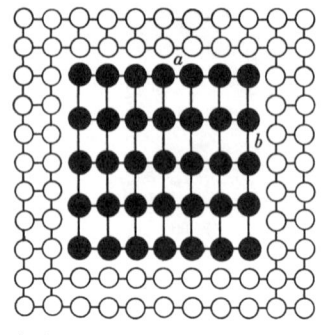

(a) a面の格子定数はよく一致し、b面では一致しない析出物

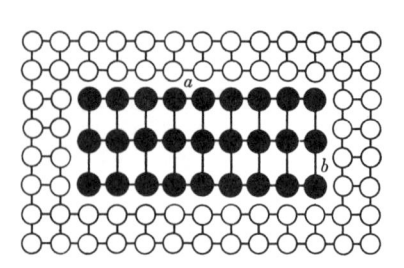

(b) 格子のよく一致する a面が発達した形状となる

図 10.6 析出物と母結晶の格子定数が異なる場合

の原子との結合力が非常に小さいような場合には、析出物自体のもつ安定な形(表面エネルギが少ない形、10.5(3)項参照)になる。析出物がとくに安定な形をもっていなければ、表面積の少ない円形(球)となる。

析出物と母格子の原子の結びつき具合に図 10.6 で示すような特別の関係がある場合には、析出物の結晶方位と母格子の結晶方位とが常に一定の関係になる。これを晶癖(しょうへき；habit)という。析出物が析出するときの一種の癖と考えればよい。実際の析出物は三次元の結晶であり、板状、針状、円柱状、円板状、六角板状、球状など多数の形状を示す。また、析出物の成長とともに形状が変わることもある。

10.4 析出硬化

(1) 析出物の硬さと結晶格子のひずみ

合金が硬化するのは、結晶が変形しにくくなることに等しい。すでに述べたように、結晶の変形は、転位の移動によるものである。転位の移動が容易な結晶は軟らかい結晶である。したがって、析出による合金の硬化は、析出物の出現によって転位が移動しにくくなることを示している。では、析出が起こるとなぜ転位が移動しにくくなり、硬化するのであろうか。まず、析出硬化の主な要因である析出物周囲の結晶格子のひずみと析出物の硬さについて述べる。

図 10.7(a)で示すように、転位をいくつか含む金属に応力 τ_0 を加えると、転位は表面まで移動して l だけの変形を起こす。これに対して、転位の移動しようとするゆく手(すべり面上)に転位が容易に通過できないような硬い析出物がある場合、析出物の左側にある転位は析出物という障害物の存在によって移動することができなくな

10.4 析出硬化

(a) τ_0 の応力で結晶中の転位がすべてはたらき，l の変形が生ずる

(b) τ_0 の応力では転位が析出物を乗り越えられないので，析出物を含む結晶の変形量は少ない($l>l'$)

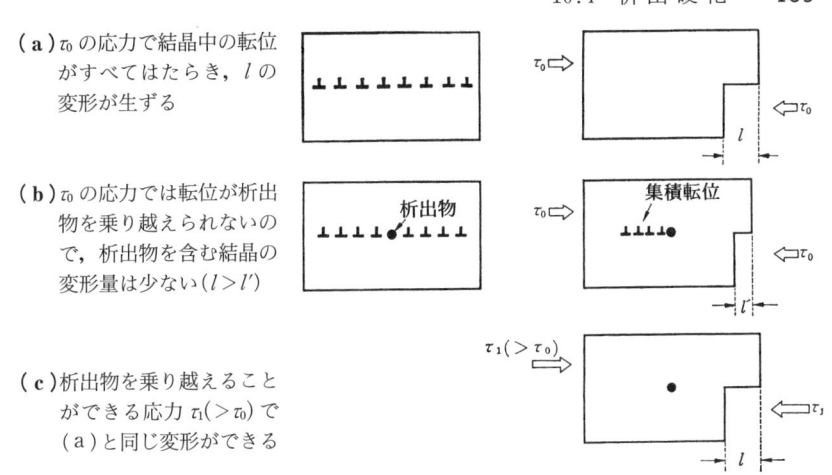

(c) 析出物を乗り越えることができる応力 $\tau_1(>\tau_0)$ で(a)と同じ変形ができる

図 10.7 析出物を含む結晶の変形(析出硬化の機構)

る．このため，応力 τ_0 によって生ずる変形は(a)の場合より少なくなる(b)．析出物という障害を乗り越えて転位が移動するためには，τ_0 より大きな応力 τ_1 を加えて障害物(析出物)を通過しなければならない．したがって，同じ長さの l の変形をするのに析出物のない結晶に比較して $\tau_1-\tau_0$ だけ余分な応力が必要である(c)．これは，析出物の存在によって金属が硬くなったことに等しく，析出硬化の原因の1つである．**図10.8**は析出物によって移動を止められた転位線を示す電子顕微鏡像である．

析出物が母結晶より非常に軟らかい場合には，**図10.9**(a)，(b)のように転位は容易に析出物を通過し，析出物を変形する．(c)は転位の通過によって生じた析出物の変形(くい違い)を示す電子顕微鏡像である．

つぎに，転位の移動を妨げる結晶格子のひずみについて述べる．たとえば，析出物を構成している原子が周囲の母結晶の原子より大きい場合には，**図10.10**(a)のような結晶格子の模型で示すことができる．この場合，母結晶と析出物の境界では結晶格子の大きさが異なるので格子は互いにひずんでいる．析出物の格子が大きい場合には，析出物周囲の格子は正常な位置より拡げられており，正常な位置に戻ろうとする力，すなわち縮もうとする力がはたらき，析出物は逆に拡がろうとする力をもっている．このようにひずんだ結晶部分を通り抜けようとする転位は，縮もうとする力あるいは拡がろうとする力に打ち勝たねばならないので，析出物を通過するのに余分な力が必要となる．厳密にいえばもっと複雑な力関係があるが，析出物のない結晶中を移動する場合に比較して転位は非常に移動しにくくなる．転位が移動しにくくなることは金属の変形がより困難になることであり，ひずみの存在によって硬くなったことに

160　第10章　析出と時効

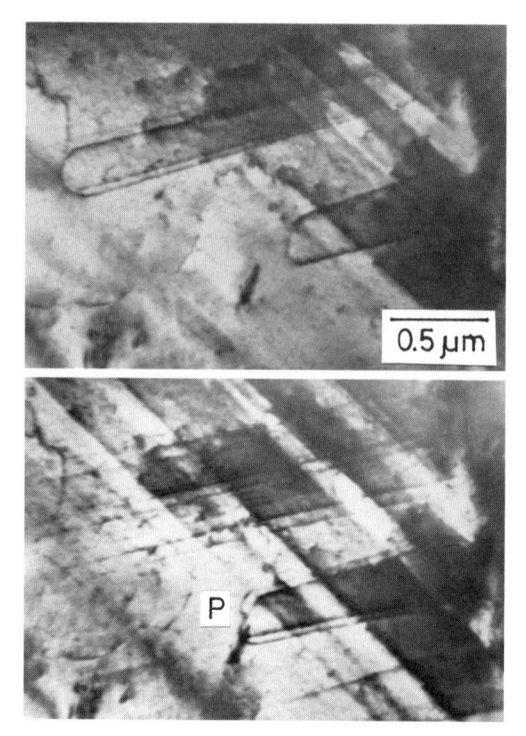

図 10.8　結晶中を移動する転位と析出物(P)に止められる転位(北田による)

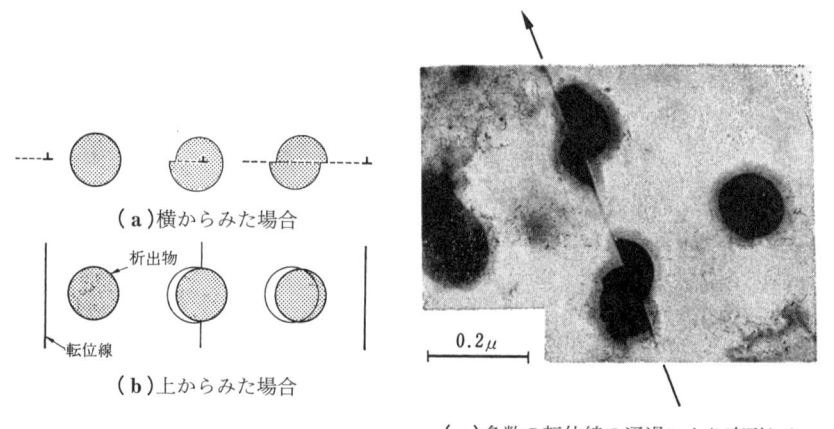

(a) 横からみた場合

析出物
転位線

(b) 上からみた場合

(c) 多数の転位線の通過により変形した析出物．矢印が転位線の通過した方向(グライタ氏による)

図 10.9　析出物が軟らかい場合の転位の通過による析出物の変形

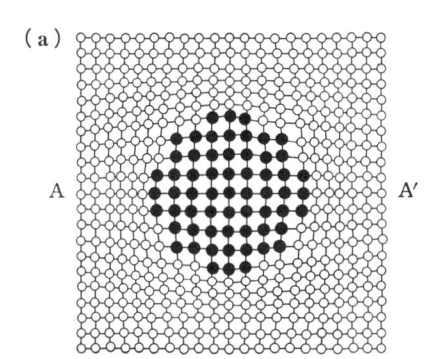

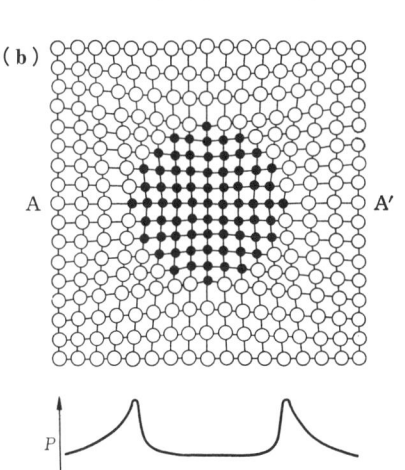

10.4 析出硬化　161

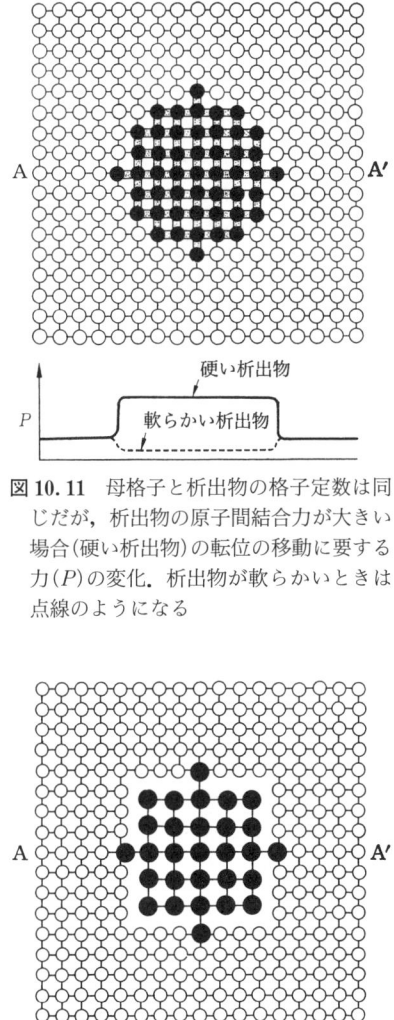

図 10.11 母格子と析出物の格子定数は同じだが，析出物の原子間結合力が大きい場合(硬い析出物)の転位の移動に要する力(P)の変化．析出物が軟らかいときは点線のようになる

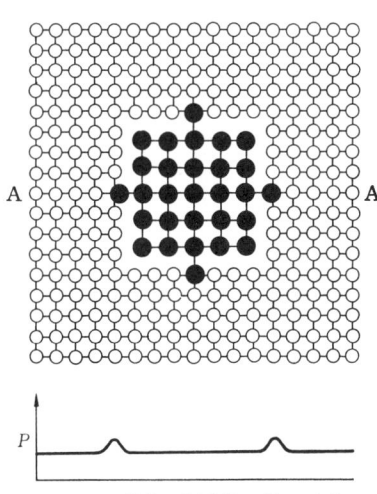

図 10.10 析出物による格子のひずみと転位が A から A′ まで通過するのに必要な力(P)の例．(a)析出物の格子定数が大きい場合の結晶のひずみ．(b)析出物の格子定数が小さい場合の結晶のひずみ

図 10.12 母結晶と析出物の格子定数との差が非常に大きく，格子の連続性が破れる場合．P は転位の移動に要する力

等しい．析出物の格子定数が母結晶より小さい（b）の場合も同様である．

図10.11のように，周囲の母格子と析出物の格子の連続性がよい場合には，結晶のひずみによって転位が移動しにくくなることがあまりないが，析出物が非常に硬くて変形しにくいときには，転位が析出物を通過できないので，図10.7で示したように転位の移動が阻まれ，析出硬化の原因となる．析出物が非常に軟らかい場合には硬化に寄与しない．析出硬化あるいは時効硬化は，以上のように転位の移動を妨げる析出物のはたらきが原因である．

母結晶と析出物の原子間隔（あるいは格子定数）の差が数10%以上に大きくなると，図10.10で示したような結晶格子の連続性（整合性）は破れ，結晶方位もずれて，図10.12で示すような格子のつながりがない状態となる．この場合には，図10.10のような母結晶と析出物の境界面近くに生ずる結晶格子のひずみはきわめて少なくなり，転位の移動にあたり，ひずみを克服するための余分な力は不要となる．しかし，母結晶と析出物の格子が不連続なため転位のくい違いの大きさ（バーガース・ベクトル）を大幅に変化させなければならないので，このために余分な力が必要となる．また，析出物が母結晶より硬ければ析出物自体の硬さによる硬化も加わり，析出硬化の一因となる．

（2） 析出物の大きさと分布

析出硬化の第一の原因は析出物の硬さと析出物の周囲に生ずる結晶格子のひずみであるが，これと同程度に重要なのは析出物の大きさと分布（析出物と析出物の距離）である．図10.13は析出物の結晶型，硬さなどの性質および析出物の総量が同じで，析出物の大きさだけが時効時間の増大とともに変化した場合の硬さの変化である．一般に，析出物が小さすぎても大きすぎても硬さは最大とならず，硬さが最大となるような最適な大きさがある．これと同時に析出物の分布にも最適な値があり，析出物の大きさと分布が最適な状態で硬さは最大値を示す．

ここで，転位線の弾性的な性質を考慮した析出物との相互作用について述べる．前

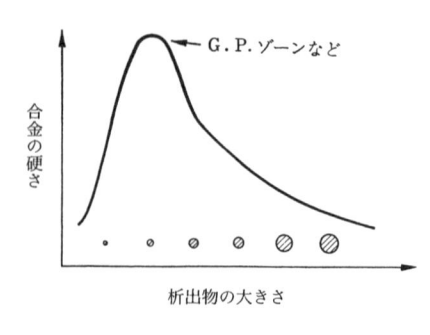

図10.13 時効した合金の硬さと析出物の大きさ

10.4 析出硬化

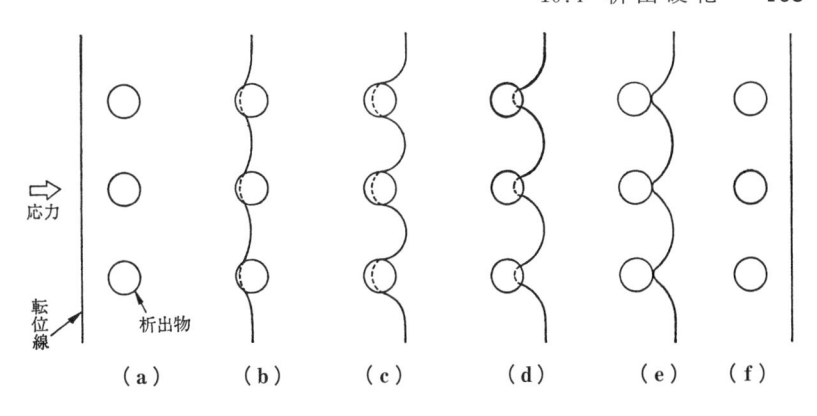

図10.14 母格子より通過しにくい析出物を通過する転位線はわん曲する

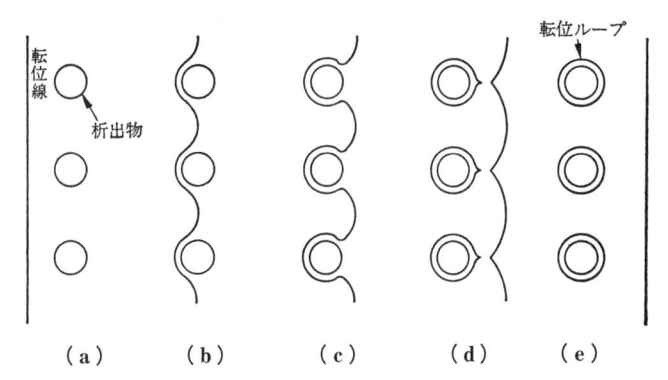

図10.15 析出物の周囲に転位ループを残して通り過ぎる転位線

に述べたように，原子と原子は伸び縮みするばねでつながれているような状態であるから，原子面が1枚抜けてできた転位線も力を加えられて移動しようとする場合には，伸びたり縮んだりすることができる．たとえば，ゴムひものようなものを考え，これがある程度引張られている状態によく似ている．母結晶より硬い析出物が存在する場合には，図10.14で示すように，析出物に突き当たった部分の転位線は母結晶中を移動する転位線より移動しにくいので後方に取り残され，全体としては曲がりくねった（わん曲した）状態となる．析出物が硬かったり，析出物周囲の結晶が著しくひずんで転位が析出物を通過できないような場合でも，析出物が大きいと，転位線はすべり面を変えて析出物のわきを通り抜けてゆく（クロス・スリップという）ことができる．

また，図10.15で示すように自在にわん曲して析出物の周囲に転位の輪をつくり，

この輪を残したまま通り抜けてゆくこともある．捕えられたとかげが，尻尾を置いて逃げ去るのとよく似ている．この機構は，オロワン(ハンガリー，英)によって提案されたのでオロワンの機構と呼ばれている．析出物が小さく間隔が狭いときにはオロワン機構による硬化がみられるが析出物が大きく間隔が広いときには，析出物が存在していても比較的容易に転位が移動して変形が進むのであまり硬くならない．時効しすぎて析出物が大きくなりすぎ，かえって軟らかくなることを過時効(overageing)という．

転位線はかなり自在に曲がれるが，ゴムひもも引張り過ぎると曲げることができないように，転位のもつ伸び縮みの力(張力)にも限界があり，わん曲した転位の曲率半径は数〜数 10 nm 以下にはなれない．析出物の大きさと距離が転位の曲がりの限界に近くなると，転位はわん曲したり，転位の輪を残すような自由自在な動きができなくなり，図 10.16(a) で示すように最小の曲率半径で曲がったまま析出物によって釘づけされてしまう．転位が身動きできなければ変形は進まないので，この状態は析出物によって著しく硬くなった状態ということができる．転位を最小の曲率半径に釘づけするために必要な析出物の大きさと析出物間の距離は 10 nm 前後とみられている．ただし，金属の組み合わせや母結晶と析出物の硬さの違いなどによって寸法(サイズ)効果は若干異なる．Al-Zn や Al-Cu 合金の G. P. ゾーンの場合は 5〜20 nm 程度である．通常，析出物の小さいときには析出物間の距離も小さいので転位を効果的に釘づけする．析出物が 5〜20 nm でも密度が低いと(b)のように転位への影響が少なく，硬くならない．

析出物が小さすぎる(数 nm 以下)場合には，析出物周辺の格子のひずみは小さい．

(a) 析出物が小さく，密度が高いとき．硬化大
(b) 析出物は小さいが密度も低いとき．硬化小
(c) 析出物が小さすぎるとき．硬化小
(d) 析出物が大きく密度が低い場合．硬化きわめて小

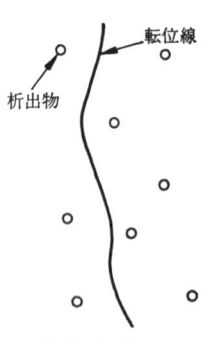

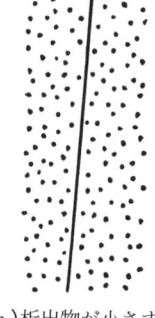

図 10.16 析出物の大きさと転位のわん曲

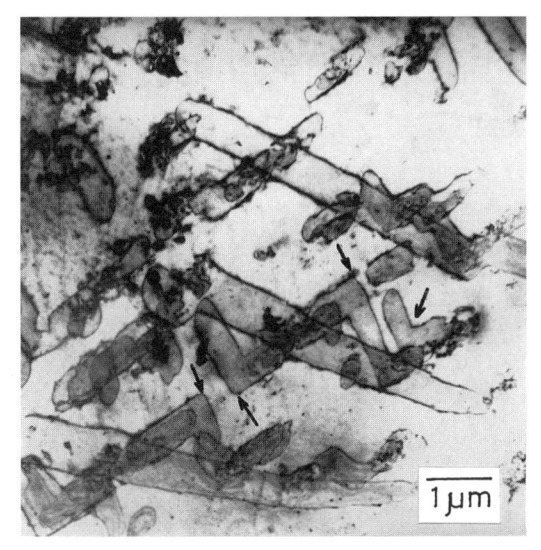

図 10.17 析出物と転位の相互作用．矢印の場所でクロス・スリップしている（北田による）

しかも，転位は数 nm 以下の曲率半径にわん曲することができないので，転位線の力が析出物に基因する格子の乱れなどの障害の力より大きくなり，図 10.16（c）のように析出物を無視してしまう．このため，析出物が小さすぎると転位を釘づけすることができない．このような状態では，転位線は析出物を無視して小さな力で移動できるので，あまり硬くならない．析出物が大きく密度が低いと（d）のように析出物の影響は少なく，転位はかなり自由に動けるので硬化は小さい．このほか，析出物の形によっても格子のひずみなどが異なるため，析出硬化に差が生ずる．

以上述べた析出硬化の主な原因をまとめると，
（1）　析出物の硬さ
（2）　母結晶と析出物の格子定数の差による結晶格子のひずみ
（3）　析出物の大きさ（サイズ効果）
（4）　析出物の密度
（5）　析出物の形

などに大別できる．実際の時効硬化では，これらの要因が複雑にからみあっているが，いずれにしても転位の移動がより難しくなるほど硬くなると考えればよい．

このほか，塑性変形に必要な転位を供給する転位源となっている転位線に優先析出などが生じた場合には，転位の増殖が困難になるので，これも硬化の原因となる．図 10.17 に析出物と転位の相互作用とクロス・スリップを示す．

10.5 析出に伴うエネルギ変化

(1) 原子の集合

　急冷した固溶体から析出物が生ずるのは，主に合金内部の原子の結びつき具合，つまり原子の結合力が温度によって変化するためである*．原子の結合力の変化は，結晶のもっているエネルギを減少させ，結晶をエネルギ的に安定化する向きに進む．

　B原子を数％含むA-B二元系合金のB原子の溶解度が図10.1のように変化する場合の析出を考える．A, B 2金属からなる固溶体にはA-A, B-B, A-Bの3種の原子間結合があり，固溶状態ではA原子とA原子の結合力 V_{AA}，A原子とB原子の結合力 V_{AB}，B原子とB原子の結合力 V_{BB} はほぼ同じ強さである．このため，A, B両原子が結晶中のどの格子点を占めていてもエネルギ変化はなく，A, B両原子は無秩序に混じり合っている．

　これに対して，溶解度曲線より低い温度になると，V_{AA}, V_{AB}, V_{BB} に差が生じ，B原子の析出物が生ずる場合には，V_{AA}, V_{BB} は強いが V_{AB} はきわめて弱くなる．このためA原子はA原子と，B原子はB原子と結びつき，A原子の集合している場所とB原子の集合している領域に分かれる．以上の変化をもう少し詳しく述べる．

　AB両金属が均一に混合している状態での V_{AA}, V_{AB}, V_{BB} の大きさはほとんど同じであるから，図10.18(a)のようにB原子は結晶中のどこの位置にいてもエネルギ状態は変わらない．固溶状態のB原子は結晶格子の中をあちこちを拡散しているが，

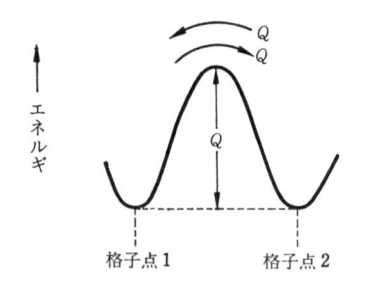

(a) 固溶体におけるB原子のエネルギ状態．どこの格子点でもほとんど同じである

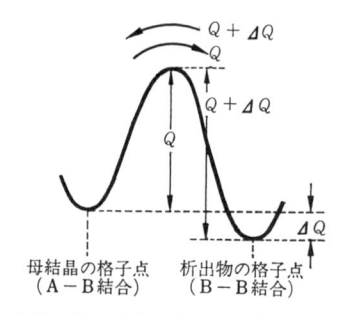

(b) 析出物と母結晶中のB原子のエネルギ状態．ΔQ だけ活性化エネルギが異なる

図10.18 A-B固溶体と析出物が生ずる場合の原子のエネルギ状態

---

* 前述のように，高温では結合エネルギのほかに無秩序に配置するような力がはたらくが，難しい問題なので，ここでは結合力だけを考える．

すべての位置がほとんど同じエネルギ状態なのでB原子が特定の場所に集まるようなことはない．

　これに対して温度が溶解度曲線以下になるとV_{AB}よりV_{AA}あるいはV_{BB}が大きくなる．固溶状態で均一に分布していたB原子が偶然隣り合って結合すると，V_{AB}よりV_{BB}のほうが大きいので，B原子は互いに強く引きとめ合う．このような格子点を占めたB原子は，結晶中を容易に動きまわることのできるエネルギを失い，図10.18(b)のように，固溶体中(母結晶)の格子点を占めている場合より低いエネルギ状態(ΔQに相当する)となる．母結晶の格子点に戻ろうとするB原子はΔQだけ大きな活性化エネルギを必要とするから，母結晶中には戻りにくくなる．B-B結合して動きのとれなくなったB原子の存在する場所に，他のB原子が拡散してくると，新たに拡散してきたB原子も前から集合しているB原子と強く結合して身動きがとれなくなる．このようにして，集合するB原子の数が増え，B原子固有の集合状態あるいは結晶構造を示す析出物となる．

(2) 析出に伴う発熱

　析出したB原子は互いに強く結合し，固溶体の状態でもっていた結晶内を自由に動き回るエネルギを失う．このエネルギは図10.18(b)で示したΔQにほぼ等しく，析出するときには余分になるので，結晶外に熱として放出する．析出は固溶体から新しい結晶(相)が生ずる相変態の一種であり，上記の発熱は金属が液体から固体に変態するときに放出する凝固熱と同種のエネルギ変化である．

　第11章で述べるように，物質が安定な状態になるのは，もっているエネルギが最小になったときである．析出の場合も，余分なエネルギを放出して自らは最小のエネルギ状態となる現象であるから，析出に伴って放出される熱は，析出物を安定化するエネルギの変化と考えられ，変態のエネルギ(厳密には自由エネルギ)変化という．

(3) 臨界核とエネルギ変化

　前述のように，B-B結合の存在する場所にB原子がつぎつぎに集まってくれば，析出物はそのまま大きく成長する．ところが，結晶中の原子は絶えず熱振動しており，"ゆらぎ"の現象があるため，B-B結合している原子でも拡散に必要なエネルギを周囲の原子からもらうと，**図10.19**のようにB-B結合を切って再び固溶体(母結晶)中へ飛び出してゆく．この再溶解現象のため，せっかくB原子が集まって結晶をつくりかけても途中でB原子の集合が消滅する現象が起こる．B原子の集まった析出物の芽が大きく成長するためには，集まるB原子の数が，飛び出してゆくB原子の数より多くなければならない．大きく成長できるか，あるいは消滅するかは析出物がエネルギ的に安定な状態になったかならないかで決まり，安定-不安定の境目の析

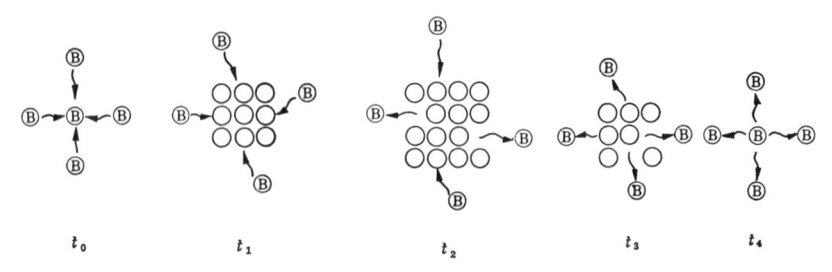

図 10.19 集合した B 原子の再溶解現象．Ⓑは固溶している B 原子，時間は t_0 から t_4 へ進む

出物結晶の大きさを臨界核（りんかいかく；critical nucleus）という．臨界核以上の大きさになれば，これを核にして析出物は大きく成長する．

原子の結合力の面からみると，B-B 結合は B 原子が母結晶中に飛び出してゆくのを引きとめる役目を果たしており，B 原子の集合状態を安定化する結合状態と考えることができる．これに対して，析出物表面の A-B 結合は B 原子が母結晶中に飛び出してゆくのを許すので B 原子の集合（析出物）を不安定にする結合状態である．したがって，臨界核の大きさは析出物中で B-B 結合している B 原子の数と析出物表面で A-B 結合している原子の数の大小に関係している．

析出物を安定化する変態によるエネルギ減少は B-B 結合の数であるから，析出物の体積に比例する．析出物を不安定にするエネルギの増加は，A-B 結合の数であるから，析出物の表面積に比例する．このため，析出物を不安定にする表面エネルギ（surface energy）*と呼ぶ．

ここで，析出物を 1 辺 a の立方体と仮定すれば，析出物を安定化する変態でのエネルギ減少は**図 10.20** で示すように a^3 に比例し，析出物を不安定にする表面のエネルギ増加は a^2 に比例する．析出物の成長に伴う合金のエネルギ変化は，変態エネルギと表面エネルギの大小関係に依存し，表面エネルギと変態エネルギの差（図 10.20 の ΔG 曲線）で示される．析出物が小さいうちは，析出物の体積に比較して表面積が大きく，析出とともにエネルギは増加するが，r_c で極大を示したのち，r_0 以上になると変態エネルギのほうが大きくなり，合金のエネルギは減少する．したがって，エネルギ的に考えて完全に安定な析出物の大きさは r_0 以上である．ただし，析出物の成長に伴う合金のエネルギは r_c まで増加し続けるが，r_c 以上では析出物の成長によって減少の方向に転ずる．このため r_c 以上では，析出物が成長したほうがエネルギ的に有利になり，大きく成長する確率も大となる．一方，r_c 以下では逆に消滅する

---

* 表面エネルギの実体についてはわからないことが多い．

10.5 析出に伴うエネルギ変化　169

表面エネルギ（$\propto a^2$）

エネルギの増加分

ΔG
（合金のエネルギ変化）

r_c　r_0　析出物の大きさ

エネルギの減少分

変態のエネルギ（$\propto a^3$）

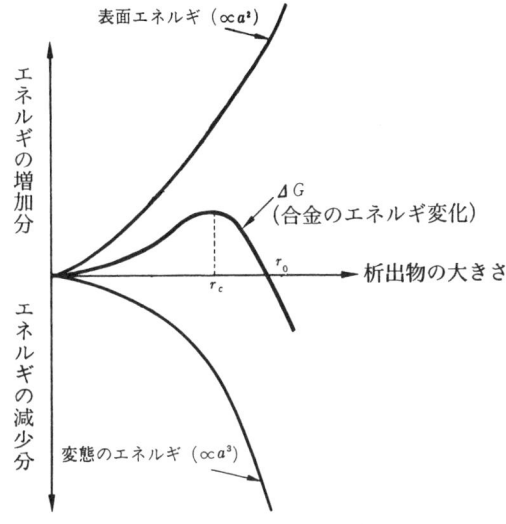

図 10.20　析出物（原子の集合数）の大きさと変態エネルギ，表面エネルギとの関係．r_c が臨界核の大きさ．r_0 以上になって完全に安定となる

臨界核の大きさ

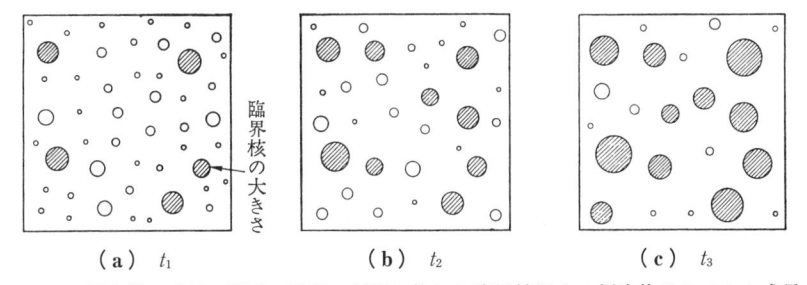

（a）t_1　　（b）t_2　　（c）t_3

図 10.21　析出核の成長と消滅の模型．斜影を施した臨界核以上の析出物はそのまま成長するが，臨界核以下では消滅するものもある．t は時刻を示す（$t_1 < t_2 < t_3$）

確率が大きくなる．したがって，r_c は成長するかしないかの分かれ目の大きさで，臨界の大きさの核・臨界核といわれる．しかし，変態エネルギ，表面エネルギだけでは理解できない析出過程も多く，ひずみエネルギなども考慮しなければならない．

　図 10.21 は上述のように考えた場合の析出物の成長と消滅の模型で，臨界核以上になった析出物はそのまま成長するが，臨界核以下の析出物では消滅するものもある．臨界核以上の析出物の数が増えてくると，固溶原子の濃度は減少し，成長する析出物に固溶原子が集中するので，新たな析出物の発生は少なくなる．

(4) 析出速度

析出速度は，原子の集合に必要な拡散速度と析出核形成の難易によって決まる．拡散速度は高温になるほど高くなるから，拡散の効果だけを考えると，時効温度が高いほど析出速度は増す．しかし，時効温度が高くなると原子間結合力が小さくなり（変態のエネルギ変化が小さくなる），熱振動も激しくなるため，母結晶中に再固溶してゆく原子の数が多く，析出核の形成が困難になる．このため，図10.22(a)で示すように，時効温度の中間に析出速度最大の温度範囲ができる．時効温度が低い（析出物が小さい）ほど時効硬化が大きい．硬さが析出量に依存する場合には，時効硬化曲線（じこうこうかきょくせん；age hardening curve）は図10.22(b)のような変化をする．ただし，あまり温度が低すぎると拡散が不十分となり，析出硬化は起こらない．

図10.23は固溶原子の濃度による時効硬化曲線の変化である．固溶原子の濃度が高くなると，拡散している固溶原子の出会う確率が高くなり，析出核の形成は容易に

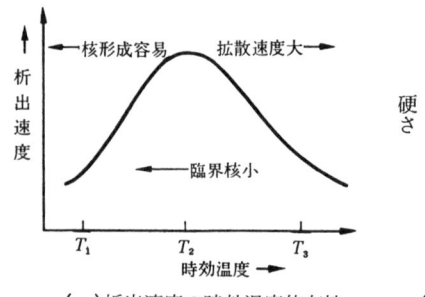

(a) 析出速度の時効温度依存性

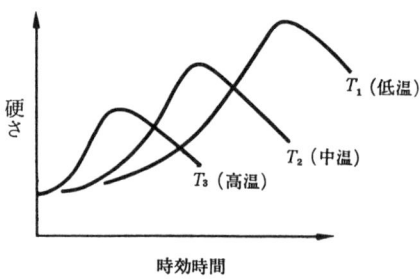

(b) $T_1 \sim T_3$ に相当する時効温度での硬さの変化．時効温度の低いほど析出物が小さく硬化が大きいときの例

図10.22 析出速度と時効温度との関係

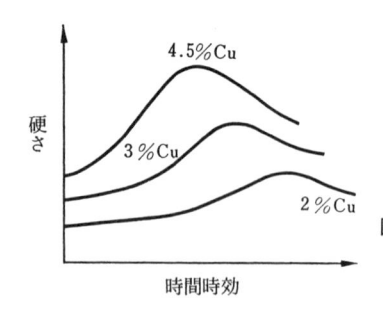

図10.23 Al-Cu合金の時効硬化に及ぼすCu濃度の影響(190℃)．出発点の硬さの差は固溶による硬化の差である

なる．エネルギの面で考えると，固溶原子の多くなるほど析出によってエネルギを失う原子の数が多くなるので，変態エネルギの変化量も大きくなる．このため，固溶原子濃度の高い合金ほど時効速度が速くなる．また，変態エネルギの変化量が大きくなると析出物は小さくても安定になるので，析出物は微細になり，硬化の度合も大きくなる．

10.6 析出に及ぼす欠陥の影響

(1) 不純物原子

析出物が生ずるきっかけとなる原子の集合は，拡散している固溶原子が隣り合うことから始まる．固溶原子が隣り合うのは偶然(確率的)のことであるから，固溶原子の集合しやすさは結晶中のすべての場所で同じである．しかし，もし結晶中に固溶原子が集まりやすい場所があれば，他の結晶部分に先立って析出が起こる．原子の集まりやすい場所としては，合金の主成分以外の不純物原子が存在する格子点の周囲，転位線，結晶粒界などである．これらの場所における析出現象を優先析出(preferred precipitation)と呼んでいる．

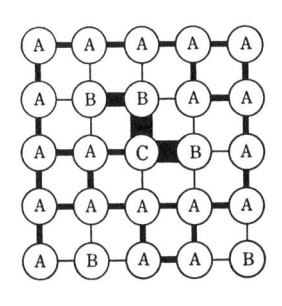

図10.24 固溶原子と強く結合して固溶原子Ⓑの集合場所をつくる不純物原子Ⓒ．原子間結合力の強さを線の太さで示した

不純物原子も優先析出の場所を提供するものの1つであるが，すべての不純物原子が固溶原子を集まりやすくするわけではない．図10.24のように固溶原子との結合力が非常に強い場合や，固溶原子の集合によって生ずる表面エネルギやひずみエネルギを減少させる場合である．この結果，臨界核が小さくなって析出物が微細化したり，析出速度が増大することもある．しかし，不純物原子が空孔と強く結合する場合には，固溶原子の拡散(空孔機構で拡散する場合)に必要な空孔が不足するため，析出は抑制される．

(2) 転　位

第5章で述べたように，転位の周囲には圧縮力や引張力がはたらいているので，大きさの異なる原子は転位の周囲に集まりやすい．しかも，結晶中を互いに動き回って

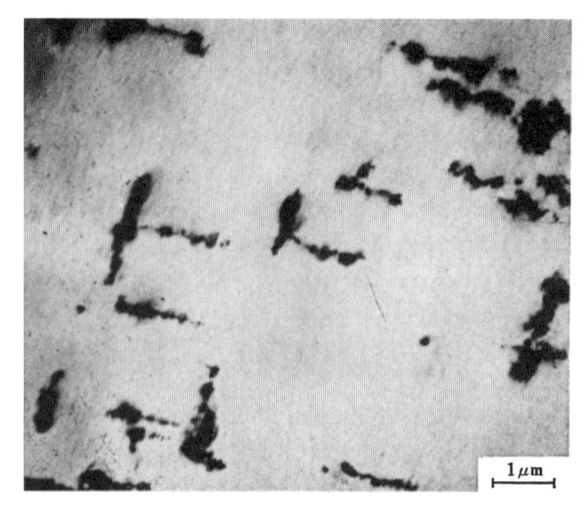

図 10.25 転位線への析出を示す電子顕微鏡像(北田による)

いる原子が出会う確率より，一方の原子が静止していたほうが出会う確率は大きいから，転位の存在する場所では，転位の存在しない場所と比較して析出物が生じやすい．図 10.25 は数％塑性加工して転位を導入した合金を時効したときに転位線に生じた析出物の例である．

　転位線に優先析出が起こることによって，析出物の大きさ，密度，析出速度などが影響を受ける．少量の転位部分で優先析出が起こって転位のない部分での析出が抑えられると，結晶核の密度が減少し，析出物は粗大化する．これに対して，転位密度が高いときには析出物密度は高くなり，析出物は微細化する．

　転位への優先析出が起こると析出速度は一般に増大する．析出による合金の硬さの変化と塑性加工の有無を調べると，一般に，強加工によって硬さの最大値を示すまでの時間が短縮される．

　ただし，析出物の性状により転位の影響は異なる．たとえば，時効の初期に準安定相が析出する場合には，転位の部分でいきなり安定相が析出することもある．

(3) 結晶粒界

　結晶粒界は転位などの欠陥を多量に含んでいるから，優先析出の場所になりやすい．図 10.26 は結晶粒界に優先析出した例である．また，結晶粒界に優先析出が起こったために，結晶粒界周辺の固溶原子が結晶粒界に集まってしまい，結晶粒界に沿って析出物のない領域ができた例でもある．

　図 10.27 で示す層状の析出物は，結晶粒界から成長したものである．二相分離型

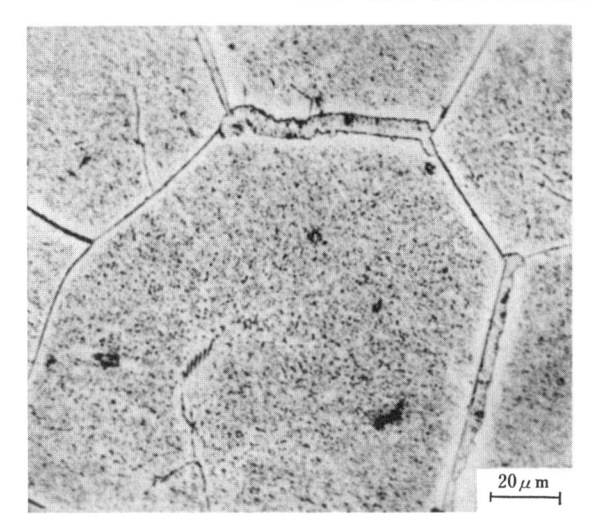

10.6 析出に及ぼす欠陥の影響　173

図 10.26 粒界への優先析出により，粒界の周囲の固溶原子の濃度が減少し，析出物のない層ができた例（北田による）

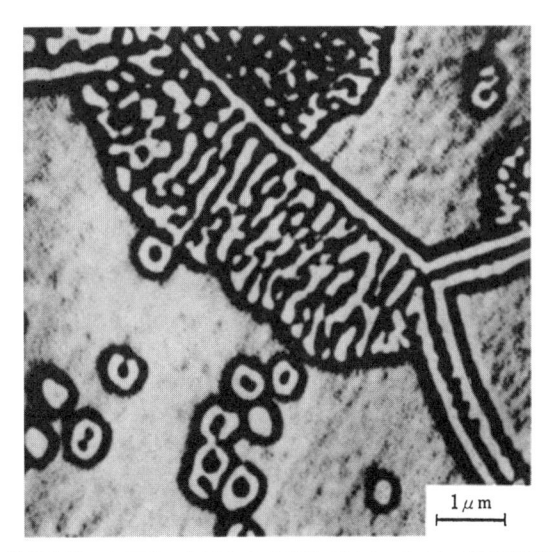

図 10.27 結晶粒界から層状に析出した析出物（北田による）．粒界反応と呼ばれる

の状態図をもつ合金系では，しばしば結晶粒界から2相が層状となって同時に成長する析出形態を示すことがある．この反応は主に結晶粒界から発生するので粒界反応（りゅうかいはんのう；boundary reaction）と呼ばれている．

このほか析出物と非常によく似た酸化物結晶などの介在物が存在する場合，これを核にして析出物が成長する場合，水素原子の集合による空洞の形成，などの現象がみられる．

10.7 析出の応用

最初に開発されたジュラルミンが今もって析出硬化型合金の代表であるように，析出の応用は金属を強くすることにある．ジュラルミンはAl-Cu-Mg系の合金であるが，Al-Zn，Al-Mn，Al-Agなども同様の析出硬化型合金である．たとえばAl-4%Cu合金は時効により純アルミニウムの7～8倍の硬さとなる．鉄では炭素，ホウ素，窒素，銅，バナジウム，ニオブ，チタン，ジルコニウム，タングステンなどを添加するとこれらの化合物が析出して硬化を起こす．ステンレス鋼は耐食性を改良するためにクロムやニッケルを加えた合金鋼であるが，比較的軟らかい．強くするためのただ1つの手段は加工硬化であったが，上述のように析出硬化型とすることができるようになった．以上のほかにも多数の合金で時効硬化が利用されている．

最近の利用例では超電導材料の析出による臨界電流密度の増大化がある．ニオブは極低温で電気抵抗をまったく示さない超電導状態になり，抵抗損失のない電流を通すことが可能である．しかし，純ニオブでは一定以上の電流を通ずると超電導がこわれてしまうが，チタンやジルコニウムなどを加えて析出物を分散すると，3桁以上も高い電流を流すことが可能となる．また，永久磁石でも析出を利用して強力な磁石とする．

第 11 章
電子の振舞い

11.1 電子論の歴史

　人類が最初に電気に接したのは紀元前6世紀頃と思われる．宝石の1つとして知られている黄褐色の琥珀(こはく)を毛皮や布にこすりつけると，羽や毛を引きつける．松やに(脂)が地下に埋もれて固まった琥珀は天然の樹脂であり，ギリシア人はエレクトロン($ηλεxτρον$)と呼んだ．私たちの着ている羊毛や合成繊維製の衣服がパチパチと音を立てて火花を散らしたり，ごみを吸いつけるのも同じ現象である．現在では，誰でも摩擦によって生じた静電気がその正体であることを知っている．琥珀のもつ不思議な性質は古代人たちを驚かせたに違いない．

　琥珀の静電気が科学的に取り上げられたのは17世紀になってからで，摩擦で電気を起こして火花を散らせる機械などがつくられた．18世紀になると摩擦によって生じた電気を針金に流す実験が行われ，電気流体，すなわち電流が発見された．フランクリン(米)は前述の火花機械の火花と雷光が同じものであることに気づき，有名な凧の実験を行った．これが，避雷針発明のきっかけとなり，電気の性質を利用した最初の実用的電気装置となった．

　1785年にクーロン(仏)らは，正と負の電気の間には距離の二乗に反比例するような引力がはたらくこと(クーロンの法則)を明らかにし，まもなく同じ符号の電気が反発することも発見した．18世紀末には電池が発明され，電気分解によって新しい金属の分離などが行われた．19世紀に入ると，電気と磁気は互いに強い相関関係をもっていることがわかり，電磁気学の基礎がつくられた．たとえば，らせん状に巻いた針金に電流を流すと強い磁石になることや，磁石の間で針金を動かすと電流の生ずることが発見され，電信機，電動機へと発展した．

　19世紀後半には低真空のガス放電管で陰極から陽極に向かって電気の流れる(陰極線)ことがわかった．この頃から，物質が原子でできているのと同じように電気も小さな粒子でつくられていると考えるようになり，1891年ストーニ(アイルランド)は電子(electron)と名付けた．一方，放電管のフィラメントから出る陰極線(電子の流れ)が金属に当たると，金属から目には見えない得体の知れない光線が出ることを発見したレントゲン(独)は，これをX線と名付けた．X線の波長は当たった金属原子

の種類によって変わり，原子のもつ電子の数とともに規則的に変化することが明らかにされた．

1906年頃，ラザフォード(英)は薄い金属板に放射線の1つであるアルファ線を当てる実験から，原子には中心に原子核と呼ばれる重い粒子があり，その周囲を軽い電子が回っていることをつきとめた．ラザフォードは，原子核や電子を私たちの身のまわりにある固い玉のように考えたが，ガス放電管に水素などを封じ込んで放電させたときに放射される光が，**図11.1**で示すように，封じ込めた元素に特有のいくつかの波長(スペクトル)をもつことは説明できなかった．

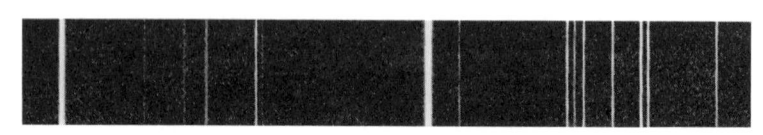

図11.1 原子の発する光のスペクトル

1913年，ボーア(デンマーク)は原子のなかで電子がとびとびの決められたエネルギをもっていて，原子核の周囲を安定に回り続け，電子が1つの安定なエネルギの状態から他の安定な状態に移るときにエネルギを吸収したり放出して，このエネルギ差に等しいエネルギ(色)をもった光が出ると考えた．電子のもつとびとびのエネルギは，1900年にプランク(独)が提案した量子論(りょうしろん)を強く支持するものであった．プランクは，熱輻射(ねつふくしゃ)などのエネルギが物質と同じように小さな粒子からなっていると考え，すべてのエネルギはその最小単位(作用量子)の何倍かであるとした．ボーアの考えた電子のとびとびの値とは，プランクの考えたエネルギの最小単位の倍数であり，原子核周囲の電子のもっているエネルギが量子論で説明された．

1920年代に入り，電子は粒子としての性質だけではなく，波としての性質ももっていることが示された．これは新量子論とも呼ばれ，金属中の電子の振舞いが次第に明らかとなった．新量子論により金属の特徴である電気や熱をよく伝える性質，変形しやすいこと，不透明な光沢をもつことなどが一応説明できた．しかし，種々の金属が固有の結晶構造をもつことや，温度によって変態する理由，合金化したときの性質の変化などでは，現在でも説明できないことが多い．

11.2 電子の挙動

(1) プランクの量子論

太陽の周囲を回る惑星のように，電子が原子核の周囲を回っている原子模型は非常

にわかりやすい．このラザフォード-ボーアの原子模型が出るほんの少し前，前述のようにプランクは量子論(quantum theory)と呼ばれる考え方を提案した．

物体が周囲より高い温度になると，周囲に対して熱を放出する．熱の放出を輻射と呼んでいるが，物体が500〜600℃になると赤熱(せきねつ)し，高温になるにつれて白熱する．輻射される光の波長を測定すると，白熱するほど光の波長は短くなる．すなわち，高温になると光の周波数(波としての振動数)は高くなる．

物体が光としてエネルギを放出する機構は19世紀の物理学者の難題であったが，プランクはエネルギが物質と同じように小さな粒子から成り立っており，量子となって放出されると考えた．光のエネルギの大きさを周波数で割ると，すべての光は同じ大きさのエネルギ単位* h の整数倍 $nh(n=1, 2, 3,……)$ になる．このエネルギの最小単位 $h(n=1)$ をプランクの定数(Planck's constant)といい，通常 h で示す．光の周波数を ν とすれば，光のエネルギは nh と ν の積 $nh\nu$ となる．$h\nu$ のエネルギをもった粒子は量子(quantum)と呼ばれる．$h\nu$ は定数であり，n は整数であるから $nh\nu$ は n とともに不連続的に変化することになる．これは，周波数が ν であるすべての粒子がとびとびの値をもつことを示しており，この量子の考え方はボーアの原子模型へと発展した．

プランクは熱(エネルギ)が物質から光として放出されるのは量子化が起こるためと考えたが，アインシュタイン(独)は真空中を伝わる光でも粒子(光量子)になっていると考えた．

(2) ボーアの原子模型

エネルギをもっている粒子が不連続な値をもっているとすれば，原子核の周囲を高速(大きなエネルギ)で回っている電子も不連続なエネルギ値をもっていても不思議ではない．ボーアは，真空管に水素などを封じ込んで放電**させたときに放射される，とびとびの波長をもった不連続な光が電子に関係していると考えた．すなわち，図 11.2 で示すように，電子がエネルギを受けとることにより電子固有の安定な位置から不安定な高エネルギの位置へ移り，再び安定な位置に戻るとき，両位置の差に相当するエネルギを光として放出する．放出された光は上述のスペクトルで示されるように原子固有の波長をもっているから，図 11.2 で示したエネルギ差も固有のものである．また，放出されたいくつかの光はとびとびのエネルギをもっているから，原子核の周囲を回っている電子のエネルギもとびとびの不連続的な値である．

以上のような考察から，図 11.3 (a)に示すような原子模型が提案された．電子は

---

* 正確にはエネルギではなく作用量子という単位である．
** 金属を加熱して気体状にしたときでる光も不連続な波長をもっている．

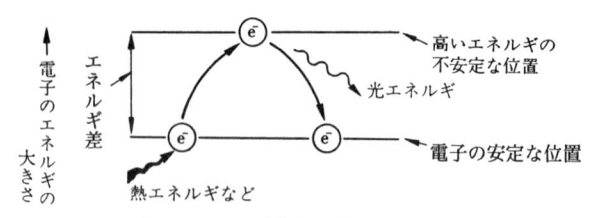

図11.2 電子のエネルギ状態が変化して光を発する機構

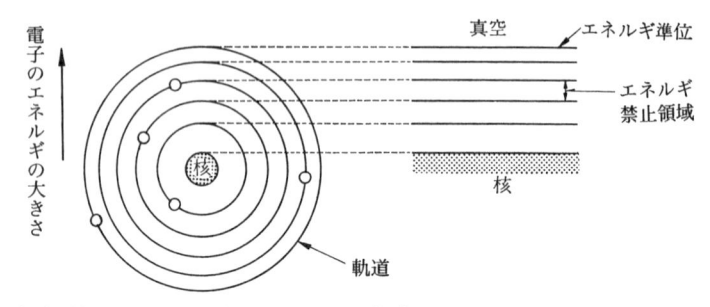

(a) 原子核の周囲を回る電子．原子核から遠い軌道上にある電子ほど大きなエネルギをもっている

(b) エネルギ準位図．エネルギ準位は電子のもつエネルギの大きさを示す

図11.3 とびとびのエネルギをもつ電子が原子核の周囲を回っている原子の模型

原子核を中心にして決められた道筋を走る軌道（きどう）運動をしており，決められた軌道を運動していけば，いつまでも安定に運動を続けられる．この軌道は，従来考えられていたような連続的なものではなく，図11.3(a)に示すように量子条件を満足するとびとびの値である．これらのとびとびのエネルギの値をエネルギ準位（じゅんい；energy level）と呼び，電子がもつことができないエネルギ値の領域を，禁止されているという意味でエネルギ禁止領域という．

ボーアの理論では，図11.4で示すように原子核はe^+（原子番号がZであればZe^+）の正電荷をもっており，負の電荷e^-とは静電引力で引き合っている．一方，負の電荷e^-には外へ飛び出そうとする遠心力がはたらいており，静電引力と遠心力の釣り合ったところが電子の安定な軌道である．しかし，釣り合いの理論では電子がエネルギなどを放出して速度が変われば安定な軌道が連続的に無数存在することになるので，前述した電子がとびとびの値をもつことと矛盾する．たとえば，一端に石を結んだ糸の他端を指でもち，ぐるぐる回すのと似ている．このとき，糸は指と石をつなぎとめる原子核と電子間の引力の役目を果たしており，石には遠心力がはたらいている．しかし，自由に糸の長さを変えることができ，石がとびとびの軌道を回るような

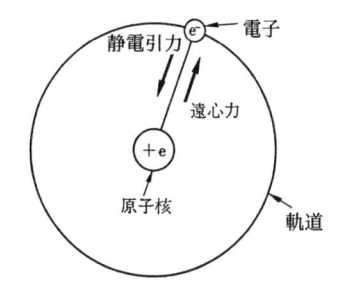

図 11.4 静電引力と遠心力で釣り合った原子核と電子の模型

ことはない．

　一方，物質はもっているエネルギ量が少なくなるほど安定となる．たとえば，投げることによって石に運動エネルギを与えても，石は短時間の後には地面に落ちて静止し，運動エネルギは零となる．また，水を熱しても時間とともに熱エネルギを放出し，冷たくなる．これらの例からわかるように，物質が安定な状態とは，もっているエネルギが与えられた環境(温度，位置など)で最小の値になるときである．同じように考えると，原子核の周囲を回っているすべての電子は何らかの原因でエネルギを失い，原子核に最も近いエネルギ準位(エネルギが最小)の軌道上を回るときに安定となる．このように考えると原子は電子が多いか少ないかだけの差となり，原子が波長の異なる光を放出することや化学的性質の異なることを説明できない．

　たとえば，メンデレーエフが発見した周期律表では原子の有する電子の数が増えると少しずつ原子の性質が変わり，7個おきに同じような性質の原子が現れる．したがって，電子が一定の数だけ増すと同じようなエネルギ状態の電子が出現することを示している．この性質を説明するためには，電子が増えるたびに異なるエネルギ準位が占められ，しかも，一定の数ごとに同じような性質のエネルギ準位が現れると考えねばならない．これを理解するためには，電子の波動性を知る必要がある．

(3) 波動を考えた電子

　ボーアの原子模型では，電子がとびとびのエネルギをもった軌道でだけ安定になる理由を説明することができなかった．1924年，ド・ブロイ(仏)はそれまで粒子として考えてきた電子にも波としての性質があることに気づき，電子のエネルギ $1/2mV^2$ (m は電子の重さ，V は速度)は波のエネルギ $h\nu$ に等しいと考えた．この理論から，図 11.5(a)のように軌道の周囲の長さが電子波の波長の整数倍のときだけ電子波の乱れがない安定な軌道となり，これ以外の波長をもつ電子があったとしても電子波がぶつかり合って(干渉して)エネルギを失い，不安定になる(b)，という原子模型が導かれた．

　ここで，波動性と粒子性について簡単に述べてみたい．粒子というのは球のような

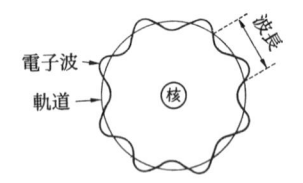

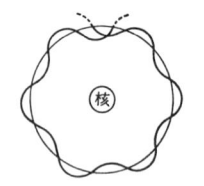

(a) 周囲の長さが電子の波長の整数倍で安定　　(b) 周囲の長さが電子の波長の整数倍にならないと波の干渉により電子は不安定

図 11.5 電子軌道の周囲の長さと電子波の関係

図 11.6 電子を粒子と考えたときの電子の移動は負の電荷をもっている球の移動を考えればよい

もので，一定の大きさと重さ(質量)をもっている．粒子としての電子が移動する場合には，**図 11.6** で示すように負に帯電した小さな球が運動エネルギをもって移動することを考えればよい．電荷の移動は球の質量移動とともに行われ，電子の運動エネルギも球とともに移動する．

これに対して波動の場合は，質量のある物質(前述の玉のようなもの)を移動しなくてもエネルギを運ぶことができる．たとえば，静かな水面に石を落とすと周囲に波が発生し，伝播(でんぱ)してゆく．波の発生は**図 11.7**(b)のようにまず石の落ちた水面を下方に押すことにより石の周囲に液面の高い部分を発生し，水を上下運動させる．この水の上下運動は水面を中心にして同じ高さ(深さ)となり，(c)の矢印の向きへ押しやられる．この波の移動にあたって，(d)のA点における水は上下運動するだけで波の進む方向へは移動しない．この上下運動の連続的な移動が波であり，石によって与えられた運動エネルギは水の上下運動の移動だけで水の移動は伴わずに遠くまで運ばれる．地震による津波はこの現象にほかならない．

エネルギの運ばれた空間は，**図 11.8** に示すような水の上下運動が起こった空間領域である．波動はこのような空間的な拡がりをもち，質量の移動なしにエネルギを運ぶ．質量のある球が移動してエネルギが運ばれるのとはまったく異なるエネルギの運び方である．

したがって，電子を波として考える場合には，球のように一定の軌道を指定することはできないので，電子のもつエネルギが拡がっている空間を考える．**図 11.9**(a)は粒子として考えた原子模型であるが，波動を考えた場合には(b)のように電子の存在する確率(あるいは見出される確率)の大きい空間領域で示すことができる．この領

11.2 電子の挙動　181

(a)石の落下　(b)波の形成　(c)波の周囲への伝播　(d)水は上下運動するだけである

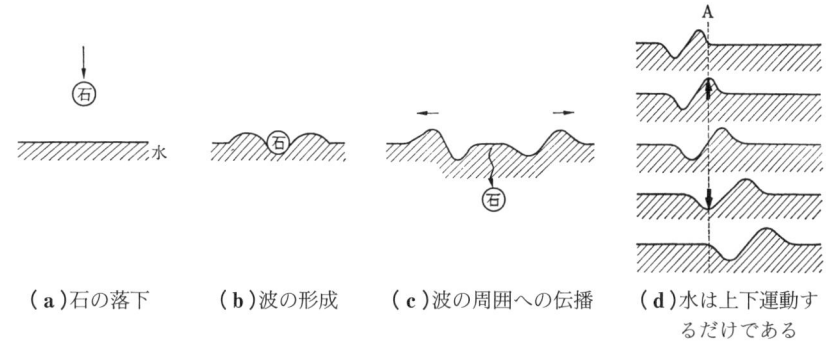

図 11.7　波の伝わり方

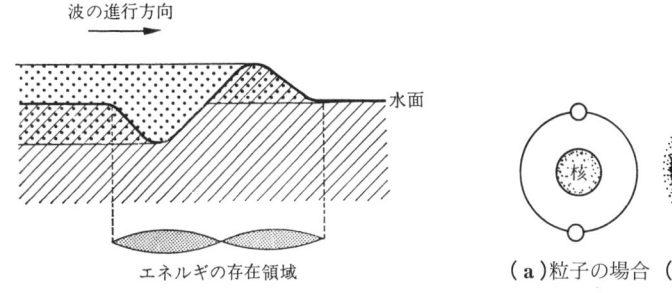

図 11.8　波によって運ばれるエネルギの経路(点影部)とエネルギの存在領域

(a)粒子の場合　(b)波動の場合

図 11.9　電子を粒子と考えたときと波動と考えたときの原子模型

域は電子のエネルギが存在する空間領域でもある．光，X線，放射線などの電磁波は，すべて空間の中を波として進む．

図 11.5 で示したように，電子の安定な軌道は，軌道の長さが波長の整数倍のときであり，**図 11.10**(a)で示すように，電子はまず軌道の長さが波長の1倍である軌道を占める．この安定軌道は原子核を卵の黄味とすれば外の殻(から)に似ており，K殻(かく)と呼ばれる．つぎに軌道の長さが波長の2倍であるL殻(b)，さらに軌道の長さが波長の3倍であるM殻(c)というように順次安定な軌道を占める．K, L, Mなどの軌道の長さが波長の何倍になっているかが電子の軌道とエネルギの大きさを決めるので，これらの倍数 n を主量子数(しゅりょうしすう)と呼ぶ．

これまでは，電子の軌道を暗黙のうちに円と考えたが，軌道の長さが波長の整数倍であれば電子は安定であり，必ずしも円軌道でなくてよい．したがって，図 11.11 のように，だ円軌道でもよいし，さらに複雑な軌道でもかまわない*．このため，L，

---

* 方位(ほうい)量子数で分類される．

M殻などには軌道の異なる電子が複数個入ることができる．ただし，電子波が衝突すると干渉が起こって不安定になるので，互いに他の軌道に立ち入らないような軌道をとることが必要である．

また，軌道半径の小さいK殻では，電子波の占める空間(エネルギ空間)が限られているので，円軌道だけしか許されない．L殻では，エネルギ空間がK殻より少し大きくなるので，円軌道の他にだ円に近い軌道が許される．M殻にはさらに多くの軌道をもつ電子が入る．これらの軌道は副殻と呼ばれ，s, p, d, f…などの名がついている．**図11.12**にこれらの軌道を占める電子の存在領域の例を示す．電子のエネルギおよび大まかな軌道は主量子数によって決まるが，軌道の細かなところはs, p, d, f…を指定しなければならない．K, L, M殻などの中には，主量子数 n に等しい数の軌道が存在する．s, p, d, f…の副殻には，さらに1, 3, 5の異なる軌道がある*．

また，**図11.13**のように自転の向き(スピン；spin)**が異なる電子は互いに干渉しないので，1つの軌道には，自転の向きが異なる電子が2個まで入り込むことができる(これをパウリの禁制原理あるいは禁律と呼ぶ)．したがって，s, p, d,…には軌道数の2倍の2, 6, 10個の電子が入り込める．**表11.1**に軌道の種類と存在する電子の数を示す．

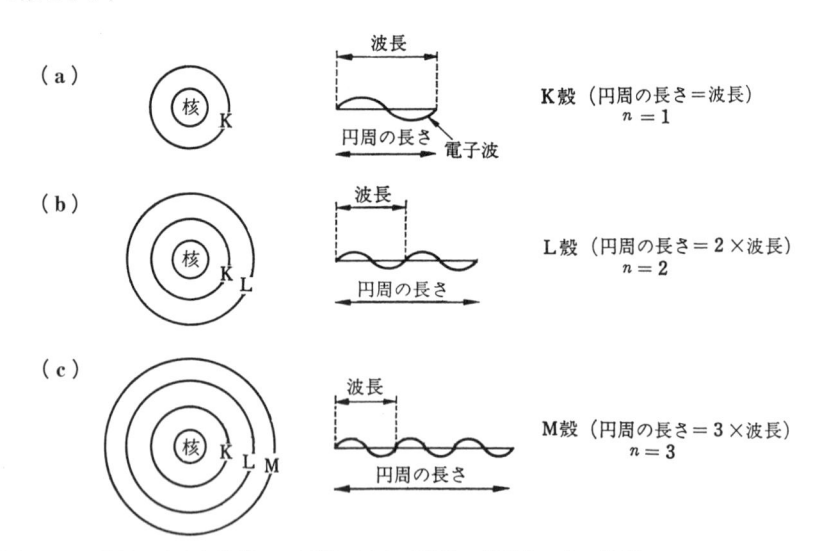

(a) K殻 (円周の長さ＝波長)
$n=1$

(b) L殻 (円周の長さ＝2×波長)
$n=2$

(c) M殻 (円周の長さ＝3×波長)
$n=3$

図11.10 電子の安定な軌道は，円周の長さが波長の整数倍である軌道で，K, L, M, N, …殻と呼ばれる．n は主量子数を示す

---

* 説明を省略するが磁気量子数を考慮した結果である．
** スピン量子数という．

11.2 電子の挙動　183

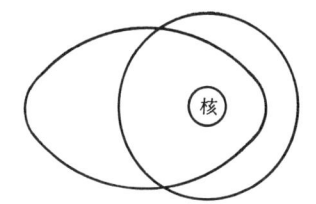

図 11.11　電子の軌道は，波長の整数倍であれば軌道の形はだ円あるいはもっと複雑な軌道でもよい．核はだ円の焦点となっている

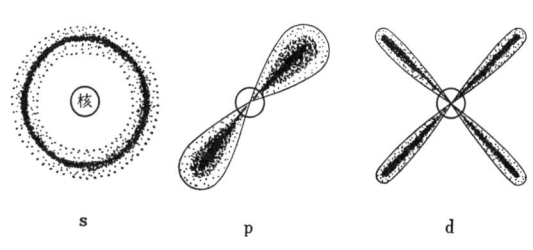

図 11.12　s, p, d 電子が占める空間の例．金属や主殻の違いにより異なる

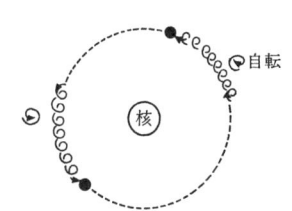

図 11.13　自転の向き（スピン）が異なる電子は同じ軌道に入ることができる

表 11.1　軌道の種類と入り込める電子の数

主殻	主量子数	副殻	入り込める電子の数
K	1	1s	2
L	2	2s 2p	2 6 } 8
M	3	3s 3p 3d	2 6 10 } 18
N	4	4s 4p 4d 4f	2 6 10 14 } 32

（4） 原子の安定性

① 不活性元素

不活性な元素は，K殻，L殻，M殻などに電子がいっぱいになったときに現れる．たとえば，ヘリウムは図11.14(a)のようにK殻に2個の原子が入った状態となっている．不活性であるというのは，他の原子が接近してきたとき，他の原子と結びつくための電子のやりとりが起こらないことである．すなわち，ヘリウムのK殻あるいはその外側にあるL殻の軌道に(b)のように他の原子の電子が入り込めれば，入り込んだ電子とヘリウムの原子核 He^+ が電気的に引き合い，他の原子は入り込んだ電子に引きずられてヘリウムと結合する．あるいは(c)のようにヘリウムの電子が他の原子に軌道に入り込んでも同様な現象が起こる．しかし，K殻に入り込める電子は2個であるから他の原子の電子が入り込める余地はない．また，たとえL殻に相当する軌道に電子が近づいたとしても，ヘリウムの原子核はK殻の2個の電子と強く結合しているので，他の電子と結合するための余分の結合力はもち合わせていない．一方，ヘリウムのK殻にある2個の電子は原子核と強く結合し，L殻あるいは他の原子の軌道にまで飛び出してゆくことができない．したがって，原子と原子の結

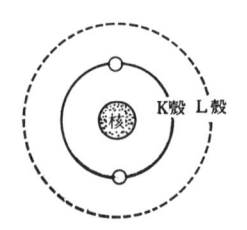

(a) He原子．K殻に2個の電子が入っている

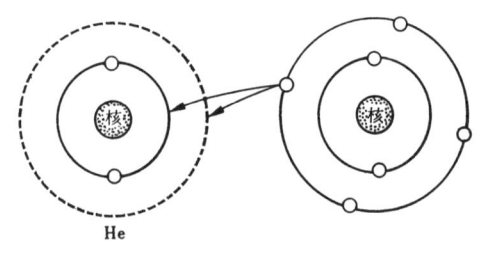

(b) He原子のK殻は2個の電子で一杯になっているので，他の原子の電子は入り込めない

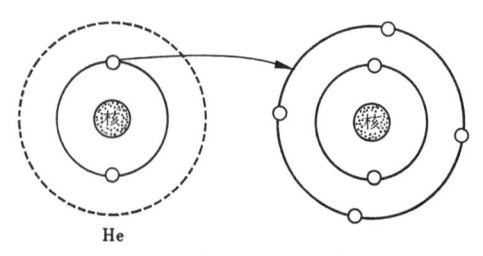

(c) He原子の電子は核と強く結びついているので，飛び出すことができない

図 11.14 He原子の安定性

合の役目を果たす電子の仲立ちがなく，他の原子とは反応しない．これが，ヘリウムが不活性な理由である．ネオンの場合にはK殻に2個，L殻に8個の電子がつまった状態で，ヘリウムと同様他の原子と電子のやりとりをしない．アルゴン，キセノンなども同様である．

以上のように，K, L, M殻などの軌道を電子が満たしているときに原子は最も安定な状態となる．

② 電子の数による変化

表11.2で示した周期律表のリチウムからネオンまでの1周期で，電子の数が異なると原子の結合方法がどのように変わるかを述べる．

リチウム，カリウム，ナトリウムなどは1価の金属と呼ばれている．これは，電子を1個放出して正の電荷を1つもつ状態になりやすいためである．リチウムの場合，図11.15(a)で示すようにK殻に2個の電子が入り，L殻に1個の電子が入っている．リチウムの場合でも，K殻，L殻の軌道を電子が満たすほうが安定になる．したがって，L殻の電子1個を放出するか，あるいはL殻の軌道が電子で満たされるように，他の原子から7個の電子を入り込ませればよい．実際には，7個の電子をもってくるより1個の電子を放出するほうが容易であり，放出された電子と結合していた原子核中の陽子が1個余って正に帯電した陽イオンとなる．これをLi^+と書く．2価の金属ベリリウムではL殻に2個の電子があって2個とも放出されやすく，Be^{2+*}となる．ホウ素では3個の電子を放出してB^{3+}，炭素は4個の電子を放出してC^{4+}となる．ただし，L殻は8個の電子で満員になるから，L殻に4個の電子をもつ炭素で

(a) L殻の電子を放出する
(b) L殻に7個の電子を入れる

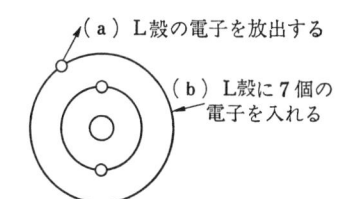

図11.15 Li原子が安定になる方法

表11.2 LiからNeに至るまでの電子の数

電子数	元素	Li	Be	B	C	N	O	F	Ne
電子の数		3	4	5	6	7	8	9	10
内訳	K殻	2	2	2	2	2	2	2	2
	L殻	1	2	3	4	5	6	7	8

---

* Beが最外殻の電子2個を放出した状態を表す．

は，4個の電子を放出するのも，4個の電子をL殻に入り込ませるのも同じくらいの容易さとなる．窒素では5個の電子を放出するか3個の電子を受け入れ，電子を8個もっている酸素になると2個の電子をL殻に入り込ませるほうが安定になるので，他の原子から電子を2個奪ってO^{2-}となる．電子を9個有するフッ素は電子1個をL殻に入り込ませてF^-となる．ネオンは10個の電子をもっており，L殻が満たされているので，他の原子と電子のやりとりをする必要はない．電子11個のナトリウムはLiと同様Na^+，12個のマグネシウムはMg^{2+}，13個のアルミニウムはAl^{3+}となって主殻(L)の電子は8個となる．このような理由で原子の化学的性質は電子の数(原子番号)とともに周期的に変化する．周期律表が成り立つのは，このような軌道の安定性のためである．

③ 原子の結合

異種の原子が結合して化合物をつくる場合には，電子のやりとりで両方の原子のK殻，L殻などの軌道が満たされた状態になる．たとえば，リチウムとフッ素では，図11.16のようにリチウムの電子がフッ素の殻の軌道に入り込み，やりとりされた電子を仲介にしてリチウムとフッ素は結合する．リチウムとフッ素はそれぞれ正のイオンLi^+，負のイオンF^-になっているから，この結合状態をイオン結合と呼ぶ．炭素と酸素の場合には，炭素の電子4個が2個ずつ分かれて2個の酸素に入り込み図11.17のような結合をする．したがって，CO_2(二酸化炭素)ができる．炭素と炭素の結合(ダイヤモンドの場合)では図11.18(a)のように放出された電子が互いに相手の軌道に入り込み，L殻を満たす．この結合は電子を共有した状態となるので共有結合

(a) 結合前，LiのL殻には電子が1個あり，FではL殻に空席が1つある

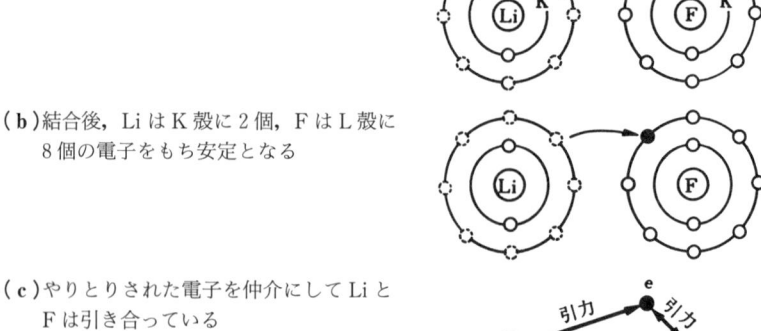

(b) 結合後，LiはK殻に2個，FはL殻に8個の電子をもち安定となる

(c) やりとりされた電子を仲介にしてLiとFは引き合っている

図11.16 電子のやりとりによる異種原子の結合．Liは電子を放出してLi^+，Fは電子を受けてF^-イオンとなるので，イオン結合という

(a) 結合前のCとO原子

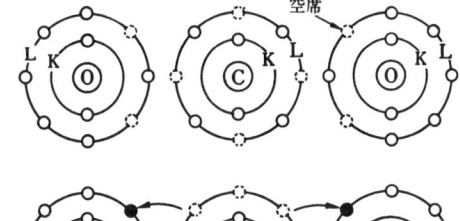

(b) 炭素原子が電子を放出して酸素のL殻に入り，CO_2ができる

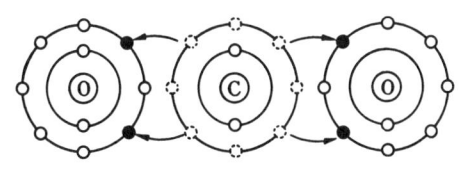

図 11.17 炭素（C）と酸素（O）原子の結合方法．二酸化炭素 CO_2 が形成される

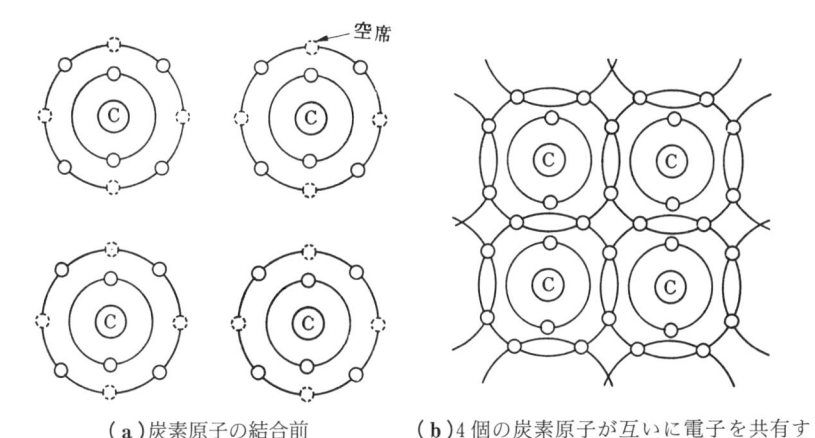

(a) 炭素原子の結合前　　(b) 4個の炭素原子が互いに電子を共有する．L殻の電子は8個で安定となる

図 11.18 炭素原子の結合方法（ダイヤモンドの場合）．電子を共有するので共有結合という

といい，共有された電子を仲立ちにして原子がきわめて強く結合する．
　イオン結合や共有結合をした物質は図をみるだけで直観的に理解されるが，金属の場合には，金属結合と呼ばれる特殊な結合状態となる．たとえば，3個の原子をもつリチウムのK殻にある2個の電子は安定であるが，L殻の1個は外に飛び出しやすい．リチウム原子を近づけるとL殻の電子は互いに飛び出して，どの原子核にもしばられないで結晶中を自由に動き回るようになる．共有結合の場合には，電子のやりとりでK殻やL殻を電子で満たして不活性元素と同じように安定化するので，やりとりされた電子は原子核と強く結合している．これに対して，リチウムとリチウムの結合では，両者とも電子を放出してK殻の電子は2個になり安定となる．したがっ

188　第11章　電子の振舞い

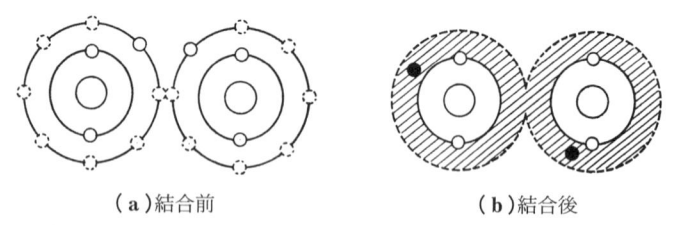

（a）結合前　　　　　　　　（b）結合後

図11.19　金属原子の結合．放出された電子は特定の軌道から外れて自由に動き回る．電子の場所は定まらない

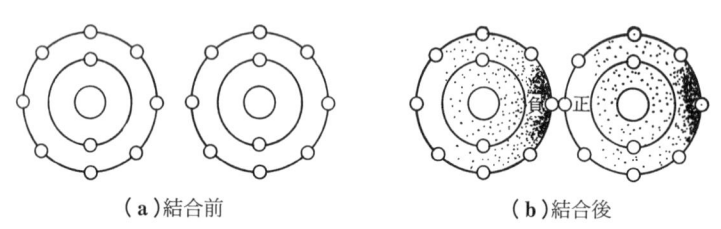

（a）結合前　　　　　　　　（b）結合後

図11.20　不活性元素の結合方法．電子のやりとりはないが，電子の分布が偏るため電気的に正と負の領域が生じ引き合う

て，放出された電子には受け取り手がなく，結晶中をさまようことになる．結晶中をさまよう電子は，一定の場所にいないから，雲か霧のような状態となる（図11.19）．一般に自由電子と呼ばれる．リチウム原子核は電子を放出しているから正に帯電し，雲のようになった電子は負に帯電しているから，リチウムの原子核と電子の雲が引力をもつ．すなわち，"電子の雲"がリチウム原子核を引きつける接着剤のような役目を果たしている．この電子は結晶中を動きやすいので，電気を運ぶのも容易である．このため，金属はよく電気を伝える性質をもつ．また，金属結晶は，伸び縮みする軟らかい接着剤のような電子の雲によって結合しているので軟らかく，変形しやすい．

最も理解しにくい原子の結合は，ファン・デル・ワールス力である．これは研究者の名をつけたものであるが，K殻やL殻が電子で満たされているネオンやアルゴンなどの不活性元素や水などの分子が結晶化するときの結合力である．不活性元素は電子のやりとりをしないが原子が近づくと，電子と電子の反発，原子核と原子核の反発，電子と原子核の引力により電子の軌道が少しだけずれる．このため図11.20のように孤立していたときには均一に分布していた電荷に濃いところと薄いところができ，濃いところは負，薄いところは正に帯電する．この正負の電荷が引き合って原子を結びつける力となる．ファン・デル・ワールス力は電子のやりとりがないので非常に小さな力である．

11.3 金属結晶中の電子

(1) 金属原子を近づけたときの変化

前節①②で述べた金属原子の電子状態はたった1つの電子が空間に存在する孤立原子の場合で非常に特殊な状態である．私たちが日常目にする金属原子は必ず何個かの原子が集まった結晶状態になっている．したがって，多数の原子が集まったときに原子中の電子がどのように振舞うかを考える必要がある．

原子が近づいたときに主に変化するのは，電気的な引力と反発力である．原子核は正に帯電し，電子は負に帯電しているから，原子核と原子核，電子と電子は反発するが，原子核と電子は引き合う．このように，原子が互いに影響を及ぼし合うことにより，電子の軌道が変化する．たとえば，図11.21(a)のように原子が十分に離れているときには，電子のエネルギは線で表されるような限られた値しか取れないが，近づくにつれて，電子の取り得るエネルギの値が拡がって幅をもつようになる(b)．さらに近づくと，(b)あるいは(c)のように拡がったエネルギの値が重なりを示す．一般に，原子核から遠距離にある外側の電子のほうが他の原子の影響を受けやすいから，

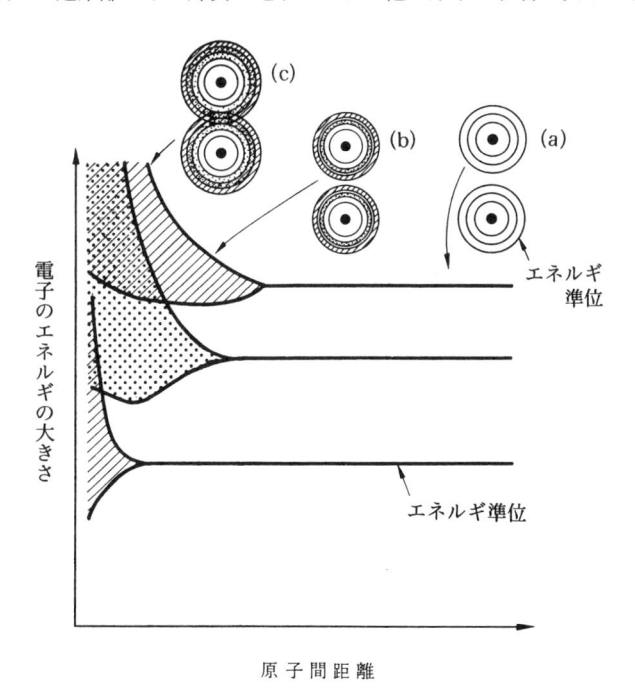

図11.21 原子間距離とエネルギ準位の拡がり方

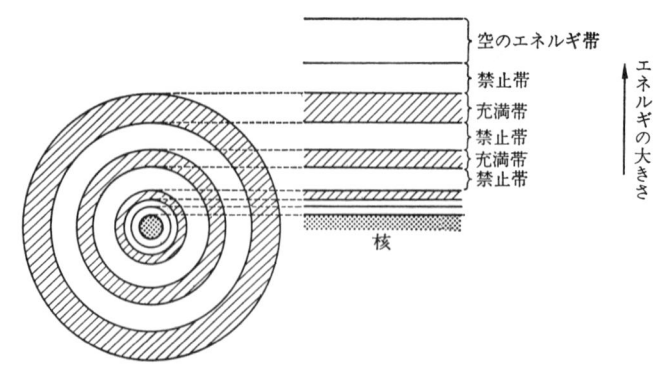

図 11.22 結晶中の原子のエネルギ帯．電子のつまった充満帯，電子が入れない禁止帯，電子は入れるがつまっていない空のエネルギ帯からなる

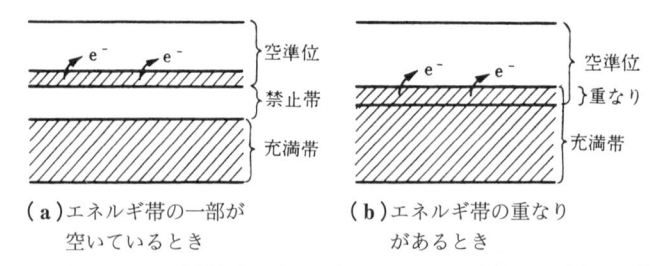

(a) エネルギ帯の一部が空いているとき

(b) エネルギ帯の重なりがあるとき

図 11.23 金属のエネルギ帯構造．電子は空いたエネルギ準位に飛び出して結晶内を移動する

図 11.22 で示すように原子核から離れるほどエネルギの幅は広くなる．このエネルギの幅は，同じ軌道にある電子のエネルギ準位が集合したものと考えられ，エネルギ帯(energy band)と呼ぶ．

エネルギ準位の集合が起こっても，エネルギ禁止領域は依然として残っており，通常禁止帯と呼ばれる．エネルギ帯に含まれる準位が電子によっていっぱいになっているとき，そのエネルギ帯は充満帯(じゅうまんたい)と呼ばれ，電子に占められていないエネルギ帯を空準位(くうじゅんい)という．

次節でも述べるが，結晶中を移動する電子は空いた準位を通り道にするので，充満帯の電子が空いたエネルギ帯まで飛び上がらねばならない．半導体や絶縁体では禁止帯のエネルギ幅が大きいので，室温付近では空いたエネルギ帯になかなか飛び上がれず，電子の自由な移動ができない．金属では図 11.23(a)で示すように，空のエネルギ帯の一部に電子が入り込むか，あるいは(b)のように充満帯が空のエネルギ帯に重なっているので，禁止帯を飛び越えなくても空のエネルギ帯を電子の通り道として利

用できる．金属がよく電気を伝えるのは，このためである．

(2) 電子の雲

　第2章などでは，自由に動ける"電子の雲"の中に陽イオンが周期的に配列している金属結晶模型を考えてきたが，"電子の雲"はどのようにして形成されるのであろうか．

　まず，結晶中を自由に移動できる電子状態から述べる．前述のように，電子が動けるのは決められたエネルギ準位の軌道だけである．結晶中を電子が移動するためには，原子から原子へと軌道が続いていなければならない．図11.22で示したように，孤立した原子のエネルギ準位は原子核の周囲を回る軌道に限られているが，原子が近づくに従ってエネルギ準位が拡がり，電子の占め得るエネルギ準位の幅が広くなる．これとともに，金属では拡がったエネルギ準位が隣の原子のエネルギ準位と重なる．エネルギ準位が重なった場所では隣接した原子の電子はエネルギ準位を共有した状態となる．エネルギ準位の重なった場所にきた電子は，図11.24で示すように，重なりの部分にくる前に属していた原子のエネルギ準位に進んでもよいし，隣の原子のエネルギ準位に乗り換えてもよい．このようなエネルギ準位の乗り換えは，電子の軌道の乗り換えであり，原子から原子へとつぎつぎに乗り換えをすれば結晶中を動き回ることができる．

　つぎに問題となるのは，乗り換えができるエネルギ準位の重なりがどの程度できるか，である．図11.21で示したように，金属ではエネルギ準位が互いに重なり合うので，理想的な場合には図11.25(a)のように電子のエネルギが最低である原子核のすぐ近くから，隣の原子までエネルギ準位が連続した状態になる．この状態ですべての電子が自由に軌道を乗り換えることができれば，金属に含まれる全電子が自由に動ける電子，自由電子となる．しかし，準位の重なりは図11.21で示したように外側だけで，(b)のように禁止帯があるので，軌道を乗り換えられる電子の数は限られてい

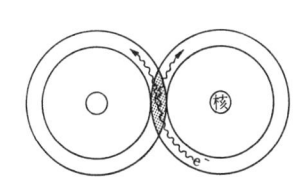

図11.24　エネルギ準位の重なった場所で，電子はエネルギ準位を乗り換えられる

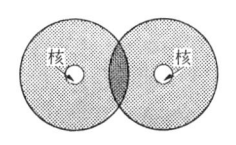

(a) 理想的に準位が連続した場合

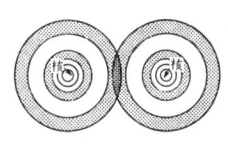

(b) 実際の場合

図11.25　エネルギ準位の重なりを通して隣り合う原子のエネルギ準位がつながった場合

る．また，重なり合った準位にある電子の大部分も原子核に強く引きつけられており，自由に動ける電子は原子1個あたり高々1個にすぎない．原子核は電子の数に等しいだけの正の電荷をもっており，電子との間にはクーロン力がはたらいている．このクーロン力を振り切ってゆくには大きなエネルギが必要であるが，電子の大部分は振り切るだけのエネルギを得ることができずに原子核の周囲に固定された状態となっている．また，自由に動くためには空いたエネルギ準位に入らねばならないが，原子核近くのエネルギ準位は電子で満たされているので，通り道がない．

たとえばナトリウムの場合，1s(K殻)準位に2個，2s，2p(L殻)にそれぞれ2，6個，3sに1個の合計11個の電子がある．K殻，L殻中の準位はすべて電子に占められており，空いた準位はない．電子エネルギ状態は主殻であるK殻やL殻が電子で満たされるとヘリウムやアルゴンなどの不活性元素と同じ形となり，きわめて安定となる．このため，ナトリウム中のK殻，L殻に入っている電子10個は原子核の周囲に固定されるままの状態となり，閉じた貝殻(閉殻(へいかく)という)のようになって，電子は外に出ることができない．しかし，M殻の3s準位には1個の電子しか入っていないので，3s準位ではエネルギ準位が1つ空いている．このため，3s電子はほんのわずかなエネルギを得るだけで空いた準位に飛び上がり，自由に移動することができる．したがって，ナトリウムの場合，結晶中を自由に動ける電子(の最大数)は1原子あたり最大1個である．

以上のような電子状態を考慮すると，金属結晶は**図11.26**で示すように，原子核の周囲に強くひきつけられた電子を含む陽イオンと，空いている準位を動き回る自由電子からなる模型で示される．したがって，ナトリウムの場合，実際に連続となっているエネルギ準位は3sだけである．

さて，電子は波の性質をもっているから，電子の存在する場所は空間的に拡がって

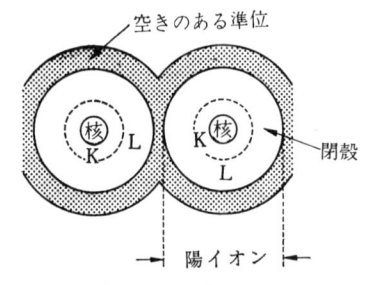

図11.26 実際の金属結晶に近い模型．電子と核を含む安定な陽イオンと空いている準位を使って結晶中を動き回る電子からなっている

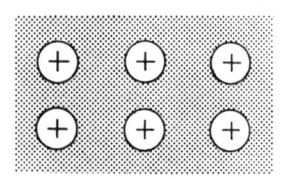

図11.27 図11.26を簡単にした金属結晶模型

おり，陽イオンの外の空間では，電子が雲か霧のように一様に拡がった状態となっている．このため，自由に動いている電子の群を"電子の雲"(electron cloud)と呼ぶ．通常図 11.26 を簡単にして，図 11.27 のように一様な負の電荷の中に陽イオンが並んでいる結晶模型を用いることが多い．

金属結晶の結合は，前節でも述べたように，陽イオンと"電子の雲"の間にはたらくクーロン力であり，"電子の雲"が陽イオンと陽イオンをつなぐ役目を果たしている．弾力性のある接着剤のようなものを想像すればよい．金属結晶が安定なのは，"電子の雲"の形成により電子のエネルギ状態が低下するためである．

金属結晶には面心立方晶，体心立方晶，稠密六方晶(ちゅうみつろっぽうしょう)などがあるが，金属によって異なった結晶構造をとるのは，接着剤の役目を果たしている電子の雲の拡がり方に方向性があるためである．これについては第 2 章でも述べたが，p, d などの準位は図 11.12 で示したように方向性をもっており，どの電子が隣接した結晶と重なっているかにより，ある程度結合の方向が決まる．s 電子のように比較的異方性のない準位が重なると，どの方向に陽イオンが隣接しても結合できるので，最も密につめ込まれた面心立方晶になりやすいが，異方性の大きい d 電子などが重なると結合に方向性がある体心立方晶などになりやすい．しかし，金属の結晶形は電子の重なりだけではなく，閉殻内の電子(内殻電子)の分布にも依存することが多く，準位の重なりだけでは説明できない場合もある．

金属の結合エネルギは結合を破壊するのに要するエネルギに等しいから，金属結晶をばらばらにほぐしたときのエネルギ変化から求める．ばらばらにする方法としては，加熱して気化(昇華；しょうか)させたり，粒子を衝突させてはじき出す実験により求めることができる．

(3) 自由電子の数

前節で述べたナトリウムは 3s 準位にある電子が自由電子(free electron)となっている．カリウム，銅，銀，金などの 1 価の金属はすべて s 準位が 1 つ空いており，原子 1 個あたりほぼ 1 個の自由電子をもっている．この数は金属原子が非金属原子(酸素，塩素など)と化合物をつくるとき放出する電子の数・価電子数と同じである．では，他の金属でも価電子数と同じ数だけの自由電子をもっているのであろうか．結論を先に述べるならば，価電子数と自由電子の数が一致するのは 1 価の金属などの少数の金属だけで，他は価電子数の数分の 1 である．

たとえば，2 価のマグネシウムの場合，3s 準位に 2 個の電子がつまっており，3s 準位を電子の通り道にすることはできない．3s 準位より低いエネルギ準位も電子で満たされ，閉殻となっているから，電子は 3s 準位より高いエネルギ準位に飛び移らざるを得ない．3s 準位の上は 3p 準位であり，3s と 3p 準位の間に図 11.28(a)の

(a) もし，3s準位と3p準位の間に禁止帯があるときは電子の移動は困難になる

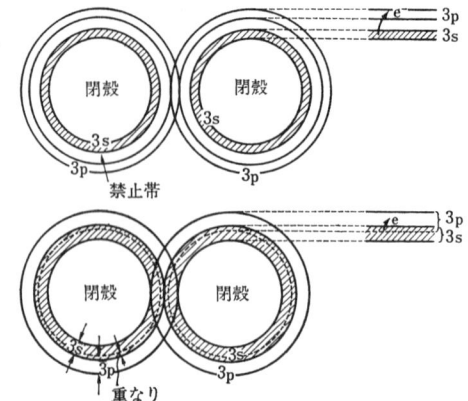

(b) 3s電子のうち，3pに重なった準位の電子が空準位に移り自由電子となる

図 11.28　2価の Mg の電子構造

ようなエネルギ禁止帯があれば，仮に空準位である3p準位が隣の3p準位と重なりをもっていても，3s電子は禁止帯を飛び越えて3p準位に入らねばならないので，自由電子といえるほど容易に移動できない．マグネシウムの場合，幸いなことに3sと3p準位が重なっているため(b)，重なった分だけの電子が自由に動ける通路を確保できる．マグネシウムの場合2価であるから2個の電子を自由電子として放出するように考えがちだが，実際に3p準位に重なる電子の数は価電子数の数分の1となる．

　鉄などのようにM殻が全部電子でつまらないうちにN殻の4s準位に電子が入り込む遷移金属(せんいきんぞく；transition metal)では，sとd準位が重なりを示し，s準位は空いているので，s, d両電子が自由電子になり得る．しかし，d電子近くの準位には空きが少ないので，実際に自由電子になれるのはs電子だけであるが，準位の重なり具合などのため，s電子の1/2くらいしか自由電子になれない．

　自由電子は電気を運ぶときの担い手であり，自由電子の多少は電気伝導度に大きな影響を及ぼす．通常，自由電子の数が多いほど純金属の電気伝導度は高くなる．

（4）　不純物および格子欠陥の影響

　純粋な金属中の電子の分布は一様とみなせるが，不純物原子が混入すると不均一な分布となる．たとえば，1価の金属の中に2価の金属が入ると，1価の陽イオンの中に電子との相互作用が異なる陽イオンが存在する状態となる．2価の陽イオンは1価の陽イオンより正の電荷が1個多いので，電子を引きつける力も強い．このため，2価の陽イオンがないときには均一に分布していた電子が，図 11.29（a）で示すように2価の陽イオンの周囲に引きつけられ，電子密度の高い領域が形成される．2価の陽

11.3 金属結晶中の電子

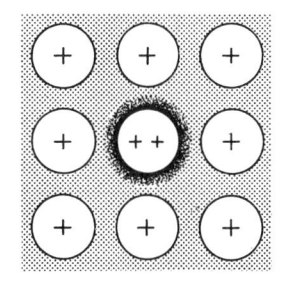

(a) 価数の大きい原子の周囲は電子密度が高い

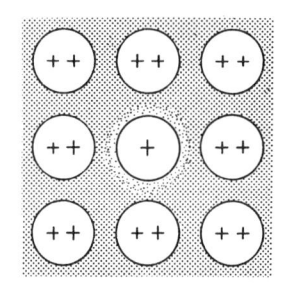

(b) 価数の小さい原子の周囲は電子密度が低い

図11.29 不純物電子の周囲における電子の分布(静電遮へい効果)

イオンは強く引きつけた電子によって周囲から仕切られた(screen)状態になっているので，遮へいされた状態(静電遮へい；screening)と呼ばれる．

この遮へい効果のため，不純物として入った2価の陽イオンの電気的影響は陽イオンのごく周辺に限定され，陽イオンの存在(固溶状態)は安定になる．2価の金属中に1価の金属が入ると，1価の陽イオンは負の電荷を1個余分にもった状態となるので一様に分布していた電子と1価の陽イオンは反発した状態となり，1価の陽イオン周辺では(b)のように電子密度の小さい領域ができる．

図11.30は空孔周辺の電子分布で，空孔には陽イオンがないので，半ば負の電荷と同様にはたらき，周辺の電子密度は減少する．

転位の場合はかなり複雑で，たとえば，刃状転位のときには転位の直上で陽イオンが1個余分に入った状態で，直下では陽イオンが不足した状態になる．転位の直上では余分な陽イオンの周囲に電子が引きつけられ，直下の電子密度は小さくなる．図11.31に転位周辺での電子分布模型を示す．

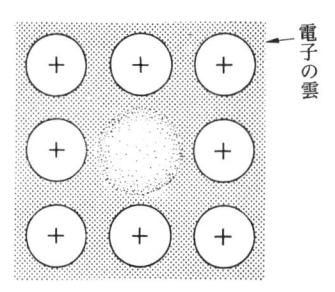

図11.30 空孔の周囲の電子分布．空孔周辺では電子密度小

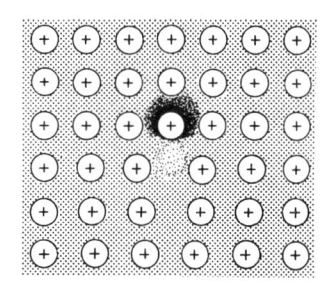

図11.31 転位の周囲における電子分布．転位の上では電子密度が高く，下では低くなる

これらの電子分布の変化は，陽イオンの周期的配列の乱れと結びついており，電子波の散乱を引き起こし，電気抵抗の原因となる．

11.4　金属の電気伝導

(1)　電子の移動

どのような物質でも，その中を電気が伝わるのは電子が物質中を移動するためである．金属結晶の電気伝導も電子の移動にほかならない．金属結晶は陽イオンと"電子の雲"からなっており，"電子の雲"となっている電子は自由電子である．自由電子は陽イオンに強く束縛されていないので，結晶中をかなり自由に動き回っているものとみられる．しかし，自由電子の動く方向は図 11.32(a)のようにばらばらであるから，通常の金属片では一方向への自由電子の移動(電流)は観測されない．金属の両端に電圧をかけると，(b)のように1つの方向へ移動する自由電子の割合が多くなり，電子の流れ・電流が生ずる．

電圧とは自由電子を移動させるための力であり，自由電子のもつ電気的エネルギの高さとして表される．自由電子の電気的エネルギが高い部分は高電位*，エネルギが低い部分は低電位になるという．高さによるエネルギを位置のエネルギと呼んでいるが，電位の高低による自由電子の電気的エネルギも位置のエネルギと同様なものである．たとえば，山の頂で静止している岩は一見するとエネルギをもっていないようだが，何かのきっかけで落下すると大きな運動エネルギをもって山裾まで落ちてゆく．目には見えないが，山頂と山裾の高さの差(位置の差)が岩を落下させる力となっていることに気づく．これと同様に，電位の高低も自由電子を移動させる力となってい

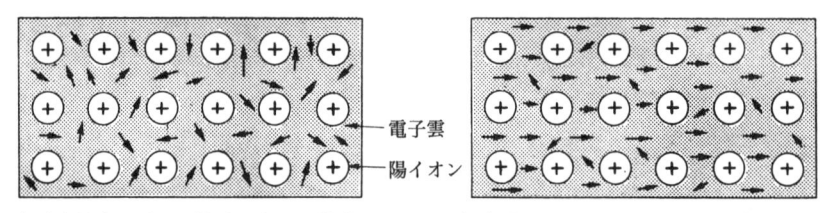

(a)金属中の電子は勝手な向きに移動しているので，電流は生じない

(b)電圧がかかると，1つの方向へ移動する電子が多くなるので，電流が観測される

図 11.32　金属結晶中の電子の移動

---

* 通常，陽極(＋)から陰極(－)へ電流が流れると約束しているが，実際の電子の流れは陰極から陽極へ向かっている．ここでは電子のもつエネルギと流れを中心にして述べているので，陽極，陰極で約束した電位とは逆になっている．

る．山頂の石は地震でもこなければ動かないが，金属中の自由電子は非常に動きやすいので，金属の両端に電位差が生ずれば，いっせいに低電位側へと移動する．自由電子は移動によって，高電位部でもっていたエネルギの一部を失い，エネルギの小さい低電位状態になる．自由電子の移動に際して，電子の位置のエネルギは運動のエネルギに変化し，移動の過程で電子の行く手を遮っている金属結晶中の陽イオンや不純物原子イオンと衝突する．衝突によって運動エネルギの一部は熱エネルギのかたちで陽イオンに与えられ，結晶の温度を上昇させ最終的には結晶の外部へ放出される．これが抵抗熱である．

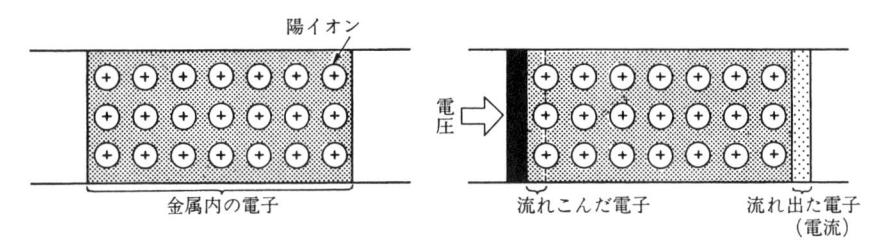

（a）電圧がかかっていない状態　　　　（b）電子の移動が生じた状態
図 11.33　電圧をかけたときの金属内の電子の動き

　電子の移動は供給された電子だけが金属中を移動するのではなく，金属中の自由電子全体が移動する（偏流（へんりゅう；drift））のが特徴である．図 11.33 は金属中の自由電子の移動の様子を示したもので，（a）は電圧のかかっていない状態で自由電子の移動はみられない．電圧がかかると（b），高電位の電子が金属中の自由電子全体を押し出すようにして入り込み，電子が流れ込んだ場所と反対側に存在する電子を押し出す．この状態は，ところてんを押し出すときの状態に似ている．遠く離れた発電所の電気がスイッチを入れるとすぐ使えるのはこのためで，発電所の電子がすぐに運ばれてくるわけではない．

（2）　電子の移動量を決める因子

　電子の移動量を決めるのは，電荷の運び手である金属結晶中の自由電子の数，自由電子を移動させようとする力（電位差），自由電子の移動を妨げる因子（電気抵抗）に大別することができる．

　電荷は自由電子によって運ばれるので，金属結晶中の自由電子の多少によって電気の伝わりやすさ（電気伝導度；electrical conductivity）は異なる．金属原子が結晶中へ放出する電子の数は，他の原子と化合物などをつくるときに放出される電子の数（価電子数）に比例すると考えるのが最も簡単である．たとえば1価の銅は Cu^+ となって1個の電子を放出し，2価の亜鉛は Zn^{2+} となって2個の電子を放出する．亜鉛

の自由電子数は銅の2倍であるから，電荷を運ぶ能力も2倍と考えるのが普通である．しかし，前節で述べたように，金属結晶中の自由電子数は価電子数には等しくない．銅，金，ナトリウムなどのように1価の金属は副殻sの電子が1個であり，s殻のもう1つの軌道(エネルギ準位)はがら空きになっている．このため，空いている軌道に飛び移って自由電子となるので，価電子の数は自由電子の数にほぼ等しい．

2価の金属では，副殻sに2個の電子がつまっているので空いている準位がなく，電子は自由に動けないので自由電子は零である．しかし，s準位より大きなエネルギをもつp準位にs準位が重なるため，s電子の一部分はp準位の軌道に飛び移ることができる．p準位の軌道に飛び移る電子の数は原子1個あたり1/3～2/3程度であり，1価の銅などより自由電子の数は減少する．アルミニウムなどの特別な金属を除き，3価，4価などの金属も同じような理由で自由電子の数は銅などの1価の金属ほど多くなく，1価金属より電気伝導度は低くなる．

(3) 電気抵抗：電子の移動を妨げる因子

金属中を移動する自由電子は波として結晶のすき間を通り抜けてゆく．もし，陽イオンが周期的に整然と並んでいれば，自由電子(完全に自由な電子)は陽イオンの間を何の抵抗も受けずに通り抜けることができる．しかし，通常の金属(後述する超電導を除いて)中を移動する自由電子は，必ず何らかの抵抗を受けてエネルギを失う．ここでは，結晶中の何が自由電子の波の進行を妨げているかについて考える．

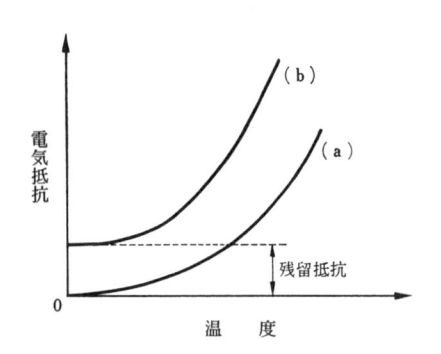

図11.34 金属の電気抵抗の温度依存性．(a)は陽イオンの振動による抵抗，(b)は欠陥も含めた抵抗

自由電子の移動を妨げるものは陽イオンである．しかし陽イオンは絶えず熱振動しており，とても整然と並んでいるという状態ではない．したがって，熱振動している陽イオンは自由電子の通り抜けを妨げる障害となる．陽イオンの熱振動は温度が下がるにつれて弱くなり，絶対零度で全くなくなる(零点振動と呼ばれるものはある)から，電気抵抗は温度の低下とともに小さくなり，電気抵抗と温度の関係は図11.34の(a)で示されるような関係になるはずである．しかし，多くの金属では曲線(b)で

示すように，絶対零度に近づくと，一定の抵抗値になる．絶対零度に近づいてもまだ残っている抵抗という意味で残留抵抗(residual resistance)と呼んでいる．残留抵抗は陽イオンの熱振動とは関係がなく，結晶中の欠陥や不純物による電気抵抗である．したがって，金属結晶中の自由電子の移動を妨げる因子は，陽イオンの振動(格子振動)と欠陥に基づくものとに分けられる．

① 陽イオンの振動による散乱

絶対零度を除けば，金属中の陽イオンは絶えず熱振動をしており，陽イオンの間を通り抜けてゆく電子の波の前にしばしば立ちはだかる．たとえば，図11.35(a)のように陽イオンが格子点で静止していれば，電子の波は陽イオンの間を何の抵抗も受けずに通り抜けられるが，(b)のように陽イオンが熱振動していると電子の波が陽イオンに衝突して，進行方向から外れてしまう．電子の波が陽イオンに衝突して進行方向と異なる方向に曲げられてしまうことを散乱(さんらん；scattering)という．陽イオンによる電子の散乱は，電気抵抗の大部分を占めている．

陽イオンの熱振動は温度が高くなるほど激しくなるから，温度の上昇とともに散乱量は増え，電気抵抗は増す*．また，陽イオンに衝突した電子の波のエネルギの一部は陽イオンに与えられるので，金属結晶は発熱する．発熱量は電子の散乱量が多い高電気抵抗の金属ほど多い．電気抵抗が高く，高温でも酸化しにくい金属が発熱体として利用されている．

② 不純物原子による散乱

不純物原子が存在することによって，陽イオンの周期的な配列に乱れが生じ，電子の散乱は多くなる．たとえば，図11.36のように大きな原子半径を有する不純物原

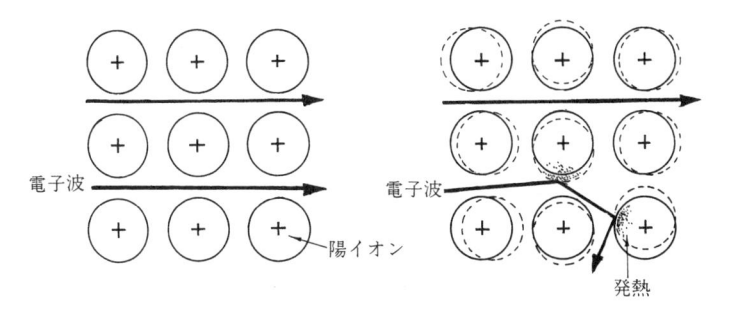

(a)陽イオンの熱振動なし　　(b)陽イオンの熱振動による電子
　　　　　　　　　　　　　　　　波の散乱と陽イオンの発熱

図11.35　電子波の陽イオンによる散乱と陽イオンの発熱

---

* Cu-Ni合金のように，ある温度以上になると自由電子の数が増える場合には電気抵抗が温度の上昇とともに減少する場合もある．

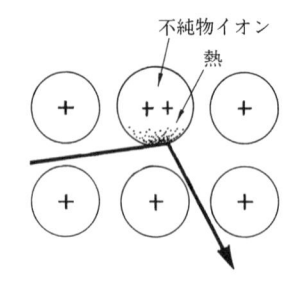

図 11.36　不純物イオンによる電子波の散乱模型

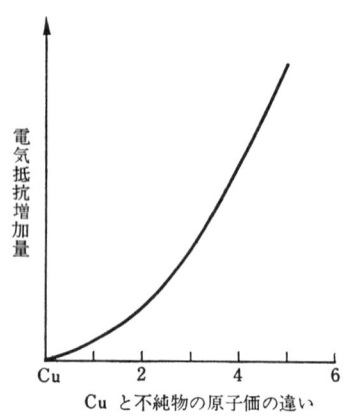

図 11.37　Cu の電気抵抗に及ぼす不純物の原子価効果(添加量は一定)

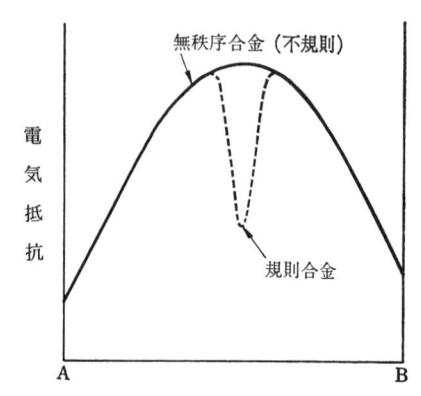

図 11.38　固溶体をつくる A-B 二元系の電気抵抗値と合金組成の関係

子のイオンが存在すると，電子は通り道をふさがれ，散乱を起こす．不純物イオンの周囲の結晶格子も乱れているので，不純物イオン以外の部分でも電子の散乱量が増え，電気抵抗は増加する．

また，図 11.29 で示したように，不純物イオンの周囲では電子の密度が変化し，不純物イオンに強くひきつけられた電子の一部は，自由電子としてはたらくことができない．さらに，陽イオン周囲の電子密度などが局所的に変化していることは，電子波の通り道がせばめられたり，曲がりくねった状態になることであり，散乱量が増加する．陽イオンの周期的な配列の乱れは，一般に母金属と不純物金属の原子価の差が開くほど大きくなるから，原子価の異なる不純物ほど電気抵抗は増加する．図 11.37 は銅に原子価の異なる不純物を添加したときの電気抵抗変化で，原子価の影響を示している．わずかだが，自由電子数減少の効果もある．

以上のような効果のために，不純物の添加量が多くなるほど陽イオンの配列が乱れ電気抵抗が増える．A，B 2 種の金属が無秩序に混じり合って固溶体をつくるような場合，図 11.38 の実線で示すように，陽イオンの周期性の乱れが最も大きい合金量

50%の近傍で電気抵抗は最大となる．ただし，A，B両金属が交互に配列した規則合金では，陽イオン配列の周期性の乱れが無秩序な合金より少なくなる．このため，無秩序合金(不規則合金ともいう)が規則合金に変わると，図11.38の点線で示すような電気抵抗の低下が起こる．

③ 格子欠陥による散乱

空孔は自由電子をまったくもたない不純物が存在すると考えることもできるが，陽イオンの周期性の乱れは不純物イオンの場合に比べて非常に小さい．伝導に寄与する自由電子の数は，空孔の量だけ減少するので，電気伝導量も空孔の量だけ減少する．しかし，空孔はどんなに多くても0.1%程度なので，自由電子減少の影響は少ない．むしろ，空孔および空孔周辺に存在する結晶格子のひずみによって起こる電子波散乱効果のほうが大きい．ただし，転位線による影響を含めても，欠陥による電気抵抗の増加量は数%どまりであり，加工硬化などに及ぼすひずみの影響から期待されるほど大きくはない．**図11.39**に加工した銅の電気抵抗変化を示す．

格子欠陥による陽イオンの周期性の乱れについては不明な点が多く，電子波の散乱効果についてもわからないことが多い．

④ 析出物による散乱

析出物も不純物原子同様に陽イオン配列の周期性を乱すので，析出物の存在によって電気抵抗は増大する．**図11.40**は析出物の存在によって起こる電子波散乱の様子を示したもので，結晶構造や電子構造の異なる析出物結晶での散乱と，析出物周囲のひずみによる結晶格子の乱れによって起こる散乱に分けられる．

析出物が小さいうちは析出物および周囲のひずみも少ないので電子波の散乱は少ないが，析出物あるいはひずみ領域の大きさが金属結晶中の電子波の直進距離(30～80 nm)*の数分の1のときに最も大きくなる．析出物などがこれ以上の大きさになる

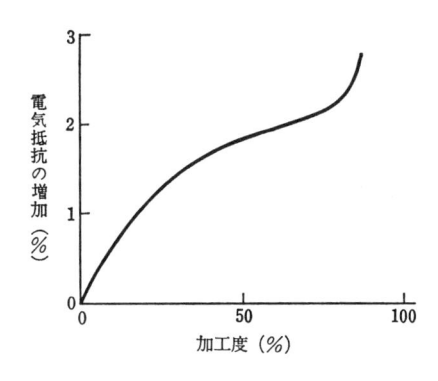

図11.39 Cuを加工したときの電気抵抗の増加

---

* 散乱を受けるまでに走ることのできる距離で，平均自由行程(mean free path)という．

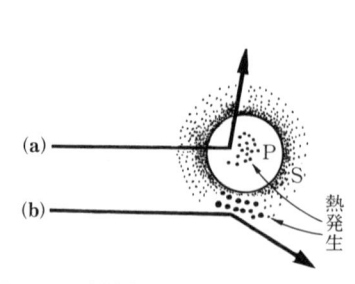

図 11.40 析出物とその周囲のひずみ場による電子波の散乱．(a)析出物 P による陽イオンの散乱，(b)ひずみ場 S による散乱

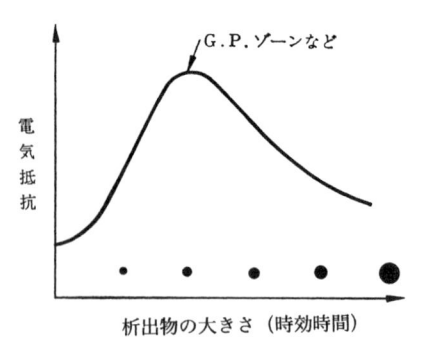

図 11.41 析出物の大きさ(時効時間)と電気抵抗の関係

と，散乱量は少なくなるので，析出物の大きさと電気抵抗の関係は**図 11.41** のようになる．析出物あるいはひずみ領域の大きさが数 nm～数 10 nm の場合は G.P. ゾーンの準安定相が存在するときで，このとき電気抵抗もかなり大きくなる．

析出物が電子波の直進距離より 1 桁以上大きくなると電子波の散乱は少なくなり，電気抵抗は減少する．析出物の寸法が非常に大きくなると，母相と析出物の電気抵抗の平均値が合金の電気抵抗となる．

⑤ 接触抵抗とトンネル効果

空気中に置かれた金属結晶の表面には，酸化物の薄い膜や，空気中に存在する気体原子の吸着層が存在する．通常，酸化膜や吸着層の電気抵抗は非常に高く，同種の金属結晶を接触させた場合でも，接触部で電子波の散乱が起こる．とくに電気抵抗の高い酸化物(絶縁体)が形成されている場合には，一方の金属から他方の金属に電子が移動することは困難である．

ただし，酸化物の厚さが数 nm 以下の場合には，電子波の一部分は酸化物を通り抜けることができる．これは，電子が波としての性質をもっているためである．粒子として考えた電子は**図 11.42**(a)のように酸化物ではねとばされて通り抜けることができないが，電子波は(b)のように空間的な拡がりをもっているため，酸化物の中にもぐり込むことができる．もぐり込んで隣の金属まで浸み出した電子波は酸化物を通り抜けて隣の金属中を伝わってゆく．浸み出なかった電子波は散乱される．このように，電子の波動性で電気抵抗のきわめて高い場所(絶縁層)を通り抜ける現象をトンネル効果(tunnel effect)と呼ぶ．

トンネル効果によって電流の一部は隣の金属に伝わるが，散乱された電子波の割合だけ電気抵抗を受けたことになる．この電気抵抗は金属と金属を接触させたときに

11.4 金属の電気伝導

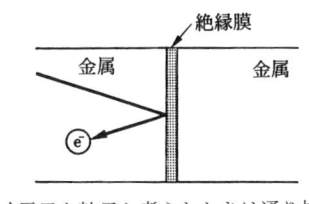

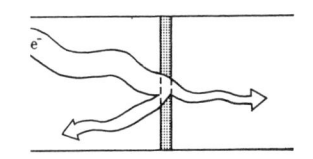

(a) 電子を粒子と考えたときは通り抜けられない　**(b)** 電子を波として考えたとき，浸み出した電子波が通り抜ける

図 11.42　薄い絶縁体の膜を通り抜ける電子(トンネル効果)

接触部で生ずる抵抗であるから，接触抵抗(contact resistance)と呼ばれる．

異なる金属を接触させた場合でも，両金属の電子のもつエネルギ(電位)が異なるため，接触電位差が生ずる．電子の電位が高い金属から低い金属へ電流を通ずる場合には電子は坂をころがるように電位の低い金属へ流れ込むが，逆の場合には電位差に相当するエネルギを得なければ相手金属中に入り込めない．これは，電子波が電位というエネルギ差の壁に散乱されたと考えることができ，接触抵抗の一因となる．この場合でも，トンネル効果によって電子波は壁を通り抜けることができる．

⑥ 超 電 導

多くの金属，たとえば，錫は $3.7\,\mathrm{K}\,(-269.5°\mathrm{C})$ 以下になると，図 11.43 で示すように電気抵抗が零となる．この温度を超電導転移温度という．有限の温度ではイオンの熱振動があり，電子の散乱を考えれば電気抵抗が零になるはずはない．このため，通常考えられる電導体を超えたものという意味で超電導(ちょうでんどう)という名がつけられた．超電導を示す物質を超電導体(superconductor)という．超電導を示さ

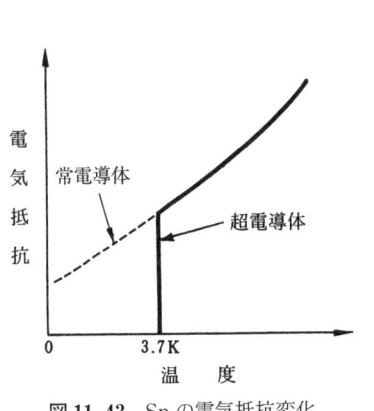

図 11.43　Sn の電気抵抗変化

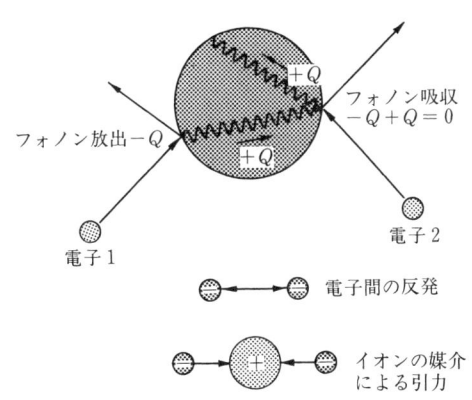

図 11.44　陽イオンの媒介による電子のペア形成

ない物質を常電導体という.

　超電導体が電気抵抗を示さないのは, 図 11.44 で示すように, e_1 の電子が格子振動する陽イオンに衝突したとき陽イオンに与えた振動のエネルギが, 同じように陽イオンに衝突してエネルギを失った電子 e_2 にそのまま与えられるためである. ペアになった電子がエネルギのやりとりをするため, 電子は陽イオンと衝突してもエネルギを失わず, 電気抵抗は零となる. このようなエネルギのやりとりはきわめて低い温度にならないと起こらない. 金属で最も高い超電導転移温度を示すのは金属間化合物の $Nb_3Ge(23 K)$ である. 銅を含む酸化物では 100 K を超えるものがある.

(4) 熱 伝 導

　金属は石や木材などに比較して熱が伝わりやすい. その一因は電子が多量の熱を運ぶためである. 結晶の熱伝導には陽イオンの熱振動が伝わることにより運ばれる熱と, 電子の運ぶ熱とがあり, 前者を格子熱伝導, 後者を電子熱伝導と呼ぶ. 格子熱伝導で高い熱伝導を示すダイヤモンドなどの例外を除けば, 電子熱伝導が支配的である. 自由電子の数が多い金属は, 自由電子の数が少ない半導体や絶縁体に比較して熱伝導率が高い.

11.5　金属の色と電子の励起

(1) 金属の色

　金属の大部分は金属光沢といわれる白色を示すが, 銅や金には独特の色がついている. また, 白色といっても青みがかった金属, 灰色がかった金属もある. これらの金属の色は, 金属による太陽光の吸収あるいは反射と密接に関係している. 太陽光の中で私たちが感ずることのできる光(可視光;かしこう)は 0.39〜0.79 μm の波長(人によって若干異なる)の光である. 可視光は紫から赤までの色をもっているが, 混じり合っている状態では白色光であり, 私たちが特定の色を目で感ずるのは, 図 11.45

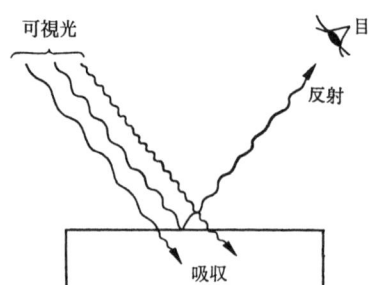

図 11.45　金属の色は可視光成分のうちで反射された波長の光の色

11.5 金属の色と電子の励起

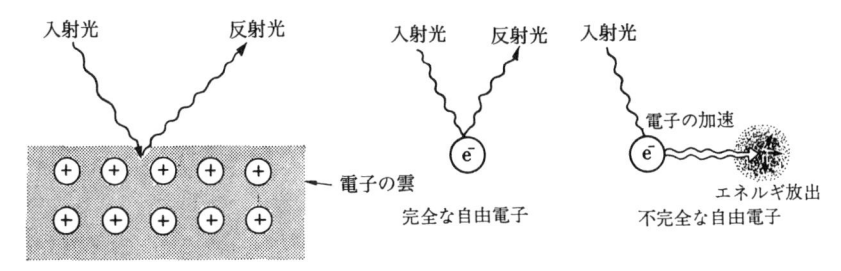

図 11.46 金属に入射した光は完全な自由電子には反射され，自由度の少ない電子と強く相互作用して吸収される

で示すように，物体に当たった可視光のうち，特定の波長の光だけが物体によって反射されるためである．

大部分の金属は可視光の大部分をほぼ均等に反射するので，白色を呈する．光の吸収や反射は，光と電子の相互作用によるもので，電子が入射した光のエネルギを吸収すれば物体は黒く見え，光を吸収しないで物質中を通り抜けることができれば透明となる．金属では図 11.46 で示すように，自由電子が光を反射する役目を果たしている．前述のように，金属は"電子の雲"の中に陽イオンが浮かんでいるような構造であり，金属に入射した光は厚くたれ込めた"電子の雲"にさえぎられてなかなか内部に入り込むことができない．空に雲が浮かんでいると雲が太陽光を反射して，地上が曇るのと同じようなものである．

金属中の完全に自由な電子は入射した光とエネルギを吸収するような相互作用をもつことができないので，光は金属結晶の中に入り込めず自由電子によってゴムまりのように反射される．しかし，陽イオンに若干拘束力を受けているような不完全な自由電子は入射した光のつくる電場によって加速され，電子は陽イオンに散乱されて電気抵抗と同様にエネルギを失って光を吸収する．したがって，"電子の雲"の中の電子がより完全な自由電子に近いほど強く光を反射し反射率が高くなる．したがって，銀，アルミニウムなどのように，より自由電子的な電子が多く，電気をよく伝える金属の反射率が高い．白色金属の自由電子は可視光の大部分と同じような相互作用を行うので，反射される光も入射した光の成分に近く，白色に見える．反射率の低い鉄やクロムなどは自由電子が少なく入射した光の半分ぐらいが吸収されるが，可視光を均一に吸収するので反射光も均一な白色光となる．電子に吸収された光は熱エネルギに変わるので，反射率の低い金属ほど光を照らしておくと熱くなる．

金や銅は短波長側の光を吸収するエネルギ準位があり，可視光の短波長領域の光が電子を励起して吸収される．このため，長波長の光が反射され，着色する．図 11.47 に金，銀，銅の反射率を示す．肉眼では視感度の影響を受けた色となる．

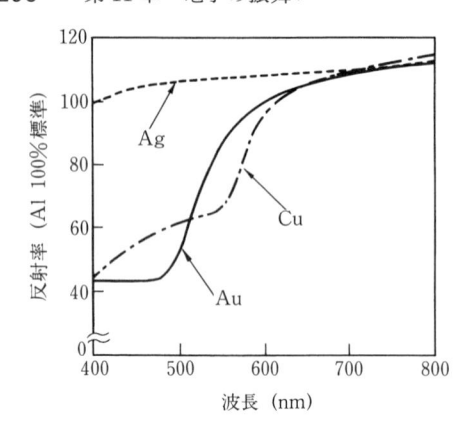

図 11.47 Ag，Au および Cu の分光反射率

　上述のように金属の色は，電子構造に関係しているので，合金や化合物になると色や反射率の変化が起こる．固溶体の場合には，合金組成に比例して反射率は変化する．銅-亜鉛，銅-アルミニウム，銅-ニッケルなどは赤色の銅に白色金属が加わるので，銅赤色から赤橙色，黄赤色，黄色，黄白色，白色へと変化する．

　金属の色は限られているため，顔料としての用途は乏しいが，金色，銀色は装飾用に使用されている．銅にアルミニウムや亜鉛を5～30%加えたものは金と同様の色を示し，にせ金（イミテーションゴールド）として使われている．

　なお，アルミニウム板の発色は，表面に形成される酸化物 Al_2O_3 の色で，アルミニウム自体の色ではない．陽極酸化して着色するアルマイト類は Al_2O_3 中に含まれる不純物による太陽光の選択的吸収による発色である．

(2) 電子の放出

　電子の励起現象の1つとして電子の放出があり，金属中の自由電子が原子核の引力圏を離れて真空中などに飛び出してゆく現象を電子放射（electron emission）という．電子の放出には，真空中に浮いている孤立原子の中の電子が真空中へ飛び出す場合，結晶中の原子が真空中へ飛び出す場合，結晶中の電子が水溶液などの中へ飛び出す場合，などに分けられる．ここでは，金属結晶中の電子が真空中へ飛び出す現象について述べる．

　金属結晶中の電子は結晶中をかなり自由に動き回っているが，電子と原子核との間には電気的な引力がはたらいているため，通常は結晶の外まで飛び出すことはできない．しかし，図 11.48 のように電子のエネルギが上述の引力より大きくなれば，陽イオンの引力圏を脱して，真空中へ飛び出してゆく．絶対零度のとき電子がもっている最も大きなエネルギと陽イオンの引力圏を離脱するのに必要なエネルギの差を仕事

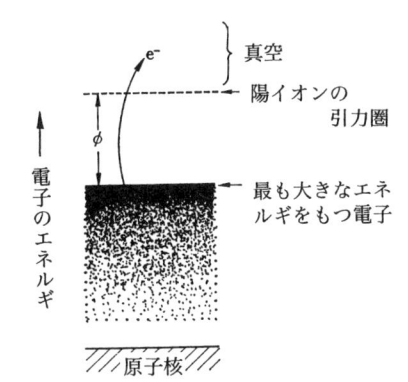

図 11.48　電子の放出，ϕ は仕事関数

関数といい，通常 ϕ で示す．最も大きなエネルギをもつ電子が，ϕ のエネルギを何らかの方法で得れば真空中へ飛び出してゆくことができる．

　ϕ のエネルギは，熱，光線，X線，電圧，電子線などから得ることができる．熱エネルギを得て電子が飛び出してゆくのを熱電子放射といい，真空中で金属を白熱する程度まで熱すれば熱電子放射が起こる．ブラウン管を含む各種の真空管は熱電子放射を利用した装置である．

第12章
金属の機能

　金属材料の大部分は，その強度特性を生かして古くから機械，建造物，装置などの形状をつくり，これを保つ役割をしてきた．これらは構造材料(structural materials)と呼ばれているが，構造材料は主に強度という機能によって実用化の目的を果たしている．一方，電線に使われている金属は，前章で述べた電子の移動現象(電気伝導)を利用して電力輸送の機能を果たしている．これらの例から明らかなように，材料として使われる金属は，それぞれの目的に応じた機能をもっている．機能(function)は金属が有する物理・化学的性質を利用するものであり，金属の"はたらき"である．

　金属の機能を主に担っているのは，金属中の電子，原子核中の中性子や陽子などの素粒子である．これらは，その存在の特徴あるいは金属中での他の要素との相互作用によってさまざまな"はたらき"を示す．

　一般に，機能材料(functional materials)という技術用語は1970年頃から著者らが使い始めた言葉であり，それほど歴史が長いものではない．しかし，エレクトロニクスを中心に発展する情報社会において，現在は非常に重要な役割を担っている．これらは，機能を担う主な物理・化学的性質によって，電気機能，磁気機能，エネルギ機能，光機能，熱機能，化学機能などに分類される．また，物理・化学現象から，輸送機能，放射機能，磁気機能，貯蔵機能，増幅・減衰機能，変換機能などに分類される場合もある．機能を示す材料は金属以外にも半導体や高誘電体などの多くの物質が利用されており，金属はその一部分である．

　本章では，金属が示す機能の例をいくつか挙げて，その概要を述べる．

12.1　物理量と変換機能

　図12.1に主な物理量とそれらの相互関係の概略を示す．これらは矢印で結ばれているように，異なる物理量に変換される．たとえば，電線に電流を流せば熱の発生，光の放射，磁界の発生が生ずる．このような物理量変換を直接変換機能という．これに対して，物質の運動を電気に変える場合には，発電機が必要であり，間接変換機能になる．直接変換機能は発見者などの名を関して○○効果と呼ばれるものが多い．また，これらの中の基本的なものは○○の法則と呼ばれている．

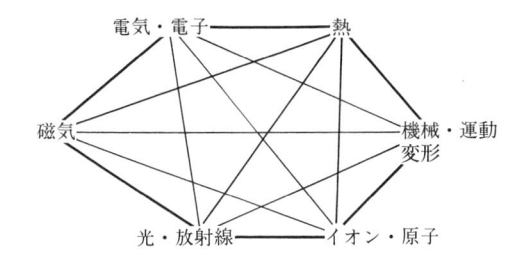

図12.1 主な物理量の関係と変換

12.2 輸送機能

これは物理・化学量をある位置から別の位置へ輸送する機能である．代表的なものが電気伝導，熱伝導，イオン伝導機能である．イオン伝導は金属の酸化物などの化合物中で生ずる．電気伝導は前章で述べたように，自由電子の移動によるものであるが，金属中の陽子イオンに衝突するとエネルギを失い，自由電子のもつ電力は熱に変化する．したがって，エネルギを電力で輸送する場合には，電気伝導率の高い金属（あるいは電気抵抗率が低い金属）で，かつ，耐食性などが優れる安価な金属が材料として選ばれる．線材として利用するので，線引き加工も容易でなければならない．金属の場合，熱伝導も自由電子によるものであり，電気伝導率の高い金属が利用される．信号として電気を使う場合にも，電線が使われる．デバイスでの信号輸送に関する電力輸送量は非常に少ないが，配線の電流密度にすると $10^5 \sim 10^6$ A/cm² 以上にも達する．今日の半導体素子を主体とする情報機器では必須の機能である．

表12.1 主な金属の電気抵抗率(10^{-8} Ω·m)

金属	Ag	Au	Cu	Al	Fe	Ni	Pt
電気抵抗率	1.6	2.3	1.673	2.69	9.71	6.844	10.6

電気伝導率が高い金属としては，Ag, Au, Cu および Al が挙げられる．通常，電気伝導度の目安として，電気伝導度の逆数である電気抵抗率が用いられるので，**表12.1**に主な純金属の電気抵抗率を示す．たとえば，Cu および Al の電気伝導率は Fe の約5倍である．Fe は発電所がつくられた19世紀後半に電線として利用されたが，現在は使われていない．大量に利用する場合には，Cu および Al が利用され，Ag および Au は高価なので，細線として付加価値の高い半導体デバイスの配線，めっきなどで使用量を少なくできる接点などに使われる．

電気抵抗率を低くするためには，自由電子の散乱量を少なくする工夫が必要である．不純物原子は結晶格子をひずませ散乱量を増やすので，できるだけ不純物原子を低減した純度の高い金属が望まれる．Cu の場合，Fe, P, Sn, Zn などが電気抵抗率を著しく高めるので，これらを電気分解などによって低減する．また，酸素も電気抵抗率を高くするので，燐(P)などの脱酸剤を用いて溶解する(99.96～99.98 mass%：通常検出される不純物の分析値合計を 100 mass%から差し引いた値)．高級な用途として，真空溶解などによって酸素濃度を低くした無酸素銅が使われている(99.995 mass%程度)．さらに高級な Cu 線では，結晶粒界を除いた単結晶に近いもの，水素中で焼純して酸素を除いたものなどがある．いずれにしても，不純物の低減で機能を向上する．用途によって強度が必要な場合には，線引き加工，合金化によって強度を高める．この場合，これらの処理によって電気抵抗率は 2～3%高くなる．

Al の電気伝導度は Cu の 65%程度であるが，Al の密度(約 2.7 Mg/m³)は Cu の密度(約 8.93 Mg/m³)の約 1/3 と軽く，送電ケーブルのような軽量が必要な用途に使われる．超伝導材料は電気抵抗率が零であるため，究極の導電材料だが，現在のところ室温では使えない．

半導体デバイスなどの微小な部品の配線では，配線基板として Cu 箔，素子内の配線に Al および Au 薄膜，線材として直径 10～100 μm の Au, Al, Cu が使われる．これらの純度は 99.99 mass%程度である．これらは微弱な電流で使用するもので，配線の周囲に存在する静電気(静電容量)によって信号輸送速度が影響される．

電線の長さは有限であり，種々の装置に接続するので，接続することが必要である．接続には撚り，ネジ止めなどのほか，嵌め込みなどで接触させて使う場合には，安価な Cu の上に Ni, Ag あるいは Au などをめっきしたものを使う．半田接合も利用する．また，電力の輸送を制御するために開閉器が使われる．開閉器では電気伝導のほか，融着しにくい，酸化しにくい，耐摩耗性が高い，などが要求される．

12.3 発光・放射機能

金属に電流を流したときの発熱と発光作用，加熱した金属表面からの電子の放射，金属に電子を当てたときの X 線放射，放射性金属の γ 線，中性子線の放射などの金属から物理量放射は，広い分野で利用されている．

(1) 発熱・発光・電子ビーム

金属に電流を流すと，自由電子の散乱により電子のもつ運動エネルギは熱エネルギに変換される．熱は輻射，大気などの対流，固体電導によって外部に取り出される．効率よく熱を得るためには，電子の散乱量の多い金属が望ましいが，使用する高温で

の電気抵抗率が適切で，高温耐食性のよいこと，安価なこと，細線加工の容易なことなどが要求される．発熱材料は空気中で使用するものと真空中で使用するものに大別される．空気中では大気中の酸素により酸化するので，高温酸化に耐えることが必要である．ニクロム線は Ni-Cr 合金および Ni-Cr-Fe 合金の総称であり，Ni-(10-30) mass%Cr-(0-25)mass% Fe 合金が目的に応じて用いられ，使用上限温度は 1100°C である．図 12.2 は Ni-Cr 合金の室温における電気抵抗率の組成依存性で，Cr が 20 mass%以上で電気抵抗率が十分に高くなる．Fe-20 mass% Cr-5 mass% Al-2.5 mass% Co 合金はカンタル線と呼ばれ，1250°Cまで使える．Cr および Al は表面に安定な酸化物の皮膜をつくり，高温の耐酸化性を向上する．

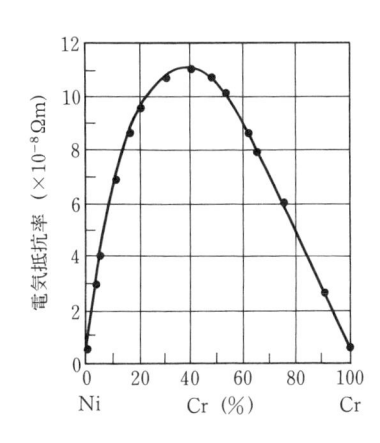

図 12.2 ニッケル-クロム合金の電気抵抗率

金属の発熱によって電子が熱エネルギを得て金属の外部に放射される現象を熱電子放射という．外部に取り出すのに必要なエネルギが前述した仕事関数である．電子線を利用する従来型のテレビジョン，電子顕微鏡，X線管，真空管などに利用される．仕事関数が小さいほど容易に電子線を得ることができるが，一般には熱エネルギで放射を容易にするため金属を白熱状態にする．高温に耐えるタングステンなどが電子線材料として適している．このほか，仕事関数の小さいトリウム(酸化トリウム；ThO_2)を 1～2%混ぜたタングステン合金が使われている．また，電子のエネルギを熱として利用する電子ビーム溶解炉は，高融点金属の溶解，不純物の精製に利用される．

(2) X 線 放 射

図 12.3 で示すように，金属に加速した電子線を当てると，電子は原子核に近い距離を回っている内殻電子まで到達し，内殻電子はエネルギを得て外部に飛び出し(電離)，その軌道に高いエネルギをもつ外側の電子が遷移する．このとき，余分なエネ

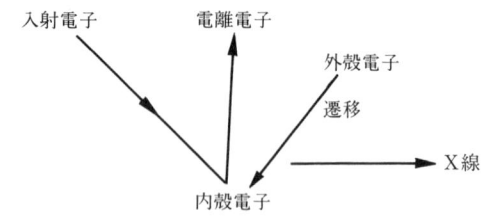

図 12.3　X 線の発生機構

ルギが電磁波(X 線)となって，外部に放射される．波長は 0.01〜数 10 nm である．当初，電磁波の詳細がわからなかったので，X 線と呼ばれるようになったが，1895 年にレントゲン(独)が発見したのでレントゲン線ともいう．

電子間の遷移によるものは特定の波長をもっており，特性 X 線と呼ばれる．遷移する電子軌道によって名がつけられ，K 系列，L 系列と呼ばれる．さらに，電子の軌道や電子のもつエネルギから，$K\alpha_1, K\beta_1, L\alpha_1, L\beta_1$ などの記号がつけられている．X 線は電子のほか，イオンの衝突，X 線の照射(蛍光 X 線)によっても生ずる．金属学では，結晶型の同定，元素の検出，組成の分析などに使われる．蛍光 X 線装置は元素検出の専用装置である．また，走査型電子顕微鏡，透過型電子顕微鏡にも組成分析用の X 線検出器が備えられている．電子が原子核近くで制動を受けて発生するものは連続的な波長になるので連続 X 線とも呼ばれる．

結晶に照射すると，結晶面間隔の中でブラッグの条件などを満たす面だけから回折像が得られるので，結晶の面間隔などの算出，これによる合金の変化や新化合物の同定などができる．金属学の発展は X 線によるところが大きい．

(3) 放 射 線

原子核から粒子や電磁波が放出されるときに得られる電磁波を放射線(radiation)という．これによって原子核は異なる原子核に変化し，これを放射性崩壊(radioactive decay)という．崩壊には α 崩壊，β 崩壊，γ 崩壊があり，放出される電磁波は，それぞれ α 線，β 線，γ 線と呼ばれる．α 崩壊は原子核からヘリウムの原子核と同様の 2 個の中性子と 2 個の陽子からなる粒子である．β 崩壊は電子と反ニュートリノと呼ばれる素粒子が対になって放出されるもので，電子が放出されるので β 崩壊によって原子番号は 1 だけ減少する．γ 崩壊ではガンマ(γ)線と呼ばれる波長が約 0.01 nm 以下の電磁波を放出する．α 線は気体元素をイオン化する能力があり，ガスセンサなどに利用され，空気中の透過度はきわめて低く，毒性は少ない．γ 線のエネルギはきわめて大きく，物質の透過能も高く，原子間の結合などを切断する能力も高い．したがって非常に危険な放射線だが，管理して使えば，工業，医療，農業などには有用である．

中性子(neutron)は陽子とともに原子核を構成する素粒子で，電荷をもっていない．核分裂などで原子核の外部に放射される．エネルギの高い順に高速中性子，低速中性子，熱中性子などと呼んでいる．中性子は波の性質をもっているので，X線と同じように結晶の回折に利用される．

12.4 磁気機能

磁気(magnetism)は目に見えない物理現象で，鉄を引きつける，方位を示す，などの現象から，その存在を知ることができる．磁気の存在する空間を磁界あるいは磁場(magnetic field)という．磁気は金属がもつ重要な機能であり，金属内部の電流あるいは電子の運動と密接な関係をもっている．たとえば，自由電子の周囲には磁界が存在する．しかし，電圧を印加しないときの自由電子はそれぞれ勝手な向きに運動しており，図12.4(a)で示すように，自由電子の周囲に存在する磁界は互いに打ち消し合う．自由電子の運動する向きを(b)のように揃えれば，互いの磁界を打ち消し合うことはなく，個々の自由電子がもつ磁界は重なり合って，観測できる強い磁界になる．自由電子の1つの向きへの運動は集団的な電子の移動，すなわち電流である．したがって，もっとも簡単に磁界を得るには電線に電流を流せばよい．

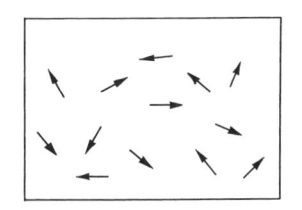

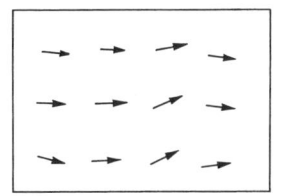

(a)無秩序な運動　　　　　　(b)向きの揃った運動
図12.4　金属中の自由電子の運動状態

電流線の周囲には電流の向きに特定された磁界が発生する．磁界には向きがあり，電流の向きとネジの先端を同じ向きにし，ネジを右に回す向きに磁界が生ずる．これが右ネジの法則である．電流は電子の集団的な移動であり，電子の移動の向きは一般に定義される電流の向きと逆であるから，電子の移動の向きからみると，逆ネジの向きに磁界が発生している．磁界の向きを確かめるには，方位磁石を使ってみるとよい．電流の向きを換えると，方位磁石の針の向きも逆になる．

地球の磁界(地磁気)は地球内部の核に存在する液体鉄の対流により発生すると考えられている．磁針はほぼ南北の方向になり，場所が変わっても磁針は常に同じ方向になる．ただし，地磁気の向きは地球年齢規模の時間とともに少しずつ変化しているといわれている．

（1） 原子の中の局在電子の役割

　自由電子の運動の向きを揃えれば磁界が観測されるが，永久磁石（permanent magnet）は電流を流さなくても磁界を生ずる．その秘密は原子核の周囲を回っている電子にある．原子の周囲は原子番号に等しい数の電子が運動している．これらの電子のうち，最も外側の軌道にあるs電子は自由電子になるので，永久磁石ではs電子とは関係のない電子の運動によって磁界が生ずる．電流を流さなくても磁界を発生する金属は，Fe, Ni, Coおよび希土類金属に限られ，その電子配置の特徴を知れば，磁気を示す秘密が明らかになる．

　パウリの禁制原理（禁律）で述べたように，1つの電子軌道に入れる電子の数は2個に限られ，これらの電子の自転の向き（スピン；spin）は逆でなければならない．電子の自転の向きが反対であると，発生する磁界の向きも逆になって，互いの磁界を消し合う．このため，1つの軌道で対になっている電子は磁界を示さない．ところが，Fe, NiおよびCoの3d軌道にある電子のいくつかは対にならないで局在している．このため，3d電子のスピンに起因する磁界が金属内部で消滅せず，外部に磁界を示す磁性金属になる．このような磁気的性質を示す金属を強磁性体という．

　スピンの運動は熱によって乱されるので，温度が高くなると磁気を失う．これを用いて，温度センサなどに使っている．希土類金属中の4f電子も局在電子で，その磁気も保存されるが，低い温度で乱され，その役割を果たさなくなるので，室温以下の低温でしか磁性を示さない．

（2） 結晶の磁気

　私たちが手にできるのは原子ではなく，大きなものである．一般の金属は結晶であり，結晶粒の中では原子が規則正しく並んでいる．したがって，結晶粒内部のスピンに起因する磁界の向きは，ある一定の領域で揃っていることが多い．これを磁区（magnetic domain）という．一般には図12.5（a）で示すように異なる向きの磁界で，

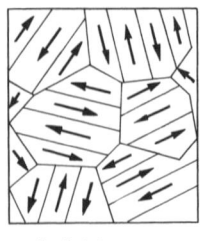

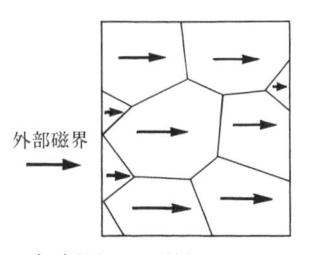

（a）自然のまま　　　　　　　　（b）外部から磁界をかけたとき

図12.5　強磁性体金属中の磁界の向き

磁界が内部で閉じる．外部から強い磁界をかけると，(b)で示すように磁界の向きが強制的にほぼ1つの向きに揃い，結晶外部で磁界が観測される．結晶粒が μm の大きさになると，粒子全体が1つの磁区になる．これを単磁区粒子という．このときは，外部磁界への抵抗力が増し，強い永久磁石になる．

鉄の針は他の針を引きつけることはないが，永久磁石に吸いつけられた針の先には他の針が吸いつけられる．これは永久磁石のもつ磁界で針内部の磁化の向きが図12.5(a)から(b)のように揃ったためで，針は外部磁界によって磁化(magnetization)された，という．

(3) 磁化の強さ

上述の永久磁石に吸いつけられた針は，永久磁石から引き離すと短時間のうちに他の針を引きつけなくなる．つまり元の状態に戻り，磁化が消滅する．このような強磁性体を軟磁性体(soft magnetic material)という．永久磁石のように半永久的に磁化しているものを硬磁性体(hard magnetic material)という．代表的な軟磁性体は純度の高い Fe や Fe-Ni 合金などで，外部磁界によって容易に磁化の向きが変わるので，モータの磁心，トランスの磁心などに利用される．

磁化のしやすさは結晶の方位によって変化し，これを結晶磁気異方性という．体心立方晶や面心立方晶の Ni は対称性が高いので結晶磁気異方性は低いが，稠密六方晶の Co は対称性が低いので，結晶磁気異方性が高い．結晶磁気異方性の高い結晶ほど磁化しにくくなる．また，一度磁化した後に磁化の向きがばらばらになりにくい．このような金属あるいは合金が永久磁石として利用される．強い永久磁石をつくるには，結晶磁気異方性を高くする，内部ひずみや析出物を導入する，結晶粒子が1つの磁化の向きをもつような小粒子にする，結晶粒の方位を揃える，粒子と粒子の間に非磁性体を存在させる，などの方法がとられる．特に，Sm(サマリウム)-Co，Fe-Nd(ネオジム)-B 化合物が強力な永久磁石として実用化されているが，これは Fe や Co が希土類とつくる金属間化合物の結晶磁気異方性を主に利用している．

12.5 イオンの機能

金属原子の最外殻電子が金属の外部に放出されると金属イオンが生ずる．イオンは正電荷をもった粒子であり，溶液中では自由に移動する．陽極での反応を陽極反応といい，陽極金属のイオン化による溶液中への溶解，酸素発生に伴う陽極酸化などが起こる．陰極ではイオンが電子を受け取って，金属の析出，水素の発生が起こる．これらの挙動の電圧条件の差などを利用して，金属の電気分解による精製，金属表面に強固な酸化膜を形成した防食や着色，電気めっき，などに使われる．2種の電極間に電

解質を満たしたものが電池で，電荷(イオン)の移動によって電流を取り出すことができる．金属イオンを用いた電気エネルギの貯蔵機能である．

水素吸蔵効果は金属と水素の金属間化合物である水素化物(metal hydride)の生成を利用する．元素の周期律表の左側に存在するアルカリ金属などのⅠ-Ⅱ族金属はマグネシウムを除いて陰イオンに近い状態の水素(H^-)と結合して塩型の水素化物をつくる．Ⅲ-Ⅴ族金属は H^- から H^+ の中間的な水素と結合する．Ⅵ-Ⅷの金属元素は Pt と Ni を除き水素化物をつくらないが，水素をよく透過する．水素吸蔵材料は温度・水素圧力などによって水素化物の形成・分離を起こす．吸蔵の場合は水素化物を形成して金属中に水素を貯蔵し，脱蔵の場合は水素化物を分離して金属の外部に放出される水素を利用する．純金属で水素化物の形成・分離が比較的容易なのは Mg, V, Nb などであるが，技術的には水素を透過させる能力のある安価な Ni, Fe と水素化物を形成する La(ランタン)，Mg などとの合金あるいは金属間化合物が使われる．著者が発明した希土類元素の生成前の希土類が混合しているミッシュメタルと Ni の化合物に，特性を調整する元素を少量添加したものが実用化されている．ニッケル-水素電池では電極として利用されている．

発火合金は金属をやすりで擦ったときに生ずる細粉が空気中で酸化して(燃えて)熱を発生することを利用したものである．擦ったときに適当な摩擦熱の発生と細粉化が必要であり，通常は酸化しやすい希土類が混じったミッシュメタルと Fe の合金が使われる．ミッシュメタル中の主成分である Ce(セリウム)と Fe は金属間化合物をつくり，これが硬く，発火の役割を担っている．

12.6 機械機能

一般構造材料は機械機能材料だが，目的を変えた刃物では切るという機能を示す．ここでは構造材料以外の主な材料について述べる．

(1) 弾性材料

弾性材料は車両の板ばねなどのスプリングを指し，機械的力の調整，機械エネルギの貯蔵などの機能を果たす．現在はほとんど使われていないが，ぜんまい式の時計は機械エネルギを貯蔵し，時計を動かしている．いずれも弾性変形の範囲内で使われるので，弾性率(あるいは弾性定数)，弾性限あるいは耐力，疲労強度などの高いことが基本的に重要である．使われる物理・化学的条件によって，上記の特性のほか，温度特性，耐食性などが考慮される．主な合金として，鋼系，銅系，コバルトおよびニッケル系に分類される．

鋼系は炭素鋼，低合金鋼および高合金鋼に分けられる．炭素鋼は共析組成である

0.8 mass%C 前後のものが使われ，安価である．ピアノ線として最も多く使われる．低合金鋼は Mn および Si を添加した鋼，Mn と Cr を添加した鋼などが使われており，熱処理によって高特性を得る．高合金鋼はステンレス鋼などで，耐食性を要求される用途に使われる．高弾性率を要求されるので，マルテンサイト系(たとえば Fe-11 mass%Cr 鋼)，析出によって特性を高められる析出硬化型(Fe-17 mass%Cr-7 mass%Ni 鋼など)も使われる．

銅系としては Cu-Sn 合金である青銅を基本にし，P を脱酸剤とした燐青銅が各種スプリング(約 3～6 mass%Sn)と精密機器用(約 5～9 mass%Sn)に使われている．この他，黄銅(Cu-Zn 合金)，洋白(Cu-Ni-Zn 合金)がある．青銅と黄銅は有色合金であり，洋白は銀色系で美しく，色の要素も機能になっている．また，銅系は非磁性であるので，強い磁界の下でも使える．

コバルトおよびニッケル系は高価であるが，組成によって弾性率が温度に依存しないなどの特徴があり，電気製品，精密機械などに利用される．

(2) 形状記憶合金

形状記憶合金(shape memory alloy)は金属結晶の変態が可逆的に起こることを利用したものである．図 12.6 は形状記憶の基本となる結晶変態の変化で(a)の高温における結晶は冷却されることによって(b)のようにマルテンサイト変態する．この状態では表面の凹凸が生ずる程度で大きな変形は起こらない．これに荷重を加えるとマルテンサイトが塑性変形し(c)，過熱すると逆変態により元の形状に復元する(b)．このようなマルテンサイトを熱弾性型マルテンサイトと呼ぶ．代表的合金として，Ni-50 mol% Ti がある．超弾性は弾性変形を超え塑性変形した状態まで加工しても，荷重を取り去ると弾性変形と同様に元の形にもどる性質である．この変形にもマルテンサイト変態が関与しており，一定以下の応力でマルテンサイト変形し，応力を取り去ると逆変態する．応力で起こるので応力誘起マルテンサイトという．めがねのフレ

(a) 母相　　(b) マルテンサイト変態(冷却)　　(c) 変形　　(d) 逆マルテンサイト変態(加熱)

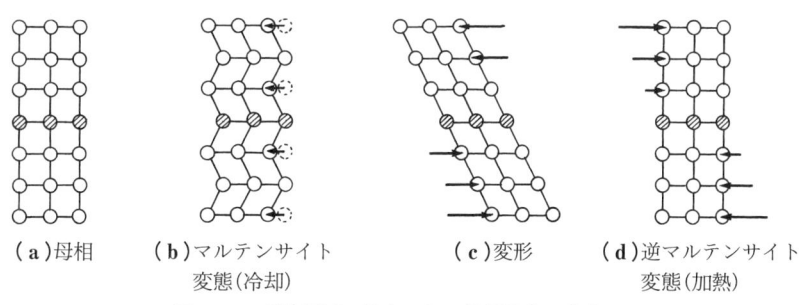

図 12.6　形状記憶の基本となる結晶構造の変化

ームなどに使われている．

（3） 音響材料

　機械的エネルギあるいは電気的エネルギを金属の振動にし，これから空気の振動を発生する．鳴り物用合金と呼ばれる．弾性材料の一種であるが，音の発生という人の感覚に訴える機能が特徴である．楽器における用途が多く，上記のピアノ線はその代表例である．鐘は 15 mass%程度の Sn を含む青銅で，金属間化合物の生成で音色がよい．ただし，加工が難しく，鋳物が多い．金も音色はよいが，高価なため特殊な用途あるいはぜいたく品に使われる．

（4） 軸受け合金

　回転軸からの荷重を硬い合金あるいは金属間化合物で支え，軟らかい Pb や Sn が潤滑油とともに潤滑作用を受けもっている．これによって，摩擦による機械エネルギの損失を低減し，軸の消耗の低減，軸の回転を容易にする．ただし，Pb は毒性を示すので，Pb 量の低減あるいは無 Pb 化が必要である．このほか，切削工具なども機械機能材料である．

（5） 防振材料

　機械的振動，音波などを吸収して，静かさを与える材料である．機械的振動を与えられた金属の中では，転位の微小な移動，析出物と転位の相互作用，双晶境界および複数の結晶相境界の摩擦，などによって機械的エネルギが熱エネルギに変化する．金属の中でエネルギ変換が起こる現象は内部摩擦と呼ばれ，どの金属にも存在する．このうち，振動の減衰能効果が特に大きいものを防振材料あるいは吸音材料という．純金属では Mg が最も高い減衰能を示す．片状の黒鉛が分散している鋳物鋼は黒鉛との内部摩擦で振動をよく吸収する．このため，古くから精密加工機械の台に使われている．この他の合金では，Fe-Cr 系，Mn-Cu 系などがある．タービン翼を用いる航空機エンジン，発電機，精密機械などの振動を抑えるのに重要である．

12.7　微小形状金属

（1） 薄　　膜

　薄膜(thin film)は形状が 2 次元的できわめて薄いもので，これ自体が機能を発現するものではないが，バルクとは異なる性質を示す金属も現れる．たとえば，Au は箔にして反射光で観察すると金色だが，透過光で観察すると光の一部は透過し，緑色にみえる．このような性質は身近ではサングラス，他の光学装置では半透過膜として利

12.7 微小形状金属

用されている．薄くすることによって，機能が生まれたといってよい．通常取り扱う多くの金属は塊状（バルク）と呼ばれる手に持てる大きさのものであるが，光学装置，電子装置，磁気装置などの分野では薄膜がきわめて広く利用されるようになった．反射鏡の多くは，ガラスに Ag, Al などの薄膜を付着させたもので，Ag は銀鏡反応といわれる化学反応によりガラス上に Ag を析出させる．光学用光ディスクなどの Al 反射鏡はガラス上に蒸着あるいはスパッタしたものである．このように，薄膜は薄いためと製造上の制約から，通常は基板上でしか存在できない．

薄膜は厚さ 2〜3 μm 以下のものをいい，下限は 1 nm 以下である．特徴は，（a）結晶粒が非常に小さい，（b）不純物の取り込みなどで内部ひずみが高い，（c）耐食性はバルクより劣る，（d）電気伝導と熱伝導は自由電子の表面による反射で低くなる，（e）平坦性がよい，などである．ただし耐食性はバルクより優れる場合もある．図 12.7 に薄膜の厚さと結晶粒の関係を示す．通常は島状から連続膜となり，柱状結晶に成長する．薄膜形成法によっては，1 原子層でも連続膜になる．共晶などの多相合金を蒸着すると，図 12.8 のようにバルク（図 9.1(b)）とは異なった金属組織となる．

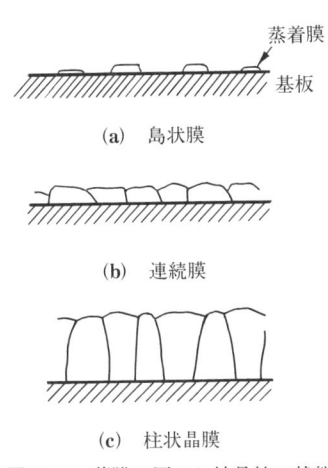

図 12.7　薄膜の厚さと結晶粒の状態

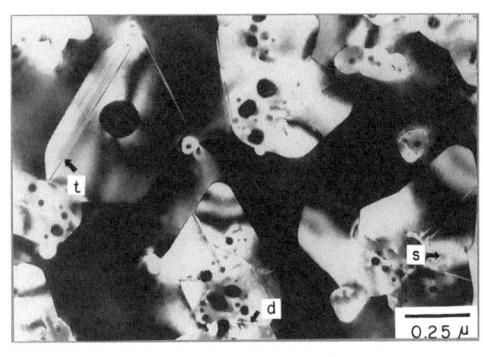

図 12.8　Au-Ge 共晶合金の薄膜組織．地が Au，白い結晶が Ge（北田による）

加工には切削などのバルクの加工は不可能である．通常，図 12.9 で示すように写真製版と同様のフォトリソグラフィを使う．（a）のように基板上に形成した薄膜上にレジストと呼ばれる感光膜を塗布し（b），感光によって化学的性質（薬品に対する溶解性）を変え（c），レジストを部分的に除去し（d），薄膜の不必要な部分を腐食して除去する（e）．最後にレジストを取り除く．これにより，平面的な形状に加工される．
イオン・エッチング，異方性エッチング，収束イオン・ビームなどを利用すれば 3

図 12.9 薄膜の加工法

(a) 蒸着
(b) レジスト塗布
(c) レジストの感光
(d) レジスト溶解除去(感光部)
(e) 金属薄膜の溶解除去
(f) レジスト除去

図 12.10 エピタキシャル成長

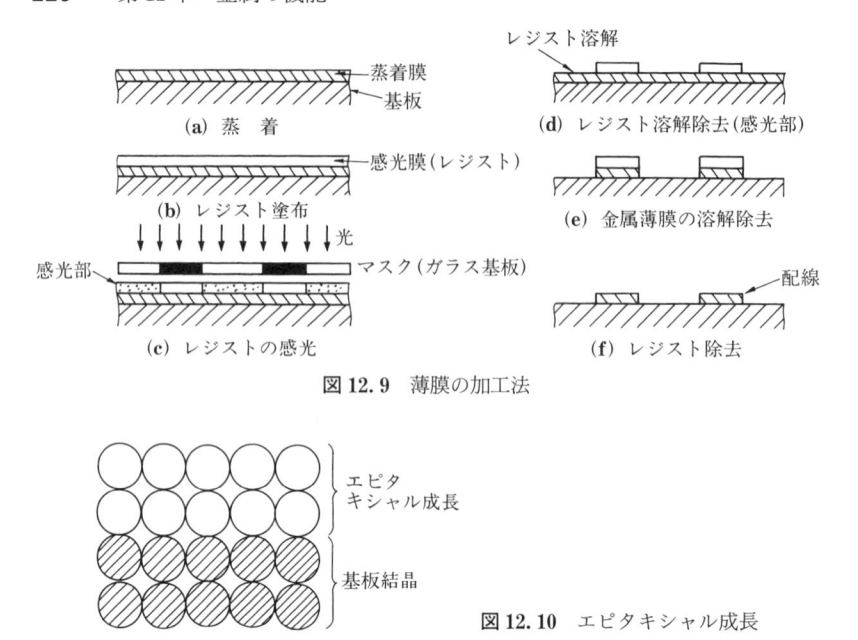

次元の加工もできる．数原子層ごとに異なる金属や化合物を堆積すれば，人工的な結晶構造をもつ物質が得られる．これを人工格子，超格子などと呼んでいる．原子間の親和力，結晶の格子定数の調整などを行えば，図 12.10 で示すように，異なる原子を整然と堆積(エピタキシャル成長)することもできる．また，元の構造とは異なる新しい結晶構造や新しい物理・化学的性質を得ることもできる．

薄膜は半導体デバイス，光デバイス，磁気記録装置などの先端技術には欠くことのできない材料である．

(2) 微粒子

金属を粉末にすると表面積が増大し，物理・化学的性質が変化する．たとえば，白色の金属を細分にすると，白色ではなく黒色になる．これは粒子間で光の繰り返し吸収が起こるためである．金属ではないが，化粧品などでも微粉化による光学的性質の変化を利用して，自然な色，透明感のある色などの応用に使われている．

表面積の増大は触媒のように，金属の表面で行われる反応の量的増大に役立つ．Fe, Ni, Pt などは各種化学薬品を製造するための触媒として利用されているが，超微細化により性能の飛躍的向上が図られている．特に，nm サイズのものをナノ粒子という．ただし，吸入等による人体への影響を考慮しなければならない．

第13章
金属の反応

13.1 気体との反応

　私たちが利用している金属の大部分は鉱石として採掘され，精錬したものである．鉱石は金属と酸素，いおうなどとの化合物であり，金属として自然に存在しているのは金など少数の貴金属にすぎない．大部分の金属(卑金属)は，空気中の酸素や地殻中のいおうなどと強く反応して酸化物(oxide)や硫化物(sulfide)などになっている．

　鉱石から精錬した金属も同様で，空気中に放置すれば酸素と結合して酸化物となる．金属の酸化しやすさは金属の種類，純度，組織などによって著しく異なり，鉄のようにすぐ赤くさびるものと，アルミニウムのようにさびにくいものとがある．この差は酸素と金属との結合力のほか，表面に形成される酸化物の機械的な強さや，ち密さなどにも関係している．金属は固体，液体，気体のいずれの状態でも反応を起こす．

　固体金属と気体の反応過程は，（a）気体分子の金属表面への吸着，（b）吸着原子と金属との化学反応，（c）化学反応の進行に分けられる．気体分子の吸着，化学反応の進行に影響を及ぼす因子としては，金属表面の構造，気体の圧力，温度などがある．本節では固体金属と他の物質との反応過程について述べる．

(1) 金属の表面構造

① 幾何学的形状

　実在の金属表面には酸化物が形成されていたり，気体元素が吸着して汚染されているが，きわめて高い真空中で成長した金属結晶や，破壊した直後の表面は酸化物や吸着原子が少なく清浄である．理想的(完全)な結晶表面は，原子が1つの乱れもなく整列している状態であるが，第2章で述べたように表面自体も結晶の並びが途切れた部分であり，平面状の欠陥である．したがって，結晶表面の原子は内部の原子に比べて不安定な状態にある．結晶表面自体がもともと不安定な状態である上に，図13.1で示すように原子の欠けた穴，突き出た原子，段(step)，不純物原子などの表面欠陥(surface defect)が結晶表面の不安定性を増し，金属表面の反応を促進する．上述の表面欠陥は結晶表面の原子の積み重ねの乱れに起因する欠陥であるが，ステップは転

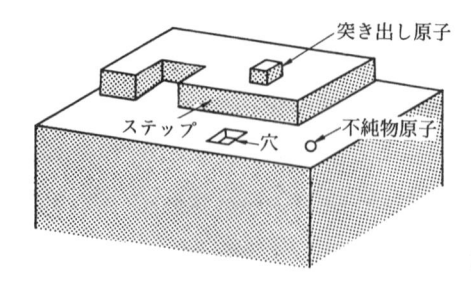

図 13.1 結晶表面の欠陥

位が表面に抜けた場所でも形成される．

　一方，刃状転位が結晶表面に交わった部分では，結晶格子に三角形状の穴があいたようなすき間があり，らせん転位では傾斜のついたステップができている．よく焼きなました金属結晶でも転位密度は通常 $10^4 \sim 10^5/\mathrm{cm}^2$ であるから，転位密度に相当する数の表面欠陥が必ず存在する．塑性変形したのち破壊した結晶面での転位密度は $10^{11} \sim 10^{12}/\mathrm{cm}^2$ といわれている．このため，破壊面は理想的な結晶面からは程遠い乱れた表面状態になっており，反応性が非常に強い．

② 金属結合の表面での乱れ

　金属結晶中の原子は上下，左右，前後を金属原子で囲まれており，周囲の原子と結合しているのが最も安定な状態である．しかし，結晶表面の原子には，表面側に結合するべき相手の原子が存在しないので，図 13.2（a）のように結合エネルギが余った状態となる．これが表面エネルギの源である．余分なエネルギをもっている状態は不安定であり，表面の原子はエネルギを減少しようとする．表面エネルギを減少するには，余分な結合エネルギを他の原子との結合に消費すればよい．見方を変えれば，表面の原子は余分なエネルギを減少させるために，常に他の原子と結合しようとしている，と考えてもよい．

　表面エネルギは表面欠陥があると増加する．たとえば，表面の原子が抜けていたり，飛び出していると，図 13.2（b）で示すように表面の余分な結合エネルギが増え

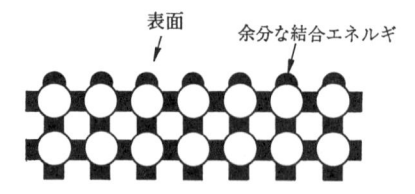

図 13.2　結晶表面で余分になっているエネルギ．欠陥があると余分な結合エネルギが多くなる（結合エネルギは模型的に描いてある）

る．このため，表面欠陥の多い結晶ほど他の原子と反応しやすくなる．

結晶表面の余分な結合エネルギの大きさは，金属によっても異なる．これは，金属の結合に寄与している電子の振舞いが異なるためで，一般に余分な結合エネルギが大きいほど反応は高くなる．後述する酸化物生成時のエネルギ変化などが反応性の目安となる．

（2） 吸着現象

現実の空間には必ず気体原子・分子が存在しており，空間を飛び回っている原子・分子は絶えず結晶表面に衝突している．衝突した原子・分子の大多数は結晶表面で跳ね飛ばされるが，あるものは結晶表面に付着する．これを吸着（adsorption）と呼ぶ．

(a) 物理吸着．原子間力でゆるやかに着いている

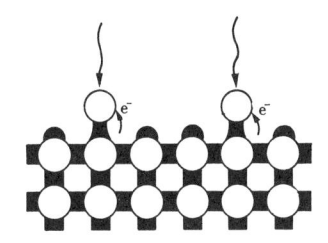

(b) 化学吸着．表面の原子と電子のやりとりをして結合する

図 13.3　物理吸着と化学吸着

吸着は物理吸着（physical adsorption）と化学吸着（chemisorption）に分けられる．物理吸着は非常に弱い原子間引力（ファン・デル・ワールス力）によって付着した状態で，図 13.3(a)で示すように，金属結晶表面の電子による結合エネルギの変化にはほとんど関係ない．これに対して化学吸着では，不完全ではあるが(b)のように電子のやりとりをして結合するので，金属原子との結びつきは強い．

物理吸着は原子間引力によるものであるから，金属と反応しない気体でも起こり，吸着量は金属の種類，表面状態に関係なく，温度，気体の圧力で決まる．化学吸着は金属原子の結合エネルギを受け入れることのできる原子でなければ生じない．また，金属の種類によって気体原子との結合エネルギが異なるので，吸着量は金属の種類によって異なり，表面状態にも強く依存する．

吸着が起こると熱が発生するので，吸着は発熱反応として扱われる．物理吸着熱は主として吸着した原子が三次元的に運動している状態から二次元的な運動状態に変化したときのエネルギ状態の変化に起因しており，図 13.4 で示すように気体から液体へと変態するときの変態熱にほぼ等しい．

化学吸着は金属表面での金属と気体の化学反応であるから，気体と化合物の結合エ

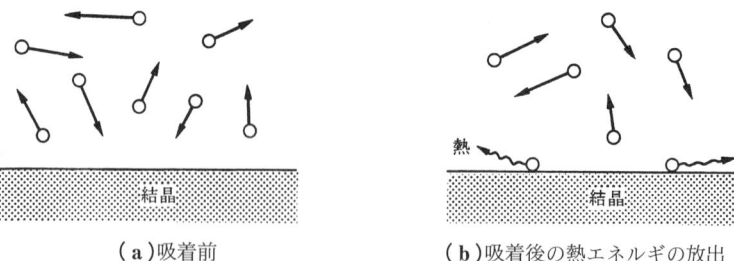

(a) 吸着前　　　　　　　　　　（b) 吸着後の熱エネルギの放出

図 13.4 吸着熱の発生．吸着した原子は気体から液体あるいは固体に変態するときのエネルギ変化に相当する熱を放出する

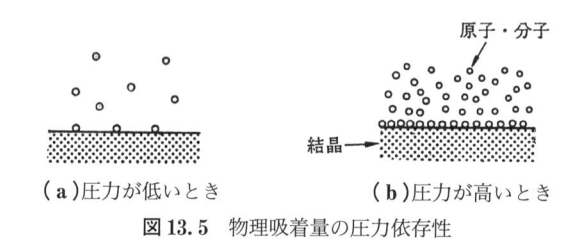

(a) 圧力が低いとき　　　　　　（b) 圧力が高いとき

図 13.5 物理吸着量の圧力依存性

ネルギの差に相当する熱を放出する．したがって，化学吸着熱は物理吸着熱よりかなり大きい．

　一般に，気体の圧力が高くなるほど空間の気体原子・分子の密度は増大し，結晶表面に衝突する原子・分子の数も多くなる．したがって，結晶表面に吸着する原子・分子の数(吸着量)は，図 13.5 のように気体の圧力とともに増加する．

　吸着した原子は永久に吸着したままではなく，周囲から熱を奪って表面から飛び出してゆく．これを脱着(だっちゃく；desorption)といい，平衡状態では，吸着する原子の数と脱着する原子の数が一定になる．したがって，両者の差が結晶表面にとどまっている吸着原子の数(吸着量)である．

　金属と気体原子・分子との反応は，表面に吸着した原子・分子の数が多いほど進むから気体の圧力が高いほど反応量も多くなる．

　表面欠陥の存在する部分では，欠陥の存在しない部分に比較して表面エネルギが大きいので，気体原子・分子を吸着する力も大きい．このため，吸着した原子・分子は脱着しにくく，欠陥部分で優先的な反応が生ずる．

(3) 金属の酸化反応

　物理吸着した原子は原子間引力だけで結晶表面に付着しているので，金属結晶の結合に寄与している自由電子(価電子)との相互作用は非常に小さい．化学吸着の段階に

13.1 気体との反応　225

なると，吸着した原子・分子は金属の電子を不完全ではあるが奪う状態となる．金属の電子が他の原子によって奪われる反応を一般に酸化反応と呼んでおり，化学吸着も酸化反応の初期段階である．

① 酸化反応の初期

酸化反応の初期課程の一例を述べる．まず，空気中の酸素は O_2 分子となっており，図 13.6(a)のように O_2 が結晶表面に吸着する．O_2 では，酸素原子間の結合に電気的エネルギが使われている．このため，金属原子の電子を奪うことはなく，金属原子との結合力が弱い物理吸着の状態となる．つぎに，吸着した O_2 は酸素原子2個に解離し(b)，金属 M の電子を奪って金属をイオンの状態*にし，酸素原子は金属より奪った電子のクーロン力を介して金属イオンと強く結びつき，最小単位の酸化物が形成される(c)．

さらに，図 13.7 のように酸素原子が表面を拡散して集合する場所ができ，これが酸化物の核となる．酸化物の核に酸素原子が集まると酸化物は二次元的に成長し，結晶表面全体が酸化物で覆われるようになる．この段階では，金属結晶の表面を酸素原子が1層だけ覆っている状態であるが，実際の酸化反応では，O_2 がつぎつぎに吸着するので，酸化物層は時間の経過とともに三次元的な大きさをもつようになる．この

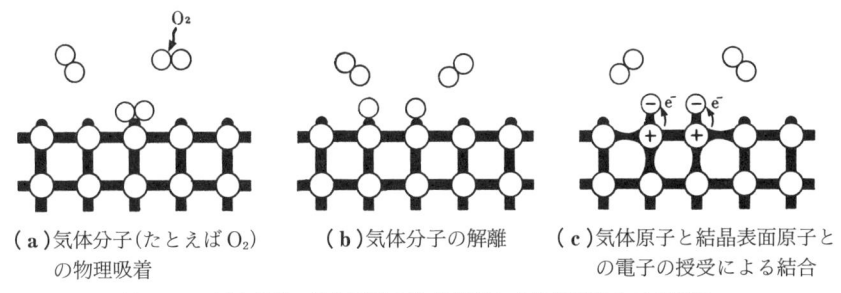

(a) 気体分子(たとえば O_2)の物理吸着　　(b) 気体分子の解離　　(c) 気体原子と結晶表面原子との電子の授受による結合

図 13.6　金属表面の気体原子の物理吸着から化学吸着までの過程

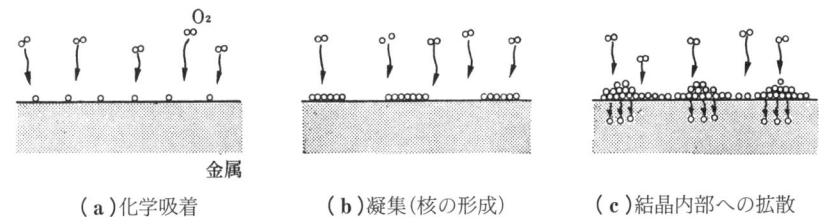

(a) 化学吸着　　(b) 凝集(核の形成)　　(c) 結晶内部への拡散

図 13.7　化学吸着から表面酸化物(核)の形成，結晶内部への酸化の進行

---

* 結晶中の金属原子も陽イオンとして扱うが，電子の雲で中和されており不完全なイオンである．酸化の場合は完全なイオンとなる．

状態では，結晶内部の金属原子まで酸化反応が及ぶ(c)．通常は数原子層以上の金属原子が酸素と反応している状態を酸化物あるいは酸化膜と呼んでいる．

② 酸化反応の進行

酸化は結晶内部へと進行するが，結晶内部の原子は気相からのO原子を吸着することができないので，Oイオンは図13.8のように酸化物層中を拡散し，酸化物と金属の界面で金属原子の電子を奪って金属と結合する．このようにして酸化は金属結晶の内部へと進行する．酸化物中の金属イオンM^+とOイオンの比は，互いの電子のやりとりの数によって決まり，通常M_xO_y（x, yは整数の場合が多い）のように示される．たとえば，鉄の酸化物はFe_2O_3あるいはFe_3O_4で安定な状態となる．ただし，Oイオンは表面から内部に向かって供給され，金属イオンは内部から表面に向かって供給されるので，図13.8のような濃度勾配が生じ，酸化物表面ではM_xO_yよりOイオンが多く，金属側ではM_xO_yより金属イオンが多い．

また，表面近傍に存在する過剰なOイオンは，金属原子が不足しているため，金属から電子を奪うことができない．このため，表面近傍では電子が不足した状態になっており，不足している電子は内部の金属から供給される．したがって，金属の表面から酸化物の表面に向かって電子の流れが生ずる．

上述のような酸化が進行するためには，表面から内部へ酸素が拡散し，内部の金属から表面に向かって金属イオンと電子が移動する．酸化物層中での酸素イオンの拡散

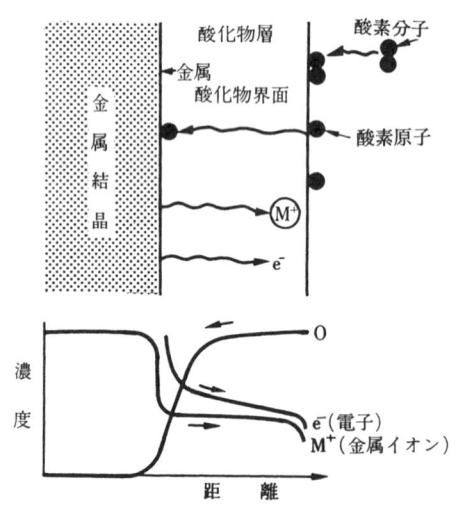

図13.8 酸化反応に伴う酸化物層中の物質の移動とそれぞれの濃度分布の例

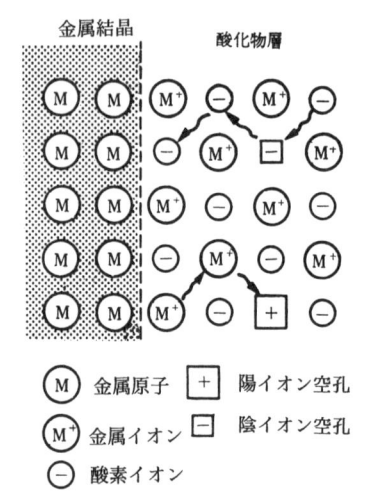

図13.9 酸化物層中の金属イオンと酸素イオンの拡散に必要な陰イオン空孔と陽イオン空孔

より金属イオンの拡散が容易な場合には，金属イオンが表面まで拡散して酸素と結合する．酸化の速度は，これらの粒子の拡散しやすさに依存し，酸化物層の成長速度は上記の中の最も遅い過程によって決まる．

金属イオンと酸素イオンの大きさはかなり異なるので，図 **13.9** のように O イオンは酸素の格子点を，金属イオンは金属の格子点をたどって拡散する．これらの拡散は，第4章で述べたように空孔を介して行われる．したがって，酸素の空孔と金属の空孔が必要であり，O は金属から電子を奪って陰イオンになっている O^{2-} の格子点にできる空孔なので陰イオン空孔(anion vacancy)，後者は電子を奪われて陽イオンになっている金属の格子点にできる空孔なので陽イオン空孔(cation vacancy)という．

電子の移動しやすさは，電子の移動する通り道，すなわち酸化物の電気的性質に支配される．酸化物の電子構造は絶縁体に近く，室温近傍での電子の移動はきわめて困難である．このため，金属表面の数原子層は短時間で酸化されるが，これ以上厚くなると酸化物中の酸素，金属，電子の移動が難しくなるので，数原子層以上の酸化はなかなか進まない．しかし，後で述べるように酸化物の強度が小さいときには酸化物に割れ目が生じ，割れ目の先端で新しい金属表面が露出して酸化が進行する．

③　金属と酸化しやすさ

金属が酸化するときの機構について述べてきたが，金属によってさびにくいものとさびやすいものとがある．ここでは金属の酸化しやすさについて述べる．

酸化によって金属原子は電子を奪われ，完全なイオンの状態になる．したがって，

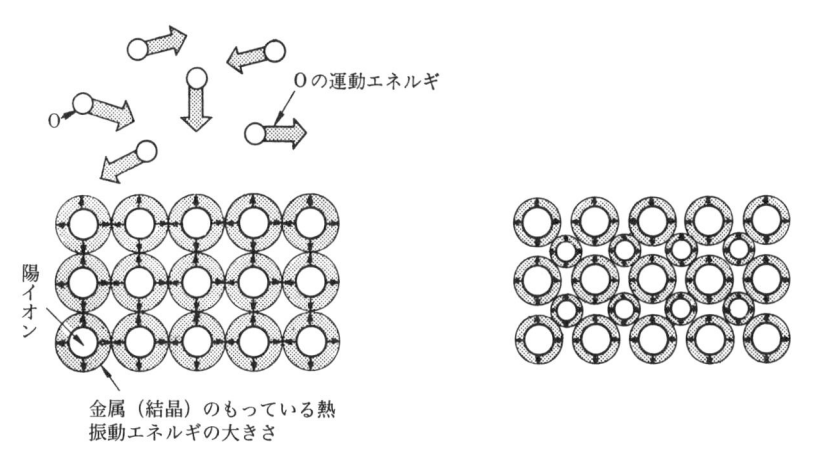

（**a**）酸化前のエネルギ状態(実際には O_2 となっている)　　（**b**）酸化物になったときのエネルギ状態

図 13.10　酸化反応前後における原子のエネルギ状態(主に熱振動)の変化

金属の状態変化，すなわち変態の一種と考えることもできる．金属原子の状態変化の際には必ずエネルギの出入りがあり，状態変化はエネルギが減少する向きに起こる．酸化の場合のエネルギ変化は，酸化物生成エネルギ(厳密には酸化物生成の自由エネルギ)と呼ばれている．図13.10で示すように酸化することによって，空間を自由に運動していた酸素は運動量の非常に少ない酸化物の状態となるので，空間を運動していたときのエネルギを失う．これは吸着のときに失うエネルギと大差ないが，酸化物になった場合のほうが金属と強く結合して安定な状態となるので，失うエネルギは多い．一方，金属原子も酸素と強く結合するため，一般に酸化前の状態に比較すると熱振動量は少なくなり，これらのエネルギを放出することによって酸化物はエネルギ的に安定になる．

放出されるエネルギ(発熱)の大きさ，すなわち酸化物生成エネルギの変化が大きい金属ほど酸素と結合して，エネルギ的により安定な状態となるから，酸化物生成エネルギの変化が大きい金属ほど酸化しやすいといえる．

酸化物生成エネルギは反応のときに放出される熱であるから，系が失う熱として通常負の符号をつけて示す．表13.1は代表的な金属の200℃での酸化物生成のエネルギ変化(厳密には自由エネルギ変化)で，マグネシウムやアルミニウムは生成エネルギの変化が大きく非常に酸化しやすい金属である．これに対して鉄や銅の生成エネルギの変化は小さくマグネシウムなどより酸化しにくい．金や銀は酸化物生成エネルギ変化が正で，酸化物になるとエネルギが増加し不安定な状態となる．したがって，金や銀は酸化物を生成しにくい．

酸化物を構成している金属と酸素の結合力は非常に強く，加熱されても激しい熱振動をすることができない．したがって，高温になっても液体になりにくく，分解，反応もしにくい(モリブデンの酸化物のように気化しやすいものもある)．このため，酸

表13.1 代表的な金属の酸化物生成の(自由)エネルギ変化 ΔG (約200℃，O原子あたり，kcal)

金属	ΔG
Mg	-131
Al	-121
Ti	-101
Cr	-82
Zn	-71
Fe	-56
Cu	-32
Ag	$+0.6$
Au	$+11$

表13.2 金属酸化物の融点

酸化物	融点(℃)	構成金属の融点(℃)
アルミナ(Al_2O_3)	2030	660
ベリリア(BeO)	2570	1284
マグネシア(MgO)	2800	649
チタニア(TiO_2)	1840	1668

化物生成のエネルギが大きい酸化物の多くは，表 13.2 に示すように構成金属より高い溶融温度をもち，高温安定性がすぐれているので耐火物として利用されている．

④ 酸化物の強度の影響

金属の酸化しやすさは，酸化物生成エネルギの大きさ ΔG で比較することができるが，実際には ΔG の大きいアルミニウムやチタンより鉄や銅のほうがさびやすい．これは主に酸化物の構造と強度によるもので，酸化物のちみつさ，たとえば小さな穴の有無や酸化物の組成的安定性にも影響される．

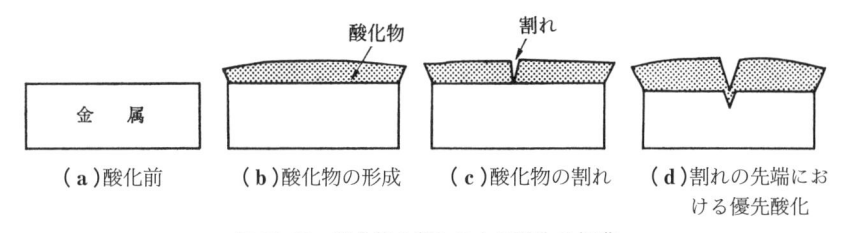

図 13.11 酸化物の割れによる酸化の促進

(a) 酸化前　(b) 酸化物の形成　(c) 酸化物の割れ　(d) 割れの先端における優先酸化

酸化物の結晶構造は，金属結晶の中に酸素を割り込ませたようなものであるから，酸化前の金属の体積に比較して酸化物の体積は大きくなる．たとえば，図 13.11(a) の金属の一部が酸化すると酸化物は(b)のように体積が増え，酸化物と金属の間にはせん断力がはたらく．実際の金属結晶では表面に凹凸などがあるのでもっと複雑な応力が加わる．酸化物がこの応力によって破壊しなければ問題ないが，酸化物の強度が小さいときには酸化物に(c)のような割れが生ずる．割れが生ずると割れの先端では金属結晶が露出するので，露出した部分の酸化が容易になり，(d)のように割れの先端で酸化物層が優先的に成長する．このため酸化物生成のエネルギ変化が小さくても酸化物の強度が小さい金属は酸化しやすくなる．

アルミニウムの酸化がなかなか進まないのは，表面に形成される酸化物 Al_2O_3 が強固なので破壊しにくく，内部まで容易に酸化が進まないためである．これに対して鉄の酸化物 Fe_2O_3（赤色）はきわめて破壊しやすく，内部まで容易に酸化されてしまう．同じ鉄でも Fe_2O_3 より若干高温（250〜300℃）で形成される Fe_3O_4（黒色）は強固であるから，一度高温で Fe_3O_4 を形成しておくと，内部への酸化の進行を防止することができ，鉄器具の表面処理法として利用されている．ステンレス鋼などではクロムとニッケルを添加しているため，表面に複数の強固な酸化膜が形成されている．

⑤ 酸化温度の影響

酸化の速度は温度によって著しい影響を受ける．温度が高くなると ΔG は減少するが，表面酸化膜中の金属イオン，酸素イオン，電子は熱エネルギを得て活発に運動するようになり空孔の数も増えるので拡散が容易になる．室温で絶縁体であった酸化物も高温になると半導体となり，電子は移動しやすくなる．したがって，高温になる

ほど酸化速度は速くなり，単位時間に酸化される金属の量は温度の上昇とともに急激に増大する．

（4） 気体金属と固体金属の反応

融点が低い金属は一般に沸点も低く，容易に金属蒸気となるが，水銀などの数種の金属を除けば空気中で気化するとたちまちのうちに酸化される．このため，石英などの容器に入れて真空で加熱すれば，容器内で蒸発した気体金属が得られる．鉛，亜鉛，錫およびマグネシウムなどはこの方法で容易に気体となる．

これらの気体になりやすい金属と融点が高くて蒸発しにくい金属を同じ容器中に入れて加熱すると，容器の中には気体金属と固体金属が共存する状態になる．容器内の気体金属原子は，空気中の酸素などと同様に空間を自由に飛び回っており，容器や固

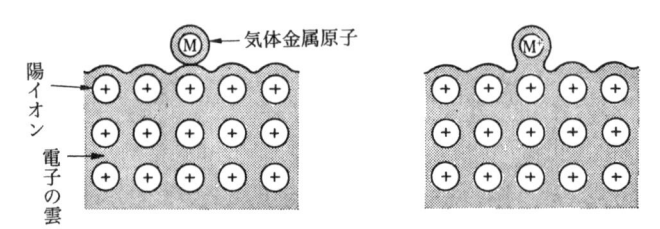

（a）気体金属原子 M の吸着．この段階では分子間力で結ばれている

（b）吸着原子 M の電子放出により，電子の雲で結晶と結ばれる

図 13.12　気体金属原子の金属結晶への吸着と侵入

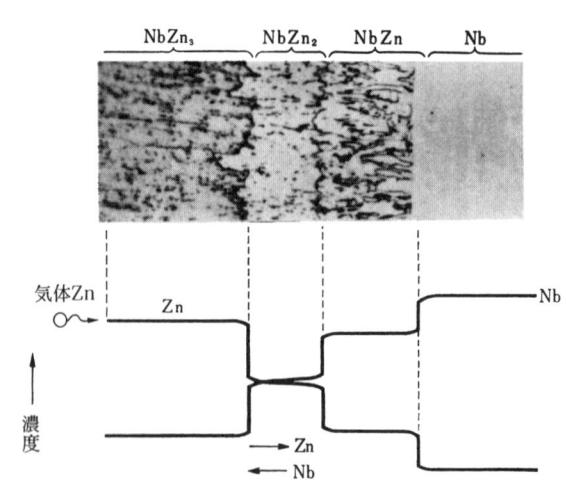

図 13.13　固体金属(Nb)と気体金属(Zn)との反応で Nb の表面に形成された化合物(800°C，240 倍)と Zn, Nb の濃度分布(メスナー氏による)

体金属の表面に絶えず衝突している．衝突した気体金属原子の一部は，まず，固体金属表面に原子間力で吸着する(図 13.12(a))．吸着した原子は金属であるから，酸素原子のように固体金属の電子を一方的に奪うことはなく，(b)のように固体金属の形成している"電子の雲"の中に電子を放出した結合状態となる．吸着原子は結晶表面に存在していても，電子の分布状態は固溶した状態と同じである．"電子の雲"の中に入った少量の原子は，通常の不純物拡散とまったく同様にして結晶の内部へ侵入してゆく．

　固体金属と気体から侵入した金属原子の間に安定な金属間化合物が存在するときには，図 13.13 のような金属間化合物の形成がみられる．図 13.13 は固体ニオブと気体亜鉛の反応で，組成の異なる 3 種の化合物が存在し，化合物が成長するために亜鉛原子は 3 層の化合物中を拡散してニオブ表面に至り，ニオブは 3 層の化合物層を逆向きに拡散して試料表面に至る．形成される化合物の種類および厚さなどは，処理温度，圧力などによって異なる．

13.2　液体との反応

　金属が水，油，樹脂などの液体と起こす反応はきわめて多い．金属が他の液体金属，たとえば水銀などと起こす反応もこの中に入る．

(1)　水溶液との反応

　金属を水に浸漬した場合，身のまわりにある鉄や銅は水と反応してさびを生ずる．しかし，きわめて純粋な水の中に浸漬した場合には，ほとんどさびは発生しない．H_2O は本来 O と H が強く結びついた安定な化合物であり，金属とは反応しない．ところが，金属中に不純物原子のイオンが混入していると，イオンのもつ電気的な効果のために金属はイオン化され，H_2O 中へ溶け込んでゆく．

　私たちが通常使っている水は，各種の不純物原子のイオンが溶け込んでいる水溶液で，カルシウム，鉄，アルミニウム，銅などの金属イオン(陽イオン)や塩素，フッ素，酸素，窒素などの陰イオンが多数存在する．これらの不純物イオンが溶け込んでいるため，H_2O の電気的なバランスが崩れて，電子の過不足が生じ，H_2O は H^+ と OH^- とに分離しやすくなる．水溶液の中に金属を浸漬すると，図 13.14 で示すように，"電子の雲"の中に電子を供給して金属結合していた表面の金属原子は，水溶液中の原子に電子を奪われて"電子の雲"から孤立し，金属結晶を離れて水溶液中にイオンとして溶け込む．金属結晶中で"電子の雲"に囲まれた金属イオンは，陽イオンといっても周囲の"電子の雲"によって電気的に中和されているのでイオン性を帯びているという程度であるが，水溶液中のイオンは価電子を他の原子に奪われたまった

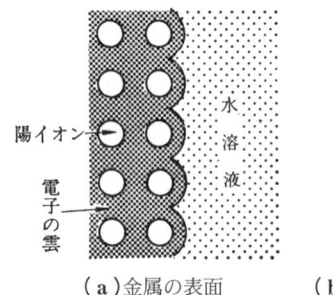

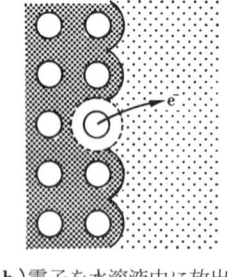

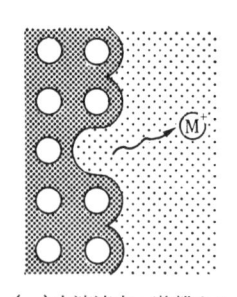

(a) 金属の表面　　　(b) 電子を水溶液中に放出し　　(c) 水溶液中へ遊離する
　　　　　　　　　　　　てイオン化した金属原子　　　　イオン

図 13.14　金属の水溶液中への溶解過程

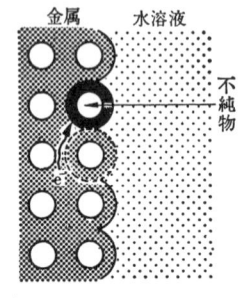

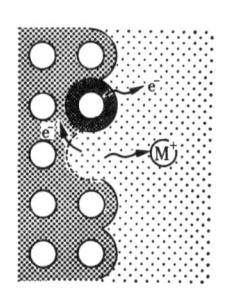

(a) 電子を強く引きつけ　　(b) 電子を放出したイオン
　　る不純物原子　　　　　　　の溶解と電子の放出

図 13.15　水溶液中へのイオンの溶解に及ぼす不純物原子の影響

く裸の状態であり，完全な正電荷をもっている．

　イオン化された金属原子が，結晶表面で水酸基 OH^- と結合すれば，$Fe(OH)_3$（水素型腐食）などの水酸化物が生成する．また O^{2-} と結合すれば Fe_2O_3（酸素型腐食）となる．

　金属結晶中に異なる電気的性質をもつ不純物原子が固溶している場合，どちらかの原子が電子を強く引きつける．図 13.15 は電子を強く引きつける不純物が存在する場合で，電子をとられた領域では平衡状態が破れるから，電子を補給するために表面の原子が金属結晶中に電子を放出して，自らは陽イオンとして水溶液中に溶け出す．一方，不純物原子の周辺では電子が過剰となるので，水溶液中に電子を放出する．この過程の繰り返しにより腐食（ふしょく；corrosion）が進む．逆に不純物原子が溶け出す場合もある．

　上記の不純物の影響は電気的な性質が異なる相が存在していても同じで，析出物の

存在する合金は一般に腐食を受けやすい．

（2） 液体金属との反応

　液体金属中に異種の固体金属を浸漬すると反応が起こる．比較的簡単な系は**図 13.16** のような共晶系を示す場合である．金属 A が固体，B が液体になる温度範囲に保持すると，固体金属 A と液体金属 B が接触して反応を起こす．

　温度 T における平衡状態は A, B の組成に依存しており，A 金属に B 金属が固溶した α 相，A と B が溶け合った液相 L，α+L 相（固液混合）の 3 領域に分かれる．接触させた A, B 両金属が完全に反応すれば，最終的に α 相，α+L 相，L 相のいずれかに落ち着くが，どこに落ち着くかは，A, B 金属の割合（組成）によって決まる．

　最終的に安定な状態に至る前の A, B 両金属の反応は，**図 13.17**（a）のように固相 A と液相 B の間における相互拡散から始まる．相互拡散によって固相 A の表面には α 相が形成され，液相は A 金属が溶け込んだ L 相となる．つぎに表面の α 相が液相中に溶け出す．上記の相互拡散では，通常固相より液相の拡散のほうが速いので，液相に溶け出す A 金属の量は固溶する B 金属より多い傾向にある．

　B 金属の量が A 金属に比較して十分に多ければ（図 13.16 の c_2 以上），A 金属はすべて B 金属中に溶け出し，全体は液相となる．逆に B 金属より A 金属が多いときには（B の割合が図 13.16 の c_1 以下），液相中に溶け出した A 金属の量は過剰となり液相中に α 相が晶出し（b），最終的に B 金属はすべて A 金属に固溶した α 相となる．B 金属の量が c_1 と c_2 の間であれば α+L の共存した状態に落ちつく．

　図 13.18 のように金属間化合物を形成する系においては，A が固相，B が液相の温度 T に保持すると，A 金属の表面には金属間化合物 AB が形成される．

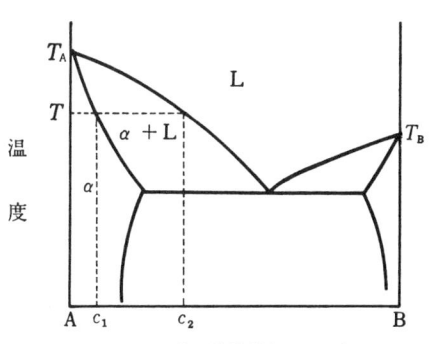

図 13.16　A–B 系共晶状態図．温度 T_B 以上で固体金属 A と液体金属 B の反応が起こる

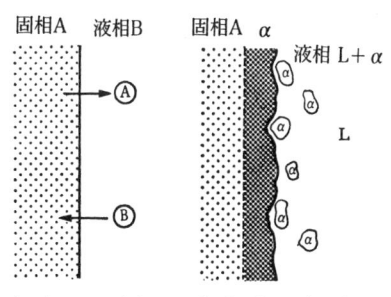

図 13.17　液体金属と固体金属の反応（図 13.16 の温度 T の場合）

（a）固相 A と液相 B の相互拡散
（b）α 相の溶け出し

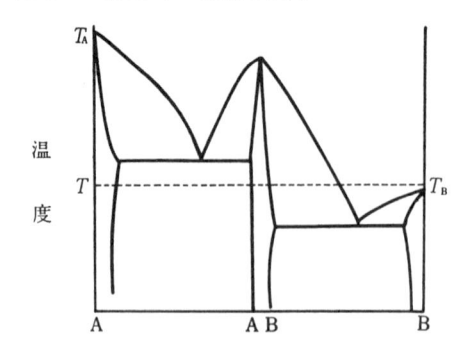

図13.18 金属間化合物 AB が存在する系での金属の反応

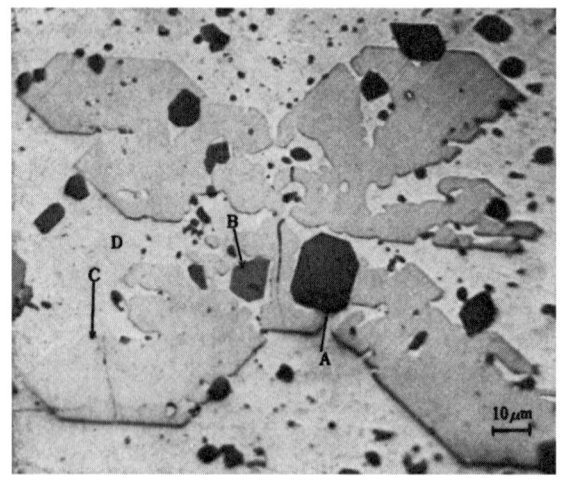

図13.19 Nb(固体)を1000°Cに加熱した液体 Sn 中に浸漬したときに生じた金属間化合物．3種(A〜C)の金属間化合物が形成されており，D は未反応の Sn を示す(北田による)

　図13.19は液体錫中にニオブを浸漬したときにニオブ表面に形成された3種の金属間化合物の例である．鋼板の溶融めっきなどで同様の反応が起こる．

13.3　固体との反応

　固体金属間の反応，金属の他の固体との反応も多種多様である．固体金属間の反応は第4章で述べた相互拡散が1つの例であるが，本節では金属間化合物の形成される金属間反応について述べる．
　異種金属を接触させた場合，第4章で述べたように相互拡散が起こる．A, B 2種

図 13.20 金属間化合物 A$_x$B$_y$

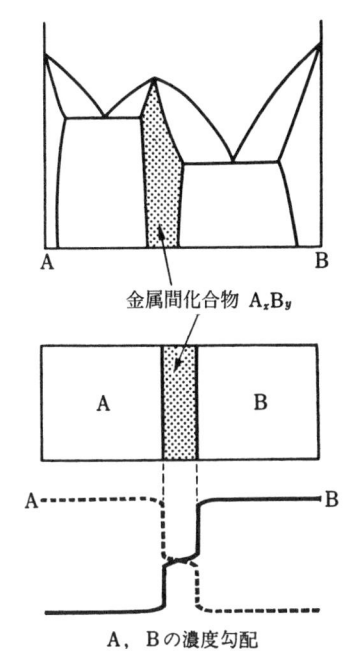

A, B の濃度勾配

図 13.20 金属間化合物が形成されるときの固体金属間の反応

の金属が互いに相手金属を十分に固溶すれば，相互拡散の結果 2 種の金属は完全に混合した固溶体となる．

ところが，金属 A, B が特定の比で結合して，金属 A, B とは異なった結晶構造の金属間化合物をつくるような場合には，2 種の金属の中間に金属間化合物が形成される．金属間化合物が成長する場合にも相互拡散が必要である．このときには，図 13.20 のような濃度勾配ができる．金属間化合物 A$_x$B$_y$ は A, B の原子比が $x:y$ のとき安定だが，金属間化合物層を通って相手の金属まで互いに拡散するため，金属間化合物の A 金属側では A 原子が過剰で，B 金属側では B 原子が過剰となる．ただし，金属間化合物中での A, B 原子の移動しやすさ（拡散速度）は異なることが多いので，濃度勾配は対称とはならない．

A, B の間に複数の安定な金属間化合物が存在する場合には，複数の金属間化合物層が形成される．

13.4 金属の反応の利用

(1) 表面酸化による腐食防止

金属の酸化を防止するために，表面に強固な酸化皮膜を形成する技術はアルミニウ

ムなどで広く使われている。アルミニウムの場合，表面に形成される Al_2O_3 がきわめて強固なため，十分な耐食性が得られる。鉄の場合には約 250°C に加熱して表面に強固な Fe_3O_4 を形成する。青黒い色をしているのでこの処理をブルーイング(blueing)と呼んでいる．

（2） 金属の精錬

鉱石は金属の酸化物や硫化物であるが，鉱石から金属を得るために，金属の酸化反応とは逆の反応を利用する。金属酸化物から酸素を奪って金属を取り出すには，酸素との結合力が金属より強い元素で酸素を奪えばよい。たとえば，酸化鉄 Fe_2O_3 を水素で還元する場合，$Fe_2O_3+3\,H_2 \longrightarrow 2\,Fe+3\,H_2O$ の反応により鉄が得られる。酸素に電子を奪われてイオンになっていた鉄は，水素の電子と入れ替わりに電子を得る。このように電子を得る反応を還元(かんげん；reduction)反応という。水素は還元剤といわれる。還元剤には一酸化炭素，炭素などがある。酸素との結合力は温度によって著しく異なり，金属と酸素の結合力より水素と酸素の結合力(厳密には自由エネルギの差で考える)が大きくなる温度でなければ還元することはできない．

（3） 浸炭処理

第4章で述べたように，鉄の表面に炭素を拡散して Fe_3C を形成する浸炭処理は金属と気体の反応を利用した技術である。浸炭処理では，一酸化炭素ガスが使われるが，一酸化炭素ガスを分解し，生じた酸素による鉄の酸化を防止するため，一酸化炭素と一緒に水素ガスを流す。鉄の表面では一酸化炭素の解離で炭素は鉄中へ侵入し，酸素は水素と結合して外部へ取り出される．

（4） 特殊な性質をもつ金属間化合物の形成

特殊な性質，たとえば超電導性を示す金属間化合物を形成する場合，線あるいは薄板状にした金属の表面に形成すると使うのに便利である。このような場合，図13.19で示したように，溶けた錫中にニオビウム線などを浸漬すれば，表面に超電導体である Nb_3Sn を形成することができる。実用的には，ニオビウムと錫を含んだ銅を束ねて固相反応を起こさせる。ニオビウムと銅中の錫が相互拡散して超電導体である Nb_3Sn が生成し，超電導線材として使うことができる．

第14章
生体反応と金属

14.1 生体内での金属のはたらき

　私たちが生きてゆくためには，まず食物を消化し，つぎに筋肉や神経などをはたらかすために消化された物質を酸化してエネルギを取り出し，さらに不必要になった物質を排出しなければならない．生体内におけるこれらのはたらきを生理作用と呼んでいるが，生理作用に伴う反応をつかさどっているのは，主に金属イオンである．

　生体内のアミノ酸，たんぱく質(蛋白質)，酵素(こうそ)，核酸(かくさん)，炭水化物，脂質などは炭素，水素，酸素，窒素，いおう(硫黄)などが主成分であるが，これらの元素の多くは生体組織などを維持するために互いに強く結合しているので，迅速な反応を起こすことができない．このため，アミノ酸などを構成している酸素，窒素，いおう原子の一部が金属イオンと結びつき，金属イオンが生体内物質の酸化，還元などのはたらきをしている．金属イオンと結びつくことができる酸素，窒素，いおう原子を配位子(はいいし)と呼んでいる．一例を血液中のヘモグロビンのはたらきで説明する．

　ヘモグロビンは肺で空気中の酸素を体内に取り入れるはたらきをしているが，酸素

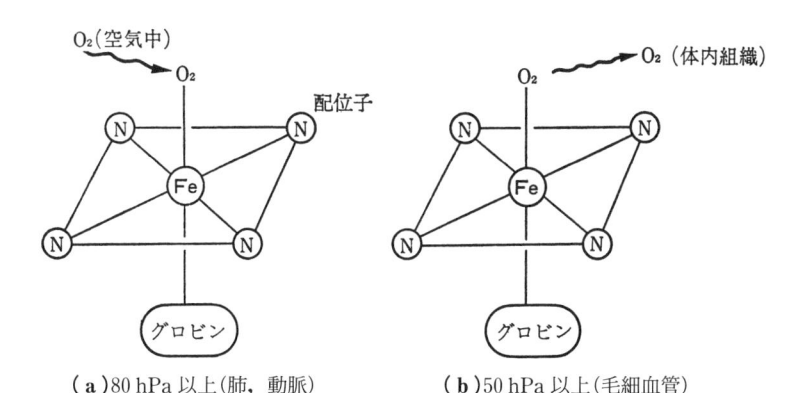

（a）80 hPa 以上(肺，動脈)　　　（b）50 hPa 以上(毛細血管)

図 14.1　ヘモグロビンによる酸素の吸収と放出．ヘモグロビンは $C_{34}H_{32}N_4O_4Fe$ で示される暗紫色の結晶

と直接結合するのは，図14.1(a)に示すように4個の配位子窒素と結合している鉄イオンである．窒素原子4個からなる配位子の上に鉄がくるので，鉄の位置を配位座と呼んでいる．2価のFe^{2+}イオンとなっており，電子のもつ引力(クーロン力)で酸素をヘモグロビンに固定する．鉄は電子を3個放出して3価のFe^{3+}となったほうが安定で，酸素を強く固定するが，3価になると結合が強すぎて酸素を放出しにくくなる．肺でヘモグロビンに固定された酸素は，体の隅々まで運ばれて放出され，炭素や水素を酸化(燃やす)してエネルギを出すので，あまり強く固定してはならない．幸い，配位子となっている窒素原子が鉄の電子1個分と結合したかたちになっているので，空気中の酸素との結合に使える電子は2個となり，鉄の酸素との結合力は酸素の吸・放出に都合のよい大きさとなる．ヘモグロビンは1gで1.36mlの酸素を吸収する．鉄と酸素の結合力が最も強くなるのは，酸素の圧力が約80hPa(大気圧の約1/13)のときで，肺に吸い込まれた空気中の酸素圧に等しい．肺から遠くなるにつれて，血管中の酸素圧は低くなり，毛細血管では50hPa(大気圧の約1/20)以下になる．酸素圧が50hPa以下になると鉄と酸素の結合力は急激に小さくなり，酸素は生体組織の中へ放出されて酸化反応に使われる．成人の場合，体内で4〜6gの鉄が使われており，鉄が不足すると貧血症状を呈する．

図14.2は鉄-いおうたんぱく質(鉄-硫黄蛋白質)と呼ばれる酵素の一種で，図14.1のヘモグロビンのような配位座がなく，いおう原子を介してアミノ酸とゆるく結合している．これらのたんぱく質は，動物では脂肪酸やいおうを代謝し，植物では光合成，窒素の固定，生体に必要な鉄の貯蔵などの役割を果たしている．

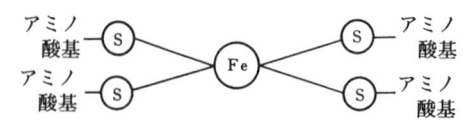

図14.2 鉄-いおうたんぱく質の構造．FeはSを介してアミノ酸基と弱く結合している．鉄-いおうたんぱく質は1分子中に1〜8個のFeを含んでいる

14.2 生体内の必須金属イオン

ヘモグロビン中の鉄イオンは，生体が必要とする酸素を吸・放出するために必要で欠くことのできない金属イオンである．このように，生命を保つために必要な金属イオンを必須金属イオンという．

(1) アルカリ金属イオン

Na^+，K^+が代表的な金属イオンで，生体内の配位子との相互作用は最も弱いので，

配位子に強く束縛されることなく体内を自由に動き回る．Na^+ は細胞外，K^+ は細胞内に主に存在し，生体膜を介した物質輸送に必要な圧力の維持，神経情報の伝達と発信，アミノ酸の能動輸送* を行う．

（2） アルカリ土類金属イオン

Mg^{2+}，Ca^{2+}，Sr^{2+} が代表的な金属イオンで，Mg^{2+} は主に細胞膜内，Ca^{2+} は脳や細胞膜外に存在し，生体内反応を促進するためのエネルギの蓄積，神経情報の伝達と発信を行う．また，Mg^{2+}，Ca^{2+} の配位子との結合力は Na^+，K^+ より強く，配位子（主に窒素原子）と結合して各種酵素を活性化し，生体組織の構造を安定化している．このほか，Ca^{2+} は骨の主成分として体の機械的な維持を行っている．

（3） 遷移金属イオン

Mn^{2+}，Mo^{5+}，Fe^{2+}，Fe^{3+}，Cu^{2+}，Zn^{2+} などの金属イオンで，これらは配位子との結合力が特に強く，生体の代謝，増殖に際して酵素，たんぱく質の活性中心となっている．図 14.3 はビタミン B_{12} の構造で，コバルトが活性中心である．これらは触媒反応に直接参加して，小さなエネルギの消費で各種の反応を行う．物質の状態変化は拡散と同様に活性化の山を越さねばならないが，他の物質の反応を利用することに

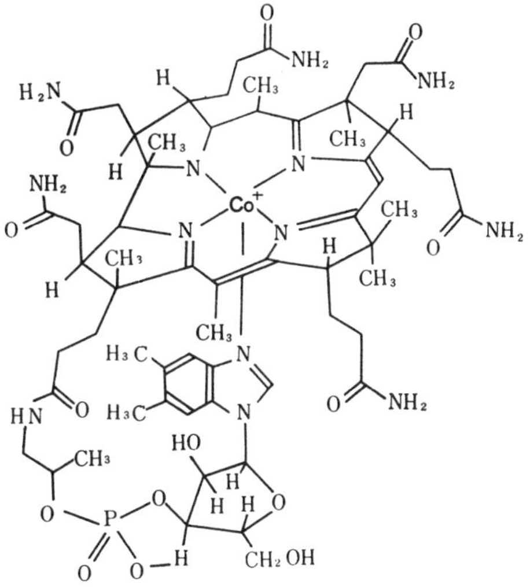

図 14.3　ビタミン B_{12} の構造．Co^+ が活性中心となって触媒的なはたらきをする

---

* 拡散などの輸送現象では成分の濃度が高いところから低いところへ向かって原子が移動するが，能動輸送では濃度の高いところに向かって物質が運ばれる．

より，活性化の山を低くすることができる．これを触媒反応といい，生体の反応を容易にしている．Fe^{2+}，Fe^{3+}，Cu^{2+}，Mn^{2+}，Mo^{5+} は主に酸化還元反応に関与しており，Zn^{2+} は味覚や成長などに関する酵素反応に関係している．これらの遷移金属イオンと結合するのは，主に窒素，いおう原子からなる配位子である．このほかにも，アルミニウム，ニッケル，バナジウムなどが微量金属イオンとして生体反応に関与していると考えられている．

14.3 病気と薬効

いくつかの病気は必須金属イオンの欠乏または過剰によって起こる．この原因は，生体内での金属イオンと配位子間の相互作用のバランスがくずれ，神経情報の発信と伝達，酵素のはたらきが不十分になったり，過度になるためである．したがって，くずれたバランスを正常に戻せば病気は治る．

必須金属イオンが不足している場合(欠乏症)には，不足している金属イオンを含む食事をとるとともに重症のときには必須金属イオンを含む薬を投与すればよいが，生体は長時間かかって徐々に必要な金属イオンを吸収しており，薬によって短時間で多量に金属イオンを供給することは難しい．このため，生体内配位子と結合しやすい化合物の形にした薬が使われる．生体内で金属イオンと最も結びつきやすいのは水であり，金属イオンを必要とする酵素の配位子と金属イオンとが水の結びつきを押しのけて結合するように工夫しなければならない．

また，配位子との結合力が非常に弱い薬を配位子に強く結合させたい場合には，薬の一部を配位子と結びつきやすい金属イオンに置換して薬の効果を出すこともある．

必須金属イオンが過剰な場合には，生体を維持するのに必要な量以上の生理作用が起き，生体の異常成長，代謝過剰，他の酵素のはたらきなどにより生理作用の低下をもたらす．この場合には，過剰な金属イオンよりも配位子との結合力が強い金属イオン(できるだけ害の少ない必須金属イオン)を投与し，過剰な金属イオンを生体外に排出する．同様の方法は毒性の強い金属を体外に排出する場合にも使われ，金属イオン交換反応と呼ばれる．

生体内の病原菌の増殖にとっても金属イオンは必要であり，病原菌も必須金属イオンをもっている．人体に必要な金属イオンが病原菌に奪われれば，人体の必須金属イオンは不足し病気となる．この場合，不足した金属イオンを投与する．また，病原菌が人体と異なる金属イオンをもっている場合にはこの金属イオンと結合力の強い物質を投与して，病原菌が必要とする金属イオンを奪って病原菌の活動を鈍らせたり，菌に有毒で人体に無害な金属イオンを送り込んで菌を殺す．この方法は，金属以外のイオンを使ってもできる．

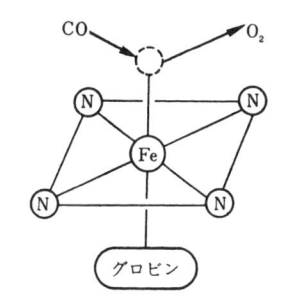

図 14.4 一酸化炭素 CO によって Fe との結合を切られる O_2. 一酸化炭素中毒になる

　一酸化炭素 CO, 一酸化窒素 NO, シアン基 CN などは, Fe^{2+} あるいは Fe^{3+} との結合力がきわめて強く, 酸素を押しのけて鉄と結合するため(図 14.4), 鉄の酸素輸送作用を阻害する. このため生体は酸素不足に陥って中毒症状を呈する. 一酸化炭素などは金属酵素阻害物質と呼ばれる.

14.4　金属の毒性

(1)　毒性を示す理由

　生体内における配位子と金属イオンの結びつきは, 複数個の配位子と金属イオンの結合力のバランスによって適正に保たれている. 一般には, 酵素のはたらきを最も活発にする金属イオンと特定の配位子との結合力が最も大きいが, 同じような性質の金属イオンもあり, 種々の金属イオンが配位子を奪い合ったり, 逆に配位子が特定の金属イオンを奪い合っている. したがって, 摂取している食物中の金属イオンのバランスがくずれると, 配位子と金属イオンの適正な関係も乱れる.

　前節で述べたように, 生体の維持に必要な必須金属イオンでも, 過剰になれば酵素のはたらきを必要以上に盛んにして身体のバランスをくずしたり, 他の必須金属イオンが結合している配位子を奪い, その配位子をもつ酵素のはたらきを阻害する. "過ぎたるは及ばざるがごとし"のたとえのとおり, 金属イオンの過剰症となる.

　必須金属以外の金属イオンでも, 電気的な性質が似ていれば配位子と強く結合する. 金属イオンと配位子との結合力は前述のように電子のクーロン力であるから, 生体内でイオン化するような金属はすべて配位子と結合することができ, 生体内の反応に影響を及ぼす. これらの金属のうち, 酵素のはたらきを阻害するものが毒物となる.

　たとえば, カドミウム, 水銀, 鉛, ヒ素などの金属イオンは, たんぱく質, 酵素中のいおう原子との親和力が強い. たんぱく質, 酵素中で SH 基をつくって酵素反応に直接関与しているいおう原子と上記の金属イオンとが結合すると, SH 基は酵素反応を起こさなくなる. また, いおう原子はたんぱく質の高次の構造を保つ役割を果たし

ているが，上記の金属イオンと結合することによりたんぱく質の構造維持能力をなくし，代謝障害を起こす．

金属イオンと配位子との結合力はクーロン力であるから，結合力は両者の距離が短くなるほど強くなる．金属イオンでは，電子軌道から外へ飛び出すことのできなかった電子が正に帯電した原子核の周囲を回っている．配位子は正に荷電している原子核と引き合うから，配位子とイオンの結合力は原子核と配位子の距離によって決まる．配位子が原子核に近づける限界は最も外側の軌道を回っている電子のところである．原子核の中心から最も外側の電子軌道までの距離をイオン半径と呼んでおり，配位子とイオンの結合力は，図 14.5 で示すように，イオン半径の大小によって決まる．イオン半径の小さい金属ほど配位子との結合力が強い．たとえば，Be^{2+} のイオン半径は 0.034 nm で，同じ 2 価の Mg^{2+}(0.078 nm)よりイオン半径が小さく，Mg^{2+} と置換し，酵素の構造を変えて活性を消失させる．同じ元素でも 3 価のクロムのイオン半径は 0.065 nm であるが，6 価になると 0.052 nm となり毒性が強くなる(3 価から 6 価になった電気的効果もある)．このように，必須金属イオン以外の金属で配位子と強く結合するものは，強い毒性を示す．これらのあるものは，細胞の複製，遺伝に関係する核酸などと結合し，発がん作用などを示す．表 14.1 に主なイオンの大き

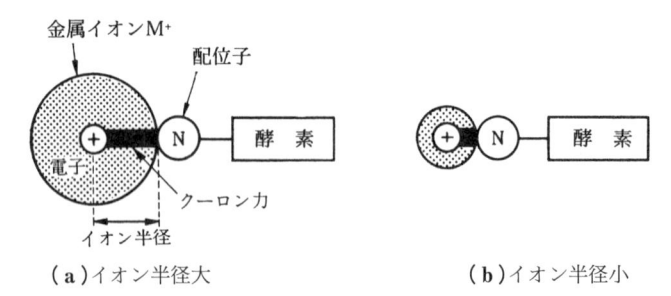

（a）イオン半径大　　　　　　　　（b）イオン半径小

図 14.5 金属イオン M^+ の大きさによって配位子Ⓝとの結合力が変わる．一般に，イオン半径の小さい金属ほど結合力が大きい

表 14.1 必須金属イオン（○印）と毒性の強いイオン（×印）のイオン半径．必須金属イオンの半径は比較的大きい．無印は必須，有害の両説あり

○ Na^{1+}	○ K^{1+}	○ Mg^{2+}	○ Ca^{2+}	○ Sr^{2+}	Ni^{2+}	○ Fe^{2+}	○ Fe^{3+}
0.98	1.33	0.78	1.06	1.27	0.78	0.83	0.67
○ Mn^{2+}	Mn^{4+}	○ Co^{2+}	Co^{3+}	○ Mo^{5+}	Mo^{6+}	○ Cu^{1+}	○ Zn^{2+}
0.91	0.52	0.82	0.65	0.65	0.62	0.96	0.83
Cr^{3+}	× Cr^{6+}	V^{4+}	× Be^{2+}	× Cd^{2+}	× As^{5+}	× Se^{6+}	× Sb^{5+}
0.65	0.52	0.61	0.34	1.03	0.47	0.42	0.62

さを示した．

メチル基(CH_3)などの有機物と結びついた有機金属(たとえば有機水銀)が強い毒性を示すのは，有機物と結合することにより体内の脂肪に溶けやすくなるため，血球膜などを透過しやすくなり，血球，各種細胞中に入り込んでこれらの活性を奪う．また水に溶けにくいので尿中へ排泄されにくく，長期間生体中に滞留して毒性の除去を困難にする．

これらの有害金属イオンを摂取した場合には，生体内の有害金属と選択的に強く結合して無害化するような化合物を投与したり，有毒金属より配位子との結合力が強い金属イオンを投与して交換反応を起こさせ，有害金属イオンを排泄させる．しかし，この方法がすべてに有効なわけではない．

(2) 生体への影響

動植物は数億年以上の年月をかけて今日みられる生命をつくりあげた．私たちの身体を維持している原子は，この過程の中で選択されたものである．生命を構成する元素の選択基準は，
  (1) 生命体の機能を最もよく発揮できる元素
  (2) 海，山の生活環境で摂取しやすい元素
に大別できる．生命の維持に都合がよくても，摂取できなければ役に立たないし，摂取しやすくても機能を低下する元素は除外されたものと思われる．

表14.2は地表に近いところにある元素を多い順に並べたもので，○印が現在知られている必須金属イオンで，△印が毒性の強いといわれている金属である．地表に大量にある元素は大部分が人体に有用である．

長い年月の間，人間も野性の動物と同じように与えられた環境の中で生命を維持し

表14.2 地表に近いところにある金属の存在量，番号の順に存在量は少なくなる(番号が抜けているのは非金属を載せていないため)

3	4	5	6	7	8	10	12	18	19	20	21	22	23	24	25
○Al	○Fe	○Ca	○Mg	○Na	○K	Ti	△Mn	Rb	Ba	Zr	△Cr	○Sr	△V	△Ni	○Cu
26	27	28	29	30	31	32	33	34	35	36	37	38	39	40	42
W	Li	Ce	○Co	△Sn	○Zn	Y	Nd	Nb	La	△Pb	○Mo	Th	Ga	Ta	Cs
43	44	45	47	48	49	50	51	53	61	62	65	67	68	69	
Ge	Sm	Gd	△Be	Pd	△As	Sc	Hf	U	Sb	△Cd	△Hg	△Bi	In	Ag	
74	75														
Pt	Au														

○ 必須金属イオン　△ 有毒イオン　△ イオンの価数によっては毒性を示す

てきたが，人間の知的な生活の発生と同時に，より摂取しやすい食物を自らの手でより多く得る手段を得た．これが狩や農耕であり，同時に道具の使用である．しかし，ほんの数百年前までは，自然のバランスを崩すような大規模な産業はほとんどなく，地下水などに異常に多く金属イオンが含まれている地方の風土病以外は，上述の金属イオン摂取基準をゆるがすことはなかった．しかし，産業革命以後，本来人間生活をさらに向上するものとして起こった産業の中にマイナスの要素が顔を出してきた．生命体の機能を低下させるような物質の出現もその1つである．たとえば，骨の主成分であるカルシウムは地表に豊富に存在し，生命体の骨格形成には最適の元素であるが，同じような性質をもつカドミウムが豊富にあったとしたら，骨の主成分はカドミウムになっていたかもしれない．しかし，地表近くには生体を十分に維持するだけのカドミウムはなく，代わりにカルシウムが使われた．このためカドミウムは生体中のカルシウムの役目を阻害する物質となったが，地表近くのカドミウム量は生体中のカルシウムの役目を妨害するほど多くはなかった．ところが，産業面でカドミウムの有用なことがわかり，土中深くから掘り起こされて生活環境の中に入り込み，カルシウムのはたらきを阻害する機会が生まれた．産業の本来の使命は人類を含めた動植物の繁栄に寄与することであるから，これらのマイナス面はできるだけ小さくすることが必要である．現代では，直接毒性の強い物質を取り扱わなくても，製品として使用する機会はきわめて多く，種々の物質の生命体に及ぼす影響を知っておかねばならない．

表 14.3 は金属の生体に及ぼす影響の概要である．これらの中には，生体にとって有害なはたらきしかないと思われる金属もあるし，前述のように生体を維持するために必要だが，過剰に取りすぎると有害になるもの，価数によって毒性の異なるものもある．生体に及ぼす金属の影響については動物実験(動物実験では常識で考えられる量より多量の金属を投与して毒性を調べていることに注意)を主体にして検討されているが，大切なのはこれらの問題も含めてより人類の繁栄に寄与するような金属の利用法を考えてゆくことであろう．

最近盛んなナノテクノロジーでは，nm サイズの微粉末が使われる．このような微粉末の生体への関与は不明な点が多く，ナノテクノロジーの開発とともに，生体への影響を明らかにして安全を確保する必要がある．

14.5 生体材料

金属材料を肉体の代替材料として利用したのは，歯の欠損部の補填が最初とみられている．歯科用合金は硬いことと耐食性の高いことが必要である．当初の Ag と Hg を主成分にした補填用のアマルガム合金は，水銀の毒性により使用されなくなった．代わりに，Au-Pt-Pd 系，Au-Ag-Cu などが用いられている．

14.5 生体材料

表 14.3 生体に及ぼす金属の影響(非金属も含む)
①急性中毒,②慢性中毒,(動)は動物実験あるいは動物名

金属	状態	生体での症状
Al	微粉末のみ	通常,毒性はきわめて少ない ② ⅰ) 吸入:アルミニウム肺,皮ふ炎 　　ⅱ) 摂取:骨中無機燐の含量低下(動),多量の摂取で燐の排出径路に変化(人)
Ag		② ⅰ) 1gの静脈注射で銀中毒症状?(人),殺菌作用(微生物) 　　ⅱ) 0.25 mg/kg・日の投与で免疫効果が顕著,条件反射異常,血管や神経に異常認められる(兎)
Au		① 円板植込みで発腫瘍(動),毒性はきわめて少ない
As		① 130 mgで致死,100 mgで重症(人) 　ⅰ) 手,指,足裏に発疹(→がん化),肝障害,心不快(人) 　ⅱ) 口腔,咽頭に乾燥感,腹激痛,嘔吐(人) 　ⅲ) 血尿,麻痺,ショック(人)
Ba		① 500〜600 mgで致死,体内での蓄積は認められない(人) ② 心臓,血管,神経異常,血圧上昇,心筋刺激(人)
Be	微粉末	① 0.1 mg/m³ で吸入中毒(人),40 mg注射で肝破壊(兎) ② 消化器は無害,酸化物の吸入が有害(人)
	BeO (酸化ベリリウム)	② 肺気腫,神経障害(?)(人)
Bi		① 腎障害(無尿症)(人) ② 体内酵素の減少,血中成分の減少(動)
Ca		② ⅰ) 100〜150 mg/l(3.5〜5.2 mg/kg・日)で泌尿疾患,関節炎(人) 　　ⅱ) 硬水地帯,高血圧死亡者少,気管支炎死亡者少(人) 　　ⅲ) 腎臓,ぼうこう結石の原因(人)
Cd	微粉末	① ⅰ) 0.1 mg/m³ 以上の吸入で胸痛,めまい,呼吸困難,肺気腫(人) 　　ⅱ) 150 mg/kgの摂取で致死(人),14.5 mg/kgで胃腸障害(人) ② ⅰ) 腎臓蓄積による高血圧症(人) 　　ⅱ) 腎機能低下,血清燐酸濃度の低下(人) 　　ⅲ) 骨中無機分(Ca)の減失,イタイイタイ病(人)
Co		① 中毒症状(人) ② 血色素濃度変化,赤血球増加,食欲低下,組織障害(動)
Cr	Cr³⁺ (3価クロム)	発育促進,生存率,寿命は顕著に上昇(動),血清コレステロールの濃度低下(動)
	Cr⁶⁺ (6価クロム)	ⅰ) 生存率と寿命の低下,発育速度上昇,鼻中隔欠損症(人) ⅱ) 死亡率上昇,腎臓,骨に多量に蓄積,血色素の減少(動)

金属	状態	生体での症状
Cu	Cu^+	① 10 g/kg の吸収で致死，60～100 mg/kg で吐き気，胃腸症，10～30 mg/kg では中毒症状なし(人)
	CuO(亜酸化銅)	② 渇き，発熱，頭痛，脱力感，呼吸障害(人)
Ga		① 発育低下(5 mg/l・日)，寿命短縮(0.5 mg/l・日)が顕著(動)
		② 50～100 mg/kg で致死(小型動物)，胃腸障害，衰弱(動)
Hf		① 詳細不明，粉塵 0.5 mg/m³ が許容限(人)
Hg	Hg^{2+}	① ⅰ) 1000～2000 mg/kg で致死，1 mg/m³ の吸入で中毒(人)
		ⅱ) 口腔，手足の感覚異常，腫瘍(人)
		ⅲ) 視野狭窄，難聴，言語障害，神経系の麻痺(人)
		② ⅰ) 食物，飲水より摂取，不安いらいら，神経不安定症(人)
		ⅱ) 腎臓障害，抑うつ症，頭痛，赤面，発汗過多(人)
	HgCl(塩化水銀)	1 mg/kg が経口致死量(人)
	有機水銀	食物より摂取で神経障害(一定濃度以上で)(人)
In		① 経口致死量 4200 mg/kg(ねずみ)，食欲減退，けいれん，呼吸困難(動)
		② 発育不良(0.5 mg/kg・日)，肺，肝臓に出血(動)
K		詳細不明，Na に似る(?)
Li		① 食欲減退，嘔吐，下痢，体重減少，体水分減少，体温低下(動)，肺障害
		② 飲料水より摂取，心臓病，動脈硬化による死亡率減少(人)
Mg	Mg^{2+}	② 飲料水より摂取，心臓病，冠状動脈症の発生低下(人)
	MgO 微粉末	① ⅰ) 4～6 mg/m³ の吸入で 12 分後に鋳工熱に似た症状(人)
		ⅱ) 多形核白血球，気管支炎(動)
Mn	粉末，Mn^{2+} または Mn^{4+}	① ⅰ) 11 mg/m³ の吸入で中毒症状(人)
		ⅱ) 血色素症を伴う，中枢神経系に作用(人)
		② ⅰ) 脳炎類似症状による神経系の麻痺(人)
		ⅱ) 中国東北部の地方病の原因(人)
		ⅲ) 成長阻害，骨の発育不全，血清ぶどう糖の減少(動)
	MnO_2 (二酸化マンガン)	マンガン病(人，慢性神経症による歩行困難，興奮，肺炎)
Mo	Mo^{5+} または Mo^{6+}	① 116 mg/kg で致死(ねずみ)
		② ⅰ) 下痢，貧血，体重減少，毛色の変化(動)
		ⅱ) 血清ぶどう糖増加(動)
	MoO_3 (三酸化モリブデン)	② ⅰ) 肝臓，腎臓に変化認める，肺細胞の破壊(動)
		ⅱ) Mo 化合物の小顆粒を含む細胞を確認(動)

14.5 生体材料

金属	状態	生体での症状
Na		② 飲料水などから多量に摂取すると，充血性心臓障害，高血圧，腎臓障害，肝硬変，浮腫
Ni		② ⅰ) 血清コレステロールの減少(ねずみの雄) ⅱ) 血清ぶどう糖の減少(ねずみの雌) ⅲ) 酵素系の抑制能を認める(動)
Nb	Nb^{4+}	① 毒性はきわめて少ない(人) ② 血清コレステロールの減少(ねずみの雄)
	Nb^{5+}	発育速度は減少するが寿命は伸びる(動)

Pb		① 0.43 mg/m³ を吸収すると中毒，神経まひ，炎症，嘔吐，けいれん，昏睡，死亡(人)
		② 2 mg/l 以上が有害範囲
		  ⅰ) 腎機能低下
		  ⅱ) 血清燐酸塩濃度低下，小赤血球性貧血，血中酵素の変化
		  ⅲ) 骨中ミネラルの減少
		  ⅳ) 多発性硬化症

Ra		① ⅰ) 放射性障害 ⅱ) 吸入，飲下で骨髄性肉腫，がん，白血病(人) ② 貧血，顎骨症(人)
Rb		② 低カロリー食餌中に混入すると筋肉神経系を刺激する(動)
Sc		② 0.5 mg/kg・日で発育速度が顕著に低下(ねずみ)
Se		① ⅰ) 2～4 mg/kg で致死(人) ⅱ) 嘔吐，呼吸困難，肝臓障害，平滑筋弛緩，けいれん，にんにく臭の呼気(人) ⅲ) 爪の破損，脱毛，リウマチ痛，眼瞼浮腫，皮ふ障害(Se 沈着症)(人) ② ⅰ) 飲水で虫歯の率が高い，歯肉炎，かん合不全(人) ⅱ) 食物中 5～7 mg/l で肝臓に有害(人)
Sn		① ⅰ) 毒性はきわめて少ない(人) ⅱ) 酸化錫(SnO_2)による発熱(鋳工熱)とする文献あり(人) ② ⅰ) 粉塵吸収で Sn 沈着による塵肺となるが，肺機能低下なし(人) ⅱ) 40 mg/kg・日で神経症状，腎臓，肝臓障害(動)
Ta		人間には無害といわれている
Te		Se と同様の症状
Tl		① 12 mg/kg で致死(人)，猛毒(人) ② 不安症，運動失陥，けいれん，呼吸困難，内臓組織の異常(動)

金属	状　　態	生体での症状
Th		① 放射性障害 ② X線撮影用トロトラストは尿中に6～7年放射能を残す，特殊癌(人)
Ti		動物実験ではまったく異常なし
	TiO_2	汗知らずとして使用，吸入しても肺障害認められず(人)
U		① 放射性障害 ② ⅰ) 飲水中 $0.04 \sim 0.05$ mg/l で血中，尿中のビタミンCが若干低下(人) 　ⅱ) 酵素の値が変化(人) 　ⅲ) 生殖サイクルに変化，性的成熟の遅れ(動) 　ⅳ) 免疫性，心臓循環器，甲状線に異常あり(動)
	UO_2	微粉末 $0.5\ \mu g$ の吸収で中毒症状
V		① ねずみは 1 mg/kg が致死量 ② ⅰ) 消化管，肝臓，腎臓に致命的障害(ねずみ 10 mg/kg) 　ⅱ) 貧血，血中，尿中の燐が減少(兎) 　ⅲ) コレステロール濃度の上昇，毛，爪の変化(ねずみ)
	V_2O_5	30 mg 注射で致死，$2\ mg/m^3$ 吸入で中毒症状 下痢，血尿，神経障害，やつれ，から咳，体温上昇，冠状動脈症少ない
W		セレン(Se)中毒症を軽減(ねずみ)
Y		0.5 mg/kg・日で発育不良，生存率低下，寿命低下(動)
Zn		② 飲水により腎機能低下，血清燐量の低下，骨のミネラル損失(人)
	ZnO(亜鉛華)	吸入により金属煙熱，呼吸器障害，寒気，頭痛，けん怠感(人)
Zr		ⅰ) 人間には毒性認められず ⅱ) 発育速度上昇(ねずみ)

米国職業安全衛生研究所資料などによる

　20世紀初めに V-Cr 鋼などの高耐食鋼が開発され，骨折箇所の固定などに板材，ネジとして利用された．骨は繰り返し応力を受けて湾曲するので，疲労強度が高く，また，関節部分などに利用する場合には摺動性も要求される．現在はステンレス鋼が広く使われている．ただし，Ni に毒性があるとみられ，Ni を含まない材料の開発が進められている．航空機用に開発された Co-Cr 合金は歯科，関節用として使われる．Ti は人体への毒性がきわめて少ない金属として扱われ，ステンレス鋼などに代わりつつある．

　生体とのなじみをよくするためには，骨の成分であるアパタイトなどを金属表面に塗布するなどして，表面の改質を行うことも行われる．

第15章
社会での役割

15.1 古代における金属の影響

　獲物を一方的に捕えて食べる狩猟生活から，農耕により食糧を再生産できるようになった人類は，その日暮らしから食糧的に余裕のある生活を送るようになった．このため余った時間が知的な生活に当てられ，都市の前身となる集落ができ，農耕従事者，部落長，魔術師，石器や土器の製造者というような職業の分化が芽生えた．集落はやがて都市の勃興をうながし，これに伴って石器時代は，現代社会の基礎となった青銅器時代，鉄器時代へと移行した．

　青銅器時代には，青銅の成分である銅と錫の両者をより能率よく精錬する技術が生まれた．これによってものを科学的にながめ，思考するようになり，諸科学へと波及していった．

　また，青銅器時代の幕開けとともに火の近代的利用がなされた．人類は金属が発見される以前から火を使っていたが，それは食糧を焼いたり煮たりすることと，これに役立てる土器などを焼くだけで，食糧の再生産にはあまり役立たなかった．ところが，火を金属の精錬や鍛造（金属を熱した状態でつち打ちして加工する）に使うことによって，農耕作業を能率化する金属製の鋤（すき）や鍬（くわ）が生産され，食糧の再生産が飛躍的に向上した．これは集落をより大きな生活単位である都市へ，さらに国家へと発展させる大きな要因となった．

　金属は社会的再生産に必要なあらゆる道具と，都市あるいは国家を統合する手段としての武器にも使用された．しかし，金属の原料，すなわち鉱石は必ずしも都市の近くにあるわけではなかったので，遠距離から運搬するために交通が発達し，文化の交流が盛んになって人の往来も増えた．これは，都市，国家間の文明への刺激となり，社会的発展をいっそう強めることになった．

　金属工具は農耕や身のまわりの生活だけではなく，都市を形成するのに必要な木工，石の加工にも大きな力を発揮し，動力としての水車を出現させた．一方，最も性能のよい青銅をつくるために適量の銅と錫を混合する必要が生じ，重量の概念が生まれた．これはものを測るという度量衡（どりょうこう）へと発展した．物を定量的に扱う知的な活動は，やがて文字の発明，数学の発明につながったといわれている．

青銅器の後*，鉄器時代となって，青銅器より強力な工具が使われるようになったが，鉄の精錬や加工法はそれ程進歩しなかった．原因は，鉄を知的文明の発展をうながす社会的財産の再生産と蓄積に使うよりも，武器として利用したためで，社会的財産の再生産に必要な道具の生産と改良が停滞してしまった．鉄器時代は鉄器を使ったという以外大きな科学技術の発展はなかったが，この時代に主に青銅を材料とする貨幣が発明された．貨幣の出現により物々交換の繁雑さは激減し，近代につながる商業が生まれた．社会的価値を貨幣の交換で行うことにより流通経済は発展したが，一方では交換容易な社会的価値により，奴隷制度や階級社会(封建社会)を出現させた．封建社会は技術の隠匿や秘密主義を生むとともに，価値を最大限に利用しようとする非科学的な錬金術へと移行し，鉄器時代以後，13世紀に至るまで科学技術の発展には見るべきものがほとんどなかった．当時の鉄は青銅の代替品であり，種々の技術は単純な改良にすぎなかったので，根本的な技術革新につながる創造性を刺激しなかったといえよう．創造的生産が行われなかった背景には金属技術者などの身分がきわめて低かったことにもある．たとえば，ギリシア時代にもデモクリトスなどにより原子論が考えられたが，上流階級の哲学者と身分の低い技術者との接触がなく経験との照合を欠いていたため，技術とつながらなかった．このため西欧近代科学は長い間停滞した．ただ，ギリシア時代の科学哲学的思考方法はそのまま受け継がれ，14～15世紀の文芸復興(ルネッサンス)の時代になって経験との接触が行われ，金属活字による情報伝達も進み，長い空白を埋めるような急激な科学技術の発展となった．

15.2 鉄の大量生産の影響

(1) 西欧近代産業の発展

14世紀にドイツで鉄を大量生産できる高炉が発明され，長く停滞していた科学技術が再び胎動し始めた．青銅の代替品程度の価値しかもっていなかった鉄が，大量生産という技術革新によって初めて社会(産業)を根本的に改革する担い手となった．これと同時に，ギリシア時代に基礎がつくられた科学的思考法が産業技術と結びつき，バランスのとれた技術革新の時代となった．14～15世紀にルネッサンスの地となったヨーロッパは，深い森林地帯であったが，ひとたび開拓されると麦などの食糧生産にきわめて適した土地となり，食糧の余剰生産が可能となって交換可能な財産ができ，さらに大きな余剰生産のために新しい技術が必要となった．ヨーロッパ中世の封建社会が近代的な流通経済に向かうにつれ身分制度の強い社会から，自分に適した職を選べる能力主義社会へと徐々に転換し，ギリシア的科学思考が労働者にまで入り込

---

* 青銅器より鉄器が早く出現したと考えている学者もいる．

んで技術革新の基盤がつくられた．

　鉄の大量生産ができるようになると，それまで適した材料がなくて思考の範囲を出なかった機械などが実用化された．特に食糧以外のものを生産するためには水車，風車などの動力源が必要とされた．安くて強力な鉄の出現は，より大きな動力を得るのに役立った．これに伴う生産機械もつぎつぎに鉄を材料としてつくられた．大動力の供給は家内工業から工場へと生産の場を移行し，封建社会そのものも崩壊し始めた．安い鉄でつくられた大砲と小銃が戦争の方式を変え，封建社会崩壊に輪をかけた．同じ兵器でも大砲のように製造エネルギの多いものはエネルギを大量に供給する蒸気機関の改良をうながし，精度を要求する小銃の製造は精密機械へと発展した．

（2）　わが国の鉄鋼業の役割

　わが国においても，江戸時代末期，南部藩士大島高任（たかとう）が鋳鉄原料を得るためには高炉が必要なことを説き，南部藩釜石（岩手県釜石市）に溶鉱炉を築造した．これがきっかけとなって国営の製鉄所がつくられ，鉄の大量生産が開始された．この時代の金属に関する教科書には「人間の益を考えると，金属の長は金ではなく鉄である」と述べられている．特に，近代工業国になるためには，鉱山，冶金（やきん）学が基盤であることが強調された．

　前節で述べたように，西欧近代科学は余剰生産性の高い機械を使用した産業に支えられており，わが国が欧米諸国の植民地化をまぬがれるためには，一刻も早く機械産業を整え，富の蓄積（余剰生産）を行わねばならなかった．次節で述べるように生産機械材料の大部分は鉄を主体とする金属であり，明治維新における産業立国政策も金属工業の振興に重点が置かれた．しかし，西欧近代科学の根底にはギリシア的科学思考法があったが，わが国では産業面だけが強調され，科学的思考法の普及が遅れた．このため，技術の導入は非常にうまくなったが，独自の技術を開発する創造力はいまだに十分ではない．

　第二次大戦後の昭和中期の日本産業の発展は，鉄鋼を主体とする金属材料，これを素材にした機械とプラント類，さらにこの装置を使って製造した化学製品などの重化学工業の成長に支えられている．これとともに労働力の寄与が大きい軽工業は低開発国に有利な産業となり，技術と資本の必要な重化学工業の比率が非常に大きくなった．鉄鋼を主体とする金属工業は，わが国製造業（1975年）の大きな部分を占めており，自動車工業なども支えている．この後，エレクトロニクスの発展で産業構造は大きく変化した．

　他国に比較してわが国の経済成長率が高かったのは，品質がよく安価な鉄鋼材料とこれを使用した製品の輸出により，国際競争力が強化されたためでもある．わが国の鉄鋼業を中心にした重化学工業の重要性は今後も変わらないであろうが，次第に量か

ら質へと転換しつつあり,より高度な技術を背景にした高品質で安価で安全な材料と,これを使用した高性能の装置類およびエレクトロニクスと情報技術との連携的発展が進むべき道である.また,エネルギの少ないわが国では,エネルギ効率をよくすることが最も重要で,さらに環境への配慮が大切である.

15.3 現代社会と金属

(1) 金属の役目

現代の社会で使われている材料は多種多様で,分類するのはきわめて難しいが,大きな分類を試みるとすれば(1)エネルギ材料,食用材料,(2)生産機械材料,(3)耐久性消費材料,(4)一般消費材料などに分けられる.図15.1にそれぞれの材料中に占める金属の割合を示した.全般的にながめると,製品をつくるために必要なエネルギ材料と,直接衣食住に使う製品中に占める金属の割合が少なく,この両者を結ぶ生

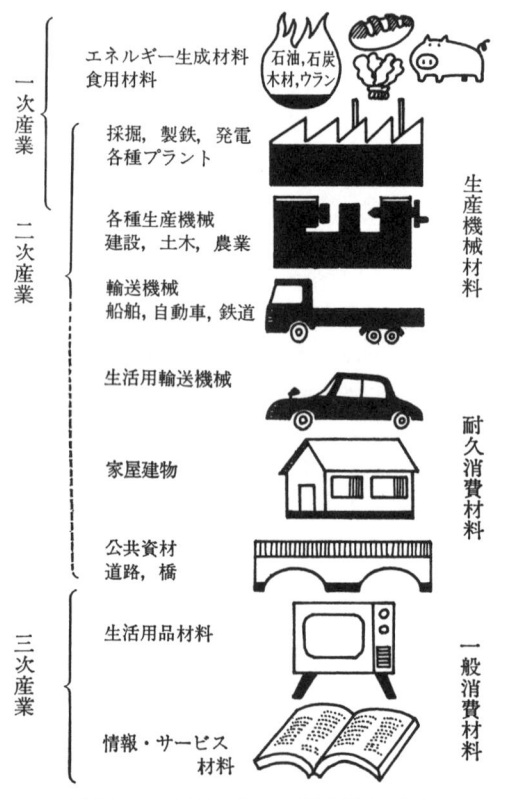

図15.1 用途別にみた材料に占める金属材料の割合(黒い部分)

15.3 現代社会と金属　253

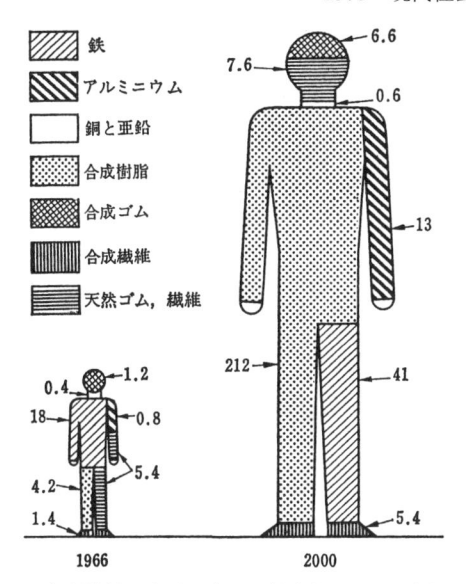

図15.2 各種材料の生活に占める割合（キスリング氏による）

産機械材料における金属の割合が桁違いに大きい．このことは，生産を根幹とする近代産業の中枢を金属が担っているといえよう．ただし，金属精錬は多量のエネルギを消費する産業であり，金属は次第に再生産性の高い産業用材料中心に使用されることになろう．また，情報などの三次産業は歴史的にはエネルギを消費しないものだったが，現在の情報機器のエネルギ使用量は増大の一途であり，これらは自然エネルギへの転換が必要である．

図15.2は20世紀中期に生産された合成材料（木材，石材などの天然材料あるいはこれに準ずる材料を除く）の内訳である．20世紀中期には金属材料の占める割合がきわめて大きいが，1960年代からプラスチック，合成ゴムの生産量が増加し始め，少なくとも21世紀前半までこの傾向は変わらないと予測される．ただし，プラスチックのリサイクルはきわめて遅れており，金属なみの再生産技術の開発が課題である．

（2） 金属資源

金属資源は地表近くに存在する鉱石の多少に依存しているが，採掘しやすい鉱山の開発が進み，多量の金属を含有する高品位の鉱石は次第に減少している．このため，採掘される鉱石中の金属含有量は年々低下しており，一定量の金属を得るのに必要なエネルギ量も増大の一途をたどっている．したがって，低品位の鉱石から効率よく金属を回収する技術の開発が進められている．

15.4 包括的な資源の有効活用

　私たちの生活のすべては資源の存在の上に成り立っている．実際の生活の中で，資源はさまざまな形となって存在するので，意識しないと気がつかない場合もあるだろう．たとえば，石油資源はガソリン・灯油・重油などの直接的な使われ方から，プラスチック，繊維・衣服などに形を変え，また，電気および熱，機械エネルギとして利用され，さらに，そのエネルギによって生産した各種の材料などに及ぶ．燃焼によってエネルギとして利用されると炭酸ガス，酸化窒素の発生，含まれる不純物や添加剤などによる有害ガスおよび粉塵の発生，地球温暖化などにつながる．プラスチックなどはリサイクルの難しい物質であり，廃棄物による環境汚濁を発生する．さらに，石油エネルギによって生産された各種の材料も生産に必要な石油などのエネルギ資源の影響下にあり，情報処理機器などの維持管理するためにも多大のエネルギを消費する．

　これからの最も重要な視点は，あらゆる資源の循環を高度に行い，個々の工業関連プロセスでの資源を最小化する工業社会である．この循環型・資源最小化社会の構築によって，資源の無駄遣いはもとより，環境への負荷を低減し，あらゆる分野の資源を含めて，より少ない資源で人間生活を豊かにするのが未来の人たちに対する現在の研究者・技術者の義務である．

(1)　金属材料のリサイクル

　最もリサイクルが進んでいるアルミニウムを例にとると，1975年の国内のアルミニウムの再利用率は約35％であるが，2004年度の再利用率(推定値)は約76％に増加している．特にアルミニウム缶だけをみると，表15.1で示すように，年々上昇し，2004年度の再利用率は約86％と，かなり高い水準になっている．理想的な目標は100％であるが，97～99％が実用目標となろう．

表15.1　アルミニウム缶の回収率(％)*

年　度	1990	1995	2000	2004
回収率	35.5	65.7	80.6	86.1

＊アルミ缶リサイクル協会資料などによる

　缶はAl-Mn合金を使っているが，そのまま缶に再生できれば不純物の影響もなく，最も効率がよい．しかし，回収されたアルミニウム缶のうち，缶として再生されるのは約53％で(2004年度)，同一製品への再生率はまだ不十分である．ただし，缶の場合は工場の生産機械，鉄道車両などの利用範囲が特定されているアルミニウム製

品ではなく，家庭から学校，各種施設，行楽地まで広く利用されるものなので，回収の困難さを考慮すると，リサイクルの水準は非常に高い．再生地金に要するエネルギは，新地金に要するエネルギの約3.3%である．したがって，使用済のアルミニウム廃棄物は低エネルギ消費の重要な金属資源である．アルミニウムにはジュラルミンなどの多くの合金があり，これらの分別によって同一合金への再生が必要であるが，過渡的にはアルミニウムの新地金による不純物の希釈で不純物の害を低減している．

表 15.2 普通鋼に及ぼす不純物元素の下限値(mass%)とその影響*

元素名	As	Cu	Cr	Mo	Sn
下限値	0.2	0.2	0.5	0.05	0.01
影響	加工性	加工性	加工性	酸洗速度低下	加工性

* JRCMレポートなどによる

利用目的の異なる製品から回収された金属の不純物元素の量は，高度なリサイクルへの重要な課題である．再生する金属材料の特性制御と品質の保持のためには，品質を低下する不純物の下限値を設定し，調整しなければならない．**表 15.2**は普通鋼に許容される主な不純物元素の下限値と，この値を超えた場合の鋼の特性への影響の例である．

(2) リサイクルが容易な設計

製品寿命に達したとき，循環利用するためには容易に回収できることが必要である．製品の多くは，部品の機能に従って各種の金属・合金を使っている．これを一括して溶解するならば，上述のような不純物元素の量が甚大になり，再生品の製造は不可能である．したがって，分別が容易であるように，分解と合金の仕分けが容易な製品組み立て法の採用，製造企業が異なっても製品の組み立て(分解)順序と合金仕分け法が共通するような規格，部品ごとに合金名と再生指示を印字，部品点数の削減などがすべてに必要となる．

製品が寿命に達したとき，すべての部品が寿命に達しているわけではない．したがって，分解した部品をそのままクリーニングして使用することも強力に進めなければならない．この場合には，合金を再溶解するエネルギが零になる．

エレクトロニクス製品のように，微細でかつ微量の貴金属が使われているデバイスでも，貴金属の回収が進んでいる．問題は，化合物半導体のヒ素や鉛などの毒物金属の回収である．これらは回収技術の高度化とともに，毒性金属を使用しない材料の開発が進められ，将来は全面的に無毒性の金属・合金へ切り替えられよう．また，現在は一部のデバイスの故障だけでボード全体を取り替えているが，故障部品だけを自動

的に交換する技術への発展が望まれる．

（3） 使用時・維持・管理エネルギの低減

　自動車の燃費を例として述べる．車体の重量は自動車のガソリン使用量に直接関係し，重いほど燃費は高くなる．たとえば，自動車に使われている鋼板などの強度が2倍になれば，使用鋼板量は2分の1になり，燃費は半減する．実際には安全性などの種々の問題でこのような理想状態の実現は難しい場合もあるが，使用時等のエネルギ低減化は必然的な技術の方向である．パーソナルコンピュータなどの待機電力はきわめて大きなエネルギ損失である．待機電力を不要とする短時間のデバイスの立ち上げ，人を感知して立ち上げる，などの技術の開発は急速に進む．

（4） 環境負荷の低減

　地球温暖化に密接に関係するといわれている炭酸ガスの排出量は材料の質と加工が高度になるほど増大する傾向にある．表15.3は主な材料の炭素放出量の試算結果で，技術の改善によって年々減少の傾向にある．

表15.3　主な材料製品の炭素放出量（炭素 kg/製品 kg）＊

材料	Cu	Fe	Al	Ti	ガラス	樹脂	天然素材
炭素放出量	0.26	0.52	0.62	1.83	0.4	0.18	0.05

＊　産業関連表などによる

　還元剤で精錬を必要とする金属の炭素放出量は他の無機化合物に比較して高く，精錬から最終製品までの一貫連続加工プロセスなどの一層の努力が望まれる．特に，酸素などとの親和力の高い金属は炭酸ガス排出量が多く，新精錬-加工法の開発が鍵となる．

（5） 製品超長寿命化

　金属材料はさびるものという先入観あるいはあきらめ観がある．また，高温で使用される材料のクリープ変形，繰り返し応力による疲労などは一定の寿命がある．これらの寿命を延ばすことは難しい課題だが，回収・再生の回数を減らすことは，投入資源の最小化，再生のエネルギ低減など数多くの利点がある．自動車などは耐用年数が10年といわれるが，廃車後に輸出されたものは，わが国より環境の厳しく修理の不備な状況にある土地で，さらに10年以上の使用に耐えている．売り上げを伸ばして利益を得るという企業戦略は限界にきている．製品寿命が短ければ，買い替えのための個人の労働時間も増大し，ますます労働強化につながり，文化的生活の余裕がなくなる．このような悪循環を断ち切るためには，製品の長寿命化，目標として少なくと

も寿命期間の倍増，理想としては1桁長い寿命を目指すべきである．欧米の建物は数百年を経ても改修して使用しているが，わが国では一生のうちに2度も新築をしている．これはきわめて異常な社会で，先進国といえる状態にない．

(6) 資源は地球からの借り物

地球上には人間以外に数億種ともいわれる生物が棲んでいる．人間はその中のたった1種であり，多くの生物のおかげで生きている．図15.3で示すように，人は地球から資源を借りており，借りたものは返さなければならない．生物由来の資源には化石資源と生体資源とがあり，後者は再生可能だがエネルギ密度が低く，前者はエネルギ密度が高いが数億年以上前の生体に由来するものであるから，再生は不可能で地球に返すことはできない．したがって，化石資源の借用は最小限にすべきで，再生可能資源の利用を進めるべきである．

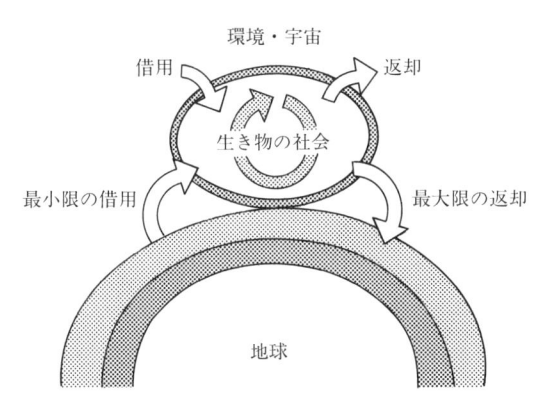

図15.3 地球・宇宙からの資源の借用と循環

一方，金属のような生物に由来しない資源では，回収・再利用で物質的には循環可能だが，再生に必要なエネルギは化石エネルギに依存するところが大きい．地熱，風力などの自然エネルギをどこまで利用できるか，また，原子力エネルギとの関係をどのようにするかも重要である．わが国がこれまで輸入して製品として国内に残っている金属材料は，すべて将来への蓄積資源とみなされるので，その秩序ある保存が必要である．

表15.4は金属資源の推定耐用年数である．旧版ではローマクラブの調査結果を載せたが，その後の種々の調査結果にはばらつきが大きく，一定の耐用年数を述べることは難しい．原因は人口の増大，精錬技術の進歩，リサイクル量，経済発展による使用量の増加率，等々の確定しない要因が多いためで，これまでの推定値には過少評価の傾向がある．たとえば，1975年のローマクラブの調査結果でAuの耐用年数は30

表 15.4 主な金属資源の利用可能年数(2005年からの年数)*

金属	Fe	Al	Cu	Ni	Cr	Sn	Zn
年数	185	270	45	70	130	50	50

* いくつかの推定統計から著者がまとめる

年であり，2005年には枯渇していることになるが，そうはなっていない．ただし，資源が有限であるのは確実なことであり，推定耐用年数を警告目標として，資源の節約を図らねばならない．

　鉱物資源，化石資源，人的資源，地球上の生命資源，情報資源，等々のあらゆる資源を包括的に，かつ有機的に結びつけ，最上の生きる環境を動植物も含めて与えることが，今世紀の課題である．エコマテリアル，資源生産性などの概念はそれなりに進んでいるが，国や地球による経済あるいは技術の格差，貧富の差，文化の差などがある世界では，これらを乗り越えて先進国・後進国が共通の概念をもつようにしなければならない．先進国で循環社会が進んでも，後進国は従来の道を歩んで経済発展を進めている．全世界的にどのような概念をもつべきなのか，先進国の独善的な進め方では理想的な社会は完成しない．その点では，教育・啓蒙にも力を入れる必要があろう．

(7) 製品化の利益と再資源化

　資源を採取して素材とし，複数の素材を利用してデバイスあるいは装置をつくる．これらは販売経路を経て，ユーザーに渡る．有限な時間を経て，この段階で使用を終了する場合と，セカンド・ユーザー，サード・ユーザーへと渡るものも多い．いずれにしても，各段階において利益が生じ，経済活動が行われる．利益の発生がなくなった時点で製品が廃棄される．したがって，資源の回収および再資源化に対しては，これらの利益に応じてその費用を分担しなければならない．経済活動ではなく，趣味・娯楽などに利用する場合もユーザーは利益を得ている．したがって，経済活動ではない利益も含めて，有効に循環するシステムと法の整備が必要である．環境保護についても同様で，金属を社会および環境破壊の原因としてはならない．

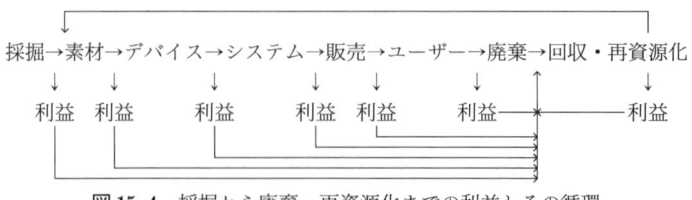

採掘→素材→デバイス→システム→販売→ユーザー→廃棄→回収・再資源化
　　　↓　　↓　　　↓　　　　↓　　　↓　　　↓　　　　　　　　　↓
　　利益　利益　　利益　　　利益　利益　　利益　　　　　　　　利益

図 15.4 採掘から廃棄・再資源化までの利益とその循環

第16章
材料の安全性・情報開示・倫理

16.1 材料の安全性

　金属材料の安全性には，第14章で述べた生体に対する毒性と，金属材料を使用する装置の機械的な安全性がある．本章で述べる安全性とは，機械的装置を使用するとき，基本的に事故が起こらず，人的損害の生じないことである．
　19世紀から20世紀にかけて，多くの金属材料が新たに開発された．これに伴って，機械装置類も容積，重量，速度などの機能で大きな発展を遂げ，産業における生産性の向上や社会生活の利便性に貢献している．しかし，一方では，多くの機械装置で予測を超えた破壊あるいは破損事故が生じ，装置を利用する人たちの生命に甚大な危険性を及ぼした事例がある．特に，新たに開発された材料あるいは新たに開発された装置で使用される材料については未知の面があり，十分な検討が必要である．

(1) 機械的安全性

　金属材料の多くは機械および構造物の要素として利用される．力学的にみると，建造物のように静的荷重が負荷されるものと，交通機器のように動的荷重の負荷される場合とがある．ただし，建造物などでも，地震のような動的荷重のかかる場合の想定をしなければならない．したがって，用途に適した安全性の確保が必要になる．実際に設計基準となる強度は弾性限界(一般には耐力)の2〜3分の1とする．しかし，これだけで安全なわけではない．用途によって他の強度特性も考慮しなければならない．

① 破壊の要因

　金属材料の破壊には，大別して力学的破壊と腐食による破壊とがある．力学的破壊では，図16.1で示すように，短時間の荷重負荷による延性破壊やぜい性破壊，長時

衝撃破壊 — 引張破壊 — 遅れ破壊 — 疲労破壊 — クリープ破壊

←短時間　　　　　　　　　　　　　　　長時間→

図16.1　破壊と時間の関係

間にわたる荷重の負荷による疲労破壊，クリープ破壊などがある．延性破壊は破壊に至る前に変形などの予兆があるが，ぜい性破壊の場合には瞬間的に破壊するので，安全性にとっては非常に危険な破壊現象である．

疲労破壊は前章で述べたように，繰り返し応力によって亀裂が生じ，その蓄積で破壊に至る．応力のかかり方が単純な場合には事前の疲労試験によって寿命が予測できる．しかし，複雑な応力の場合には，予測がかなり難しい．特に，溶接やリベット接合された部分では，金属組織の不均一性のために予測されない疲労が生ずる．また，損傷部を修理した場合には力学的条件が変化するので，修理前の完全品の評価結果は参考にならない．したがって，疲労破壊の危険性がある場合には，修理ではなく，新部品との交換が必要である．このような不十分な対策による事故の例として，航空機の隔壁の疲労破壊による墜落事故がある．機器や装置などの事故や災害は材料に責任があるのではなく，使う人に問題があることを常に認識しなければならない．

② 破壊のエネルギ

据え置きの機械や建築などのように静的応力が一定の状態で付加されている場合と，自動車や電車などの移動体，これらの移動体から力を受けるレールや流体を通すパイプなどでは，運動エネルギが加わるので，破壊のエネルギも高くなる．移動する物体の運動エネルギはその速度の二乗に比例するので，このエネルギを十分に吸収して破壊に至らないようにする．これには，材料を利用する技術，すなわち，装置の設計も重要である．

一般に使用されている車両などの移動体は衝突や墜落，爆発などの運動エネルギが加わったとき，原形を保つようには設計されていない．原形を保つような設計をすると，重量等が過大になり，移動体としての機能を果たせなくなるか，あるいは経済的に成り立たなくなる．したがって，人命の確保のために，局部的な防御設計が行われる．たとえば，自動車の前部やドア内部に鉄骨を挿入し，その変形抵抗とエネルギの吸収で乗客を守るなどの方法がそれである．また，シートベルト，エアバッグなどは車体の弱さの一部を補う防御装置である．

金属材料は塑性変形することによって運動エネルギを吸収する．したがって，衝突による破壊を塑性変形で軽減することが可能である．金属材料のごく一般的な機械的性質としては，耐力(引張試験で0.2％変形に相当する応力)，引張強さ，伸びがある．運動エネルギの吸収を考慮する場合には，塑性変形の目安を示す伸びが重要である．たとえば，塑性変形の限界としての耐力が等しくても，材料が異なると吸収する運動エネルギも異なる．それは，塑性変形による伸びの大きい材料のほうが大きな運動エネルギを吸収するためである．図16.2はエネルギの吸収量と引張特性との関係で，応力-ひずみ曲線で囲まれる面積がエネルギの吸収量に相当する．塑性変形に至らない使い方の場合には耐力で評価してよいが，エネルギの吸収が必要な場合には塑

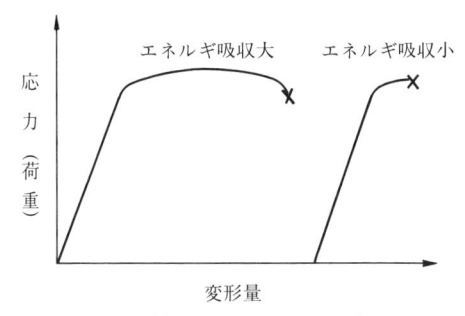

図 16.2 材料によるエネルギ吸収の差

性変形領域も加えて評価しなければならない．また，応力によって結晶の変態が起こるような合金を選ぶと，変態エネルギが外部応力を吸収する．道路わきに設置する鋼製のガードレールをジュラルミン製に替えたところ，十分なガード効果を示さなかった事例がある．これは，エネルギの吸収を考慮しなかった失敗例である．マンガンを11～14%含む高マンガン鋼では，表面が硬化しても内部は靭性を保つように合金設計されているので，鉄道レールなどに使われる．

引張試験によって得られる強度は，変形速度の低い場合の値である．したがって，通常の強度は変形速度が低い場合の目安である．物体が高速で移動する場合には，運動エネルギが十分に関与する試験方法が採用される．衝撃試験はその1つである．また，弾丸のような高速の運動体が衝突する場合には，ごく一部に応力が集中し，鋏で切ったような断面をもつせん断破壊が生ずる．

③ 腐食による強度の低下

腐食環境において，実用金属の多くは酸化物などの生成によって，その肉厚が減少する．強度は断面積に比例するので，腐食の進行とともに強度は低下し，放置すると設計値以下になり，破壊の危険度が増す．

腐食が結晶粒界などに沿って進行すると切欠きの状態になり，ここに応力が集中して破壊が促進される．特に，力がかかった状態での応力腐食割れは，金属材料の破壊を早め，また，予測できない突然の破壊を引き起こすこともある．同一組成の合金でも，金属組織の異なる部分では電気化学的な腐食が生ずる．溶接部分やリベットを使用した部分では，応力と腐食の両面から安全性を考慮しなければならない．

④ 装置の構造による影響

装置の構造によって材料強度が影響を受ける場合の例を述べる．たとえば，腐食性の液体を通すパイプの場合，曲がった部分では，パイプの直線状の部位に比較して液体がパイプに及ぼす圧力が高くなる．また，曲がった部分の液体の流れは乱流になりやすい．このため，一般に曲率のある部分の腐食は激しくなる．腐食性気体の場合も

同様である．したがって，設計上の許される範囲で曲率を大きくしなければならない．材料側からは，曲率と腐食の関係を厳密に評価し，材料寿命の予測と，安全な使用時間の決定が必要である．パイプの内面に突起がある場合も，液体や気体の流れがこの部分で局所的に変化して腐食が進むので，材料と設計面からの検討が必要である．

(2) 化学的安全性

公害と呼ばれる金属，薬品，排気などの人体への害毒は，広範な被害を及ぼすものである．金属の場合，金属・合金だけではなく，無機化合物および有機化合物も毒性を示す．

カドミウムのめっきは全廃されたが，まだ，毒性のある金属は使われている．たとえば，鉛を例にとると，釣用のおもり，半田，チタン酸鉛系の強誘電体などが使われている．これらは，材料の特性と価格の問題が大きく，これらを満たす安全な代替材料のない場合には，これからも使われ続ける恐れがある．たとえば，半田では鉛を含まない代替材料の開発が進められ，Sn-In系合金が開発されている．使い続ける場合には，完全な回収システムの構築が必要である．

この他，医用材料ではステンレス鋼中のニッケルの毒性，構造材料ではベリリウムを含む銅合金，電子材料ではヒ素を含む化合物半導体など，解決しなければならない課題が多く存在する．同じ特性を示す代替材料の開発だけではなく，デバイスや装置のシステム面からの支援を行い，使用量の低減から完全な廃止へと進まなければならない．

(3) 毒性金属の回収

経済性を基本とした社会においては，経済的に成り立たないものを排除することがある．その場合には，トータルシステムとして経済的に成り立つシステムをつくり，排除しなければならない．大気および海洋からの汚染は地球規模になるので，国際的な協力も必要で，輸出品に使われた毒性金属の回収も行う必要がある．

毒性金属を含む材料やデバイスを集中的に処理する施設の建設とともに，その経済的な回収技術の構築を世界的規模で進めなければならない．

16.2 材料特性の情報開示

金属材料はユーザーにとって，さまざまな使われ方をする．たとえば，ステンレス鋼の場合，「さびにくい」というのが基本特性だが，たとえば，医用に使う場合には毒性の有無，刃物に使う場合は切れ味，風呂などの熱器具では低熱伝導，高温の化学

装置では熱安定性と高温腐食性など，基本的性質以外にそれぞれの要求がある．これらの目的別性質は，さびにくいという下部構造の上に要求されるので，上部構造の要求と呼ぶ．上部構造の要求を満たすだけで実用化すると，使用の初期にはわからなかった材料の欠点が後から見つかることもある．金属の毒性問題の多くは，このような材料開発および実用第一主義から生まれることが多い．したがって，上部構造からの要求はなくても，できるだけ多くの基礎的情報をユーザーに提供することが重要であり，特にぜい性破壊，耐食性，毒性などの負のデータを積極的に開示しなければならない．一方，それらのデータから新たに重要な要求が生まれることがあり，これらの多くは新技術の創造につながる．

16.3　研究者と技術者の倫理

　研究者および技術者は一般のユーザーに比較して，はるかに多くの情報をもっている．製造業で働く理工学研究者，大学および研究機関で働く理工学研究者は，それぞれが所属する組織の一員である．この組織の一員という拘束によって非倫理的行動をとることがある．また研究・開発者の多くは，材料特性の高いことだけを追求する場合が多い．重要なことは，材料の負の面を十分に理解することであり，将来に不安が残るような課題をないがしろにしないことである．それが，材料の研究・開発に携わる者の責務であり，倫理である．これらの主なものを列挙すると，
　① 技術一般および研究開発情報の十分な開示
　② 地球環境への影響，人体への毒性・危険等の情報開示
　③ 故障の確率，寿命，部品交換等の開示
　④ 開示した情報の信頼度の確保
　⑤ 他者の知的財産権の尊重

　知識および技術等の情報開示は，権利取得前の特許やノウハウを除き，できるだけ開示することが必要である．工場内でどのような材料が使われているかを地域住民に開示することによって，信頼の土壌がつくられる．また，研究・開発では世間からの注目を得るために，実験していない予測あるいは推測的事項を実験結果であるような発表をする場合がある．著しい場合には，自動車廃棄ガス装置のように，データを捏造して基準に合格したとして販売する例もあった．研究者あるいは技術者，さらに製品を販売する者の倫理として，組織の中にあってもこれらを排除しなければならない．これには，人間としての勇気が必要である．

　環境問題で重要な課題は，二酸化炭素の排出のように国境のない地球規模の汚染問題である．また，製品でも，その輸出，中古品の輸出，廃棄物の輸出などによって国境を越えて問題点が移動するので，国を超えた地域規模および地球規模への影響を考

慮しなければならない．国によって環境や毒性の基準などが異なる場合，最も厳しい基準に沿うような努力が必要である．

　航空機，自動車，電車等の事故などの一般的な調査では，製造元に事故の解析をゆだねる場合がみられる．製造者は事故の責任を逃れるためにデータを改ざんする恐れがあり，第三者の技術調査を常に行う必要がある．たとえば，日本航空の隔壁損傷による事故では，疲労が直接原因とされているが，それ以前に大きな技術的過ちを犯している．隔壁の疲労に関する研究および疲労による破壊の予測は，隔壁が完全な状態で使われたときのものである．実際に使われていた隔壁は尻もち事故後に修理したものであって，修理した状態での疲労実験および寿命予測はまったく行われていない．たとえ，修理したものの疲労実験をしたとしても，修理の状態は多様であり，十分な疲労特性を実験的に得ることはできない．この場合，修理ではなく，新品に交換するのが技術的に正しい判断であるが，製造者のコスト計算等によって，安易に誤った選択がなされた．これを十分に行える第三者機関の高い技術力と正しい判断力が必要で，大学等の研究者の役割である．破壊および事故等の解析は材料の製造に比較して格段に難しいが，直接の利益につながらないところから，十分な研究体勢，能力の高い技術者が十分に育っていない．

　ハード面の研究者倫理はかなり高くなっているが，ソフト面では，まだ不十分である．特に，特許，ノウハウ，先行研究などの知的財産権を尊重しない傾向がわが国では強い．完全に過去から独立して発見されるものや発明されるものはなく，必ず先行する知識の恩恵を受けている．抵触する先行特許やノウハウについては正当な対価を支払い，先行特許のがれなどの研究開発は慎むべきで，そのエネルギを新たな知的財産の創造に向けるべきである．発明に対する対価が低いという企業研究者の訴訟なども正当な対価の概念が欠如しているためである．特に，わが国で出願される特許の数は欧米先進国に比較してきわめて多く，その大部分が先行特許からのがれるためのもので，無駄な労力が費やされている．先行特許のがれの特許では，先行特許の真実を否定するような文言を多く用いている．特許は論文と異なり係争とならなければ表面化することなく，偽りを書いても許されると考える研究者が多い．これは，わが国で創造的な研究者が育たない一因である．また，わが国では，欧米に比較して開示された技術情報の信頼度が低く，これを高める努力が必要である．

　研究分野でも，先行研究を引用しないで自己の研究が最初であるような見せかけをする論文が多く見受けられる．研究者の倫理として，できるだけの努力をして先行研究を引用し，自己の発見や発明の位置づけと価値づけを正しくすべきである．その分野の研究者・技術者は背景を知っているが，一般人はマスコミ等を含めて知らないので，偽りを信用することが多い．多人数執筆の論文では，研究のアイディアあるいはオリジナリティが執筆者の中の誰から出たかわからないことが多い．論文の形式も改

善する必要があろう．

　研究機関に属する研究・技術者の問題点は，製品を販売する企業内研究・技術者と異なり，研究成果が直接実用化する部署に結びつかないことである．このため，研究者の多くは製品化の段階における諸問題を考慮せず，容易に新製品の開発ができるかのような発表をすることが多い．実験室で成果が得られても，実用化までには多くの解決しなければならない課題あるいは問題がある．たとえば，量産性，性能歩留まり，製品歩留まり，寿命，価格，販路，競合あるいは代替製品に対する優位性，互換性，利用者の利便性，安全性，等々を解決しなければならない．たとえば，超伝導体は極低温で限定的にしか使えないのに，室温で使えるかのような利点を強調して成果を発表した例，従来の磁気記録方式が将来にわたって使える見通しがあったのに，泡磁区メモリあるいは新磁気記録方式がすぐにでも従来技術に代わって使えるような発表をするなど，過去において研究者は多くの過ちをしている．自己の研究に関して将来の展望や期待を述べることはよいが，それを技術的に競合する技術の評価を低めて自己の研究をよくみせたり，他の技術を正当な理由がないのに否定することは許されない．これらの発表を信用して研究開発に着手した企業は多くの人材と研究費を無駄遣いしている．このような研究開発が政府のプロジェクトとして推進される場合には，国民の大切な税金も無駄遣いされている．同様問題は研究機関ばかりでなく，企業の研究所でも多く見られる．実用化の経験がない研究者は自己の能力範囲を超えた行動をとってはならず，これは研究・技術者の守らなければならないきわめて重要な倫理である．新聞，テレビ，雑誌等では，しばしば誇大報道されることがあり，報道関係者の理工学的教育と倫理教育が必要である．

16.4　将来への対策

　前章で述べた資源やエネルギ問題などでも同様だが，安全も事故が起こってからあわてて対策を考えることが多い．しかし，多くの事故は工学的問題として起こっている．工学は論理の上に成り立っているものであるが，予測できないことも多い．予測されている場合には，正しい情報を利用者に伝えて適切な措置を講ずべきで，予測される現象の発生を放置してはならない．これは倫理の問題であり，無視した場合は人災である．理工学および関連技術に携わる者は，常に将来の危うさに関して意識をもつことが重要で，さらに，これらを動かす大きなシステムからの問題は，経営者の倫理である．これとともに，利用者側も無駄な材料やエネルギの消費，危険を伴う機械装置等の扱いに気をつけなければならない．

索　引

あ
亜共晶組織 ……………………145
亜共析鋼 ………………………150
圧縮変形 …………………………64
アモルファス …………………133
アユイ ……………………………15
α崩壊 …………………………212
アルミニウム缶 ………………254
安定相 …………………………172

い
イオン …………………………106
　　──エッチング ……………219
　　──結合 …………………186
　　──結晶 …………………92
　　──伝導機能 ……………209
一成分系 …………………124,126
位置のエネルギ …………58,196
移動現象 …………………………42
異方性エッチング ……………219
鋳物鋼 …………………………218
陰イオン ………………………231
　　──空孔 …………………227
陰極線 …………………………175
隕石 ………………………………1

う
運動エネルギ …………………180

え
永久磁石 ………………………214
液相 ………………………123,233
　　──線 ……………………138
液体拡散 …………………………42
X線 ………………………175,211
　　──回折法 ………………16
　　──蛍光 …………………212
　　──特性 …………………212
　　──連続 …………………212

エッチピット ……………………77
エネルギ禁止領域 ……………178
エネルギ効率 …………………252
エネルギ材料 …………………252
エネルギ準位 ……178,190,191
エネルギ状態 ……………57,109
エネルギ帯 ……………………190
エピタキシャル成長 …………220
Fe-C系 …………………………149
M殻 ………………………181,182
L殻 ………………………181,182
エレクトロニクス ……………255
円軌道 …………………………181
延性破壊 …………………………99

お
応力集中 …………………95,100
応力-ひずみ曲線 ………………87
応力腐食割れ …………………105
応力誘起マルテンサイト ……217
大島高任 ………………………251
オーステナイト ………………150
落ち込み ………………………110
オロワンの機構 ………………163
音響材料 ………………………214
温度-時間曲線 ………………140

か
カーケンドール効果 ……………49
回折 ………………………………79
回復 ………………………109,113
化学吸着 ………………………223
　　──熱 ……………………224
過共晶組織 ……………………145
過共析鋼 ………………………150
核 …………………………………27
拡散 …………………41,85,171,226
　　液体── …………………42
　　──速度 …………………235

── 変態 …………………………134
空孔型 ── …………………………44
格子間型 ── …………………………45
自己 ── …………………45, 46, 128
相互 ── ……………47, 48, 233, 234
短回路 ── …………………………86
不純物 ── …………………………45, 46
加工硬化 …………………………87, 89, 107
可視光 …………………………204
過時効 …………………………164
荷重-伸び曲線 …………………………87
荷重-変形量曲線 …………………………87
化石資源 …………………………257
活性化エネルギ ……52, 54, 58, 85, 110, 167
価電子数 …………………………193
過冷温度 …………………………146
環境破壊 …………………………12
還元 …………………………1, 236
間接変換機能 …………………………208
完全結晶 …………………………31
カンタル線 …………………………211
γ 崩壊 …………………………212

き

気化曲線 …………………………126
気化熱 …………………………128
技術革新 …………………………250
気相 …………………………123
規則合金 …………………………201
規則性 …………………………19
気体金属 …………………………230
ギニエ・プレストン・ゾーン …………………………156
擬二元系 …………………………149
機能材料 …………………………208
逆変態 …………………………217
吸音材料 …………………………218
吸着 …………………………223
凝固 …………………………81, 120, 129
── 熱 …………………………129, 132
── 文様 …………………………25
強磁性体 …………………………214
共晶温度 …………………………144
共晶系 …………………………144, 233

共晶反応 …………………………144
共析組織 …………………………150
共析反応 …………………………146
共有結合 …………………………186
均一塑性変形 …………………………87
禁止帯 …………………………190
均質化焼なまし …………………………121
金相学 …………………………122
金属イオン …………………………215, 226
── 交換反応 …………………………240
金属間化合物 …………………148, 231, 234
金属工具 …………………………249
金属酵素阻害物質 …………………………241
金属光沢 …………………………204
金属資源 …………………………253
金属組織 …………………………125
── 学 …………………………122, 125

く

空孔 …………………32, 37, 80, 155, 195
陰イオン ── …………………………227
── 型拡散 …………………………44
── 濃度 …………………………40
── の消滅 …………………………110
陽イオン ── …………………………227
空格子点 …………………………32
空準位 …………………………190
空洞 …………………………32, 48, 102
クーロン力 …………………17, 18, 193, 241
駆動力 …………………………109
グラファイト …………………………150
クリープ …………………………105
── 破壊 …………………………94

け

蛍光 X 線 …………………………212
形状記憶合金 …………………………217
K 殻 …………………………181, 182
欠陥 …………………………28, 31
格子 ── …………………………201
ショットキ ── …………………………37
点 ── …………………………31, 34
表面 ── …………………………221

索　引　269

　　　フレンケル ── ……………………37
結合エネルギ ………………………………18
結合力 …………………………………………57
結晶 …………………………………………13, 189
　　　── 化過程 ………………………35
　　　── 核 ……………………………133
　　　── 学 ………………………………15
　　　── 境界 ……………………………28
　　　── 格子 ……………………………21
　　　── 磁気異方性 ………………215
　　　── の芽 ……………………………132
　　　── 方向 ……………………………29
　　　── 面 ………………………………28
結晶粒 …………………………………………27
　　　── 界 …………………………28, 120
　　　── 成長 ……………………………116
原子価 ………………………………………200
原子間結合力 ………………………………94
原子模型 ……………………………………177
減衰能効果 …………………………………218

こ

公害 ……………………………………………12
鋼器時代 ……………………………………11
合金 ………………………………………3, 138
　　　規則 ── …………………………201
　　　形状記憶 ── ……………………217
　　　軸受け ── ………………………218
　　　鳴り物用 ── ……………………218
　　　無秩序 ── ………………………201
格子間型拡散 ………………………………45
格子間原子 …………………………………32, 109
格子欠陥 ……………………………………201
格子振動 ……………………………………50
硬磁性体 ……………………………………215
格子定数 ……………………………………21
格子熱伝導 …………………………………204
格子変態 ……………………………………135
高寿命化 ……………………………………256
構造材料 ……………………………………208
高炉 …………………………………………250
固液混合 ……………………………………233
五元素説 ……………………………………123

固相 …………………………………………123
　　　── 線 ……………………………138
　　　── 分離 ………………………141, 154
コットレルの雰囲気 ………………………91
固溶限 ………………………………………142
固溶原子 ……………………………………171
固溶硬化 ………………………………………91
固溶体 …………………………………123, 139, 166

さ

再結晶 …………………………………109, 114
　　　── 温度 …………………………119
　　　── 核 …………………………114, 119
　　　── 粒度 …………………………118
サイズ効果 …………………………………165
再配列 ………………………………………112
再溶解現象 …………………………………167
再利用率 ……………………………………254
酸化速度 ……………………………………230
酸化鉄 ……………………………………………3
酸化反応 ……………………………………225
酸化物生成エネルギ ………………………228
酸化物層 ……………………………………225
酸化物の強度 ………………………………229
三重点 ………………………………………127
酸素型腐食 …………………………………232
三態 …………………………………………123
散乱 …………………………………………199
残留応力 ……………………………………106
残留抵抗 ……………………………………199

し

G. P. ゾーン ………………………………156
磁化 …………………………………………215
磁界 …………………………………………213
磁気 …………………………………………213
磁区 …………………………………………214
軸受け合金 …………………………………218
資源を最小化 ………………………………254
時効硬化 ……………………………………152
　　　── 曲線 …………………………170
自己拡散 …………………………………45, 46, 128
仕事関数 ……………………………………206

270　索　引

自転 …………………………………182
磁場 …………………………………213
周期表 …………………………………9
周期律表 …………………………9, 186
集積転位 ………………………………89
収束イオン・ビーム …………………219
自由電子 ………17, 92, 188, 191, 193, 196
充満帯 …………………………………190
樹枝状結晶 ……………………………141
樹枝状晶 ………………………………26
主量子数 ………………………………181
準安定相 ………………………………172
循環型社会 ……………………………254
昇華 ……………………………………8
障害物 …………………………………158
蒸気機関 ………………………………251
小傾向境界 ……………………………112
晶出 ……………………………………133
上昇運動 ………………………………111
状態図 …………………………………122
状態変化 ………………………………228
晶癖 ……………………………………158
情報機器 ………………………………253
蒸留 ……………………………………8
触媒反応 ……………………………239, 240
初晶 ……………………………………144
ショットキ欠陥 ………………………37
人工格子 ………………………………220
浸炭 ……………………………………61
侵入型原子 ……………………………32

す

水酸基 …………………………………232
水晶 ……………………………………14
水素化物 ………………………………216
水素吸蔵効果 …………………………216
水素割れ ………………………………97
ステンレス鋼 …………………………229
スピン ……………………………182, 214
スプリング ……………………………216
すべり …………………………………65
　　── 機構 …………………………66

せ

整合性 …………………………………162
生産機械材料 …………………………252
制振材料 ………………………………150
ぜい性破壊 ……………………………97
　　粒界 ── ………………………98
　　粒内 ── ………………………97
静電気 …………………………………175
静電遮へい ……………………………195
青銅 ……………………………………5
　　── 器時代 …………………5, 249
西洋錬金術 ……………………………8
精錬 ……………………………………236
　　── 反応 …………………………3
析出 ……………………………………134
　　── 速度 ………………………170
　　── 物 ……………………119, 152
石器時代 ………………………………249
接触抵抗 ………………………………203
セメンタイト …………………………149
セル ……………………………………115
遷移金属 ………………………………194
　　── イオン ……………………240
せん断変形 ……………………………64
せん断力 ………………………………65
潜熱 ……………………………………128

そ

相 ………………………………………123
　　── 境界 ………………………139
相互拡散 ……………………47, 48, 233, 234
相分離 …………………………………139
相律 ……………………………………139
組成 ……………………………………137
塑性加工 …………………………5, 62, 108
塑性変形 ……………………………63, 64, 87
　　均一 ── ………………………87
　　不均一 ── ……………………87
粗大結晶粒 ……………………………121

た

耐久性消費材料 ………………………252
代謝障害 ………………………………242

索　引

体心立方格子 …………………23
体心立方結晶 ………………131,193
耐用年数 ………………………257
だ円軌道 ………………………181
多結晶 ……………………………27
多成分系 ………………………125
脱着 ……………………………224
単位格子 …………………21,24
短回路拡散 ……………………86
単結晶 …………………………27,121
単磁区粒子 ……………………215
弾性限 ……………………………87
弾性変形 ……………………63,87
単析反応 ………………………147
単相 ……………………………123
鍛造 ………………………………5
炭素鋼 ………………………137,149
炭素放出量 ……………………256

ち

置換型原子 ………………………33
地球温暖化 ……………………254
蓄積資源 ………………………257
中性子 …………………………213
鋳造法 ………………………5,120
稠密六方格子 …………………22
稠密六方晶 ……………………193
超格子 …………………………220
超弾性 …………………………217
超電導 …………………………203
　──体 …………………………203
超微細化 ………………………220
直接交換法 ………………………43
直接変換機能 …………………208

て

抵抗熱 …………………………197
ディスロケーション ……………68
テイラ ……………………………65
デコレーション法 ………………79
鉄-いおうたんぱく質 …………238
鉄鋳物 …………………………150
鉄器時代 ……………………6,249

転位 …………………69,108,171
　集積── …………………………89
　──環 …………………………77,81
　──源 …………………………84
　──線 ……………70,72,162,201
　──の衝突 ……………………89
　──の消滅 ……………………112
　──の通過 ……………………159
　──密度 ……82,111,113,172,222
　──論 …………………………80
　刃状── ………70,72,111,195,222
　らせん── ………………70,72,222
電気抵抗 ………………………199
　──率 …………………………211
電気伝導 ………………………209
　──度 ……………194,197,198
電気伝導率 ……………………209
点欠陥 ……………………………31,34
電子 ………………………………17
　──軌道 …………………………17
　──顕微鏡 ………………………16
　──線 ……………………………79
　──熱伝導 ……………………204
　──の雲
　　………18,21,131,188,191,193,231
電磁波 …………………………181
電子波散乱効果 ………………201
電子放射 ………………………206
電子密度 ……………………194,195
電池 ……………………………216
電流 …………………175,196,213

と

等温時効 ………………………155
透過電子顕微鏡法 ………………79
同素変態 ……………126,131,134
特性X線 ………………………212
ド・ブロイ ……………………179
ドルトン ……………………8,15
トンネル効果 …………………202

な

内殻電子 ……………………193,211

な

内部摩擦 …………………………… 218
ナノ粒子 …………………………… 220
鳴り物用合金 ……………………… 218
軟磁性体 …………………………… 215

に

ニクロム線 ………………………… 211
2次再結晶 ………………………… 116
二成分系 …………………………… 124
　　　──状態図 ………………… 136
日本刀 ……………………………… 7

ね

熱エネルギ ………………………… 36
熱振動 ………………………… 35, 50
熱弾性型マルテンサイト ………… 217
熱電子放射 ………………………… 207
熱伝導 ……………………………… 209
熱分析法 …………………………… 129
熱放出曲線 ………………………… 113
熱膨張 ………………………… 40, 128

の

濃度 ………………………………… 57
能動輸送 …………………………… 239
濃度勾配 ……………………… 59, 226

は

バーガース・ベクトル …… 73, 83, 89
配位子 ……………………………… 237
パウリの禁制原理 ………… 182, 214
破壊 …………………………… 88, 94
　　　延性── …………………… 99
　　　クリープ── ……………… 94
　　　ぜい性── ………………… 97
　　　疲労── …………………… 94
　　　粒界ぜい性── …………… 98
　　　粒内ぜい性── …………… 97
鋼 …………………………… 11, 135
　　　亜共析鋼 …………………… 150
　　　鋳物鋼 ……………………… 218
　　　過共析鋼 …………………… 150
　　　ステンレス鋼 ……………… 229

炭素鋼 ………………………… 137, 149
薄膜 ………………………………… 218
刃状転位 ……………… 70, 72, 111, 195, 222
破断 ………………………………… 64
発火合金 …………………………… 216
発熱体 ……………………………… 199
波動 ………………………………… 180
ばね模型 …………………………… 63
半透過膜 …………………………… 218
半導体デバイス …………………… 210

ひ

光のエネルギ ……………………… 177
非晶質 ……………………………… 133
ひずみ ………………………… 108, 159
　　　──エネルギ ……………… 157
ビタミン B_{12} …………………… 239
必須金属イオン …………… 238, 240, 241
引張強さ …………………………… 88
引張変形 …………………………… 64
非平衡 ……………………………… 141
　　　──相 …………………… 151
表面エネルギ ……………… 168, 222
表面欠陥 …………………………… 221
微粒子 ……………………………… 220
比例限 ……………………………… 87
疲労 ………………………………… 103
　　　──破壊 …………………… 94

ふ

ファン・デル・ワールス力 ……… 188
風土病 ……………………………… 244
フェライト ………………………… 150
フォトリソグラフィ ……………… 219
不活性元素 ………………… 184, 187
不完全結晶 ………………………… 32
不規則合金 ………………………… 201
不均一塑性変形 …………………… 87
不純物拡散 …………………… 45, 46
不純物原子 ………………… 28, 118, 199
不純物の希釈 ……………………… 255
腐食 ………………………………… 232
　　　酸素型── ………………… 232

索引　273

　　水素型 —— ……………232
沸点 ……………………126
物理吸着 ………………223
　　—— 熱 ……………223
物理量 …………………208
ブラッグの条件 ………212
プランク ………………176
　　—— の定数 ………177
フランク-リード源 ……84
ブルーイング …………236
フレンケル欠陥 …………37

へ
閉殻 ……………………192
平均自由行程 …………201
平衡状態 ………………139
　　—— 図 ……………124
平衡相図 ………………124
β 崩壊 ………………212
へき開 ……………………95
ベクトル …………………72
ヘモグロビン ……1,237
ヘリウム ………………184
変形 ………………………62
変態 ………………36,122
　　拡散 —— …………134
　　逆 —— ……………217
　　格子 —— …………135
　　同素 —— ……126,131,134
　　—— のエネルギ …167
　　マルテンサイト —— …135
　　無拡散 —— ………135
偏流 ……………………197

ほ
放射性崩壊 ……………212
放射線 …………………212
　　—— 損傷 ……………38
防振材料 ………………218
ボーア …………………176
ポリゴン化 ……………112

ま
曲げ変形 …………………64
摩擦力 ……………………67
マルテンサイト変態 …135

み
右ネジの法則 …………213
ミッシュメタル ………216

む
無拡散変態 ……………135
無酸素銅 ………………210
無秩序合金 ……………201

め
面心立方結晶 ……131,193
面心立方格子 ………19,20
メンデレーエフ ……9,179

や
焼入れ …………………154
焼なまし ………………107
　　均質化 —— ………121

ゆ
融解曲線 ………………126
融解熱 …………………128
優先析出 ………………171
融点 ……………………126
雪 …………………………13
ゆらぎ ……………50,51,167

よ
陽イオン ……92,128,185,195,198
　　—— 空孔 …………227
溶解 ………………………8
　　—— 度曲線 ……142,166
　　—— 度限 …………142
溶鉱炉 ……………………6
溶体化処理 ……………155
洋白 ……………………217
四元素説 ………………123

ら

ラウエ ……………………………………16
ラザフォード ……………………………176
らせん転位 ……………………70,72,222

り

粒界ぜい性破壊 …………………………98
粒界反応 …………………………………173
粒子 ………………………………………180
粒内ぜい性破壊 …………………………97
量子 ………………………………………177
臨界核 ………………………133,168,169
臨界加工度 ………………………………118
リング機構 ………………………………43
燐青銅 ……………………………………217

れ

錬金術 …………………………………7,250
連続X線 …………………………………212
連続膜 ……………………………………219
レントゲン線 ……………………………212

わ

割れ目 ……………………………………100

著者略歴

北田　正弘（きただ　まさひろ）

1966 年	東北大学大学院工学研究科 金属材料工学専攻・修士課程修了
1966-1997 年	日立製作所・中央研究所勤務
1997 年	東京芸術大学教授
2009 年	東京芸術大学名誉教授
2009 年	東京理科大学客員教授
2009-2011 年	物質・材料研究機構特別研究員
2011 年	奈良文化財研究所客員研究員
	工学博士

ELEMENTARY METAL PHYSICS

2006 年 5 月 15 日　第 1 版　発行
2015 年 4 月 10 日　第 1 版 2 刷発行

著者の了解により検印を省略いたします

新訂 初級金属学

著　者 ⓒ 北　田　正　弘
発行者　内　田　　　学
印刷者　山　岡　景　仁

発行所　株式会社　内田老鶴圃　〒112-0012 東京都文京区大塚3丁目34-3
電話（03）3945-6781（代）・FAX（03）3945-6782
http://www.rokakuho.co.jp/
印刷・製本／三美印刷 K.K.

Published by UCHIDA ROKAKUHO PUBLISHING CO., LTD.
3-34-3 Otsuka, Bunkyo-ku, Tokyo 112-0012, Japan

U.R. No. 545-2

ISBN978-4-7536-5551-9 C3042

金属学のルーツ 材料開発の源流を辿る
齋藤 安俊・北田 正弘 編　A5・336頁・本体6000円

シリコンの物語 エレクトロニクスと情報革命を担う
Seitz・Einspruch 著／堂山 昌男・北田 正弘 訳
A5・304頁・本体3500円

材料学シリーズ
金属の相変態 材料組織の科学 入門
榎本 正人 著　A5・304頁・本体3800円

材料学シリーズ
再結晶と材料組織 金属の機能性を引きだす
古林 英一 著　A5・212頁・本体3500円

材料学シリーズ
鉄鋼材料の科学 鉄に凝縮されたテクノロジー
谷野 満・鈴木 茂 著　A5・304頁・本体3800円

金属の疲労と破壊 破面観察と破損解析
Brooks・Choudhury 著／加納 誠・菊池 正紀・町田 賢司 共訳
A5・360頁・本体6000円

材料学シリーズ
金属腐食工学
杉本 克久 著　A5・260頁・本体3800円

JME 材料科学シリーズ
金属の高温酸化
齋藤 安俊・阿竹 徹・丸山 俊夫 編訳　A5・140頁・本体2500円

材料強度解析学 基礎から複合材料の強度解析まで
東郷 敬一郎 著　A5・336頁・本体6000円

高温強度の材料科学 クリープ理論と実用材料への適用
丸山 公一 編著／中島 英治 著　A5・352頁・本体6200円

基礎強度学 破壊力学と信頼性解析への入門
星出 敏彦 著　A5・192頁・本体3300円

結晶塑性論 多彩な塑性現象を転位論で読み解く
竹内 伸 著　A5・300頁・本体4800円

高温酸化の基礎と応用 超高温先進材料の開発に向けて
谷口 滋次・黒川 一哉 著　A5・256頁・本体5700円

材料工学入門 正しい材料選択のために
Ashby・Jones 著／堀内 良・金子 純一・大塚 正久 訳
A5・376頁・本体4800円

材料工学 材料の理解と活用のために
Ashby・Jones 著／堀内 良・金子 純一・大塚 正久 共訳
A5・488頁・本体5500円

基礎から学ぶ構造金属材料学
丸山 公一・藤原 雅美・吉見 享祐 共著　A5・216頁・本体3500円

材料の速度論 拡散, 化学反応速度, 相変態の基礎
山本 道晴 著　A5・256頁・本体4800円

材料学シリーズ
材料における拡散 格子上のランダム・ウォーク
小岩 昌宏・中嶋 英雄 著　A5・328頁・本体4000円

材料学シリーズ
金属電子論　上・下
水谷 宇一郎 著
上：A5・276頁・本体3200円／下：A5・272頁・本体3500円

材料学シリーズ
金属物性学の基礎 はじめて学ぶ人のために
沖 憲典・江口 鐡男 著　A5・144頁・本体2500円

材料学シリーズ
金属電子論の基礎 初学者のための
沖 憲典・江口 鐡男 著　A5・160頁・本体2500円

材料学シリーズ
金属間化合物入門
山口 正治・乾 晴行・伊藤 和博 著　A5・164頁・本体2800円

稠密六方晶金属の変形双晶 マグネシウムを中心として
吉永 日出男 著　A5・164頁・本体3800円

材料学シリーズ
合金のマルテンサイト変態と形状記憶効果
大塚 和弘 著　A5・256頁・本体4000円

機能材料としてのホイスラー合金
鹿又 武 編著　A5・320頁・本体5700円

粉末冶金の科学
German 著／三浦 秀士 監修／三浦 秀士・髙木 研一 共訳
A5・576頁・本体9000円

粉体粉末冶金便覧
(社) 粉体粉末冶金協会 編　B5・500頁・本体15000円

材料学シリーズ
水素と金属 次世代への材料学
深井 有・田中 一英・内田 裕久 著　A5・272頁・本体3800円

水素脆性の基礎 水素の振るまいと脆化機構
南雲 道彦 著　A5・356頁・本体5300円

震災後の工学は何をめざすのか
東京大学大学院工学系研究科 編　A5・384頁・本体1800円

表示価格は税別の本体価格です.　　　http://www.rokakuho.co.jp/